DIANLI DIANZI KONGZHI JISHU
JICHU YU SHIJIAN

李天福 主编

电力电子控制技术基础与实践

苏州大学出版社
Soochow University Press

图书在版编目(CIP)数据

电力电子控制技术基础与实践 / 李天福主编. -- 苏州：苏州大学出版社，2023.9
ISBN 978-7-5672-4524-2

Ⅰ.①电… Ⅱ.①李… Ⅲ.①电力电子技术 Ⅳ.①TM76

中国国家版本馆 CIP 数据核字(2023)第 180058 号

书　　名：电力电子控制技术基础与实践

主　　编：李天福
责任编辑：吴昌兴
装帧设计：吴　钰

出版发行：苏州大学出版社(Soochow University Press)
社　　址：苏州市十梓街 1 号　邮编：215006
印　　刷：镇江文苑制版印刷有限责任公司
邮购热线：0512-67480030
销售热线：0512-67481020

开　　本：718 mm×1 000 mm　1/16　印张：16.5　字数：297 千
版　　次：2023 年 9 月第 1 版
印　　次：2023 年 9 月第 1 次印刷
书　　号：ISBN 978-7-5672-4524-2
定　　价：58.00 元

图书若有印装错误，本社负责调换
苏州大学出版社营销部　电话：0512-67481020
苏州大学出版社网址　http://www.sudapress.com
苏州大学出版社邮箱　sdcbs@suda.edu.cn

前言
PREFACE

随着新能源电子产业的迅速发展，电力电子技术课程的教学内容需要转到以全控型器件教学为主，需要培养更多的技能型人才、复合型人才。但是，目前电力电子技术课程的教学内容仍以半控型器件为主，而且不少学生在学完电力电子技术、模拟电子技术、微控制器原理等课程后，不能尽快将几门课程融合起来，这主要是因为这几门课程都有实践性强的特点，需要花时间和精力去动手验证。不经过一定时间的摸索和反复练习，学生对理论的理解不会深入，遇到诸多问题理不清头绪、茫然应对，导致学习半途而废，感觉实际应用和开发设计很难入门。如何使学生快速地掌握现代电力电子技术的一些控制技术、实验方法，为后续的新能源系统、发电与控制、电机驱动技术等课程学习打下良好的基础，是本书试图解决的一个主要问题。没有相关电路和编程基础知识的人员也可阅读本书，了解电力电子控制的一些关键技术和实践步骤。

本书以电力电子技术等课程为基础，结合历届学生在电力电子技术方面的实验和实践问题，重点说明电力电子电路中常用的几种控制方法和微控制器的实现。本书内容分上下两篇，共 8 章，上篇包括第 1 章至第 6 章，第 1 章介绍脉宽调制技术，第 2 章介绍正弦波脉宽调制技术，第 3 章主要介绍信号滤波，第 4 章介绍反馈控制技术，第 5 章主要介绍坐标变换，第 6 章介绍空间电压矢量脉宽调制技术。在各种技术的实现方法中包含了硬件电路的设计举例，可以使读者全面掌握多条实现路径。下篇包括第 7 章、第 8 章，介绍了电力电子技术的 PLECS 仿真实验和实验箱（HKDD-3A 型）实验。上下两篇的阅读无先后顺序，可以单独使用。

每一章内容先易后难，先简要介绍原理和实现方法，归纳总结算法步骤，然后编写软件程序，最后用实验验证结果，力求做到理论和实践相结合。书中使用的电路图、波形图较多，计算公式大多直接给出结果，因此简化了解释语句，希望读者能掌握必要的原理和实现方法，不断总结，化繁为简，灵活应用。

在实践验证时，使用了典型型号的微控制器和开发板。为调试方便，尽可能地使用同一种类型的微控制器。例如，大多数实践内容使用 STC8A8K64S4、STM32F407 作为 8 位和 32 位微控制器代表，方便直接由 MCS51 或由 STM32 入门的读者选择其中一种微控制器实践，也方便掌握了 MCS51 想继续学习 STM32 的读者。程序中使用的外设和硬件电路已用文字适当说明，方便硬件改造和程序移植。对于其他型号的微控制器，算法程序基本一致，常常只做头文件、配置等修改就可以直接使用。书中程序为了方便直观，大多给出图形化的测试结果。为了验证算法和程序的正确性，注意了程序简洁和方便调试等方面的要求，没有过多考虑程序的高效性、通用性、健壮性等方面要求，因此编写的语句和函数还需要优化。

本书由常熟理工学院教师李天福编写和全书统稿，浙江力控科技有限公司提供了第 8 章的基础材料，常熟理工学院教师卢晨副教授、卢怡副教授参与了第 8 章的修改和实验验证，全书由张惠国副教授审阅。另外编者还参考了一些技术网站博主和工程师的开源资料，编者的家人和同事也给予了鼓励和帮助，在此一并表示感谢。

由于电力电子电路涉及技术较多，而且电力电子技术和信息电子技术仍在快速发展，限于作者研究水平，书中难免会有疏忽和不妥之处，敬请广大读者批评指正。

编　者

2023 年 6 月

目录
CONTENTS

上 篇

下 篇

上 篇

1 脉冲宽度调制

1.1 脉冲宽度调制信号

1.1.1 电力电子电路的分类

电力电子电路是利用电力电子器件对电能进行变换和控制的大功率电子电路,也称为变流电路。

按实现电能变换时电路的功能划分,电力电子电路可分为4类。① 整流电路(AC-DC变换电路),将交流电能转换为直流电能。② 逆变电路(DC-AC变换电路),将直流电能转换为交流电能。③ 交流变换电路(AC-AC变换电路),将交流电能的大小和频率改变,包括交流调压电路和变频电路。④ 直流变换电路(DC-DC变换电路),改变直流电能的大小和方向,直流变换电路也称直流斩波电路。

按控制方式分类,电力电子电路可分为4种。① 相控电路,指控制信号的变化表现为开关器件控制端脉冲相位的变化,这种控制方式称为相控方式。② 频控电路,指控制信号的变化表现为开关器件控制端脉冲重复频率的变化,这种控制方式称为脉频调制(Pulse Frequency Modulation,简称PFM)。③ 斩波电路,指控制信号的变化表现为开关器件控制端脉冲宽度的变化。脉冲宽度的变化随输入信号的电压等特性变化,称为脉冲宽度调制(或脉宽调制,Pulse Width Modulation,简称PWM)。斩波电路有直流斩波电路和交流斩波电路之分。④ 组合控制电路,指电路的控制方式采用上述3种基本控制方式组合而成。

目前,PWM技术已广泛应用于测量、通信、显示、报警、信号处理等许多领域中,而且成功地应用于电力电子电路。PWM技术既可以用于逆变电路,也可以用于斩波电路、整流电路、交流变换电路。随着电力电子器件和PWM技术的发展，PWM应用技术逐渐完善，已成为电力电子电路的核心控制技术。

1.1.2 PWM的原理

PWM的原理是从采样控制理论中的面积等效原理引出的。面积等效原理是指冲量相等而形状不同的窄脉冲加在惯性环节上时，其效果基本相同。其中，冲量即窄脉冲的面积，效果基本相同是指惯性环节的输出响应波形基本相同。如果把各输出波形用傅里叶变换分析，那么其低频段非常接近，仅在高频段略有差异。面积等效原理是PWM控制技术的重要理论基础。

脉冲宽度调制产生一系列脉冲宽度会变而幅值不变的矩形波，其主要指标是占空比(Duty Ratio)和振荡周期。占空比有时称为“占空系数”，常用符号D或α表示。占空比是指在一个振荡周期内，通电时间相对于总时间所占的比例。振荡周期T和振荡频率f互为倒数，$T=1/f$。设输入直流电压为U_i，则PWM信号的平均值为U_i的D倍，PWM信号的有效值为U_i的$\sqrt{D}$倍。

如图1-1所示是一段PWM波形，输入电压幅值为1 V，脉冲高电平宽度为1 μs，振荡周期为4 μs，则PWM信号的占空比$\alpha=0.25$，振荡频率为250 kHz。PWM信号的电压平均值为0.25 V，电压有效值为0.5 V。

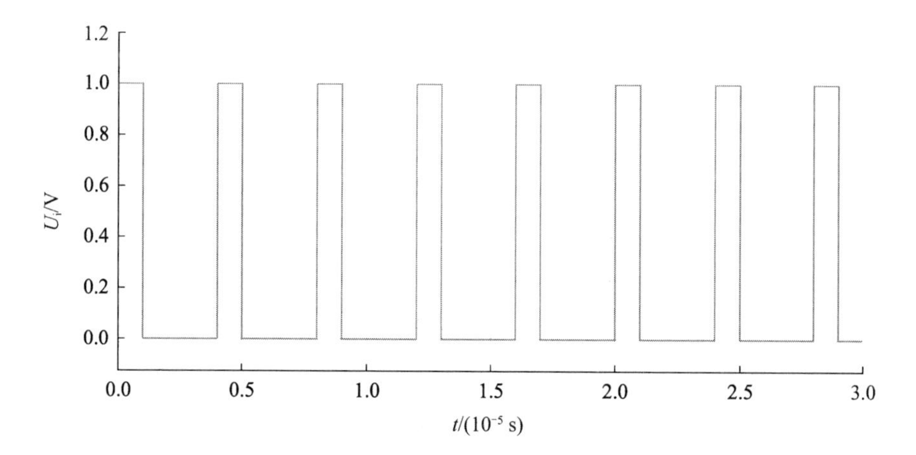

图1-1 脉冲宽度调制信号波形

1.2 PWM信号的产生方法

PWM信号可以由电子电路产生，如使用通用集成电路搭建电路产生PWM信号。为了使用方便，一些生产厂商生产了专门用于产生PWM信号的芯片，包括带PWM外设的微控制器(Micro Controller Unit，简称MCU)。

1.2.1 时基芯片产生PWM

使用通用集成电路的时基芯片，如555定时器，可以产生PWM信号，电路如图1-2所示。

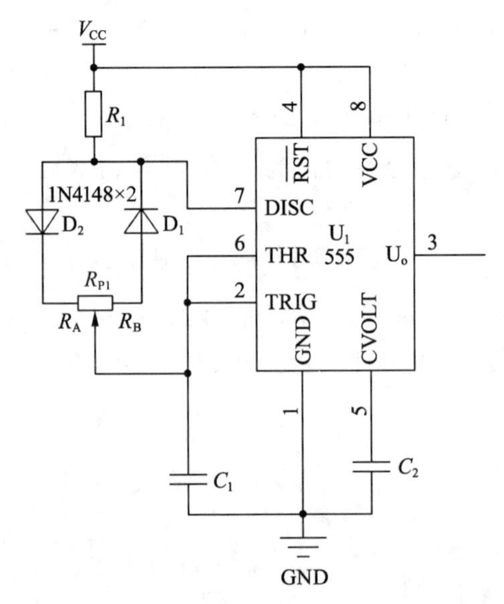

图1-2 555定时器产生PWM电路图

在电路图1-2中，电源V_{CC}上电后，由于电容C_1的存在，555定时器的2脚和6脚为低电位，7脚处于断开状态，3脚U_o输出高电位。电源V_{CC}通过电阻R_1、二极管D_2和电位器R_{P1}的左半部分(电位器R_{P1}被中心抽头分成R_A和R_B，左半部分是R_A，右半部分是R_B)、电位器中心抽头向电容C_1充电。充电过程中C_1的电压从$\frac{1}{3}V_{CC}$升至$\frac{2}{3}V_{CC}$。电容C_1的电压上升到$\frac{2}{3}V_{CC}$后，555定时器6脚置位触发，3脚U_o变低电位，7脚通过内部接到地，此时，电阻R_1

下端电位被 7 脚拉为零，不能再通过二极管 D_2 和电位器 R_A 向电容 C_1 充电。而电容 C_1 却通过电位器 R_{P1} 的右半部分 R_B、二极管 D_1 向 7 脚放电。放电过程中 C_1 的电压从 $\frac{2}{3}V_{CC}$ 降至 $\frac{1}{3}V_{CC}$。当电容 C_1 的电压下降到 $\frac{1}{3}V_{CC}$ 以下时，低于 2 脚的阈值电压，使 555 定时器复位，形成一个振荡周期。重复以上步骤，在 555 定时器的 3 脚产生了 PWM 信号。

其中，高电平时间为 $T_H = 0.693 \times (R_1 + R_A) \times C_1$，低电平时间为 $T_L = 0.693 \times R_B \times C_1$，振荡周期为 $T = T_H + T_L = 0.693 \times (R_1 + R_{P1}) \times C_1$，振荡频率为 $f = \frac{1.443}{(R_1 + R_{P1}) \times C_1}$。

通常 PWM 电路的调制信号是直流信号，但是也可以采用非直流信号作为调制信号，此时在调制输入端输入非直流信号即可。555 定时器可构成压控振荡器产生 PWM 信号电路(图 1-3)，电路的输入端 2 脚也可以使用晶体管、运算放大器等辅助器件对输入的信号 V_i 作处理，也可以将 D_1、R_1 去掉，所以电路可以有很多种构成形式。该信号发生器与外部电路的接口有 3 个端口：555 定时器的 2 脚输入 V_i 载波信号，5 脚接调制信号 V_{ct}，3 脚可以产生 PWM 信号 V_o。

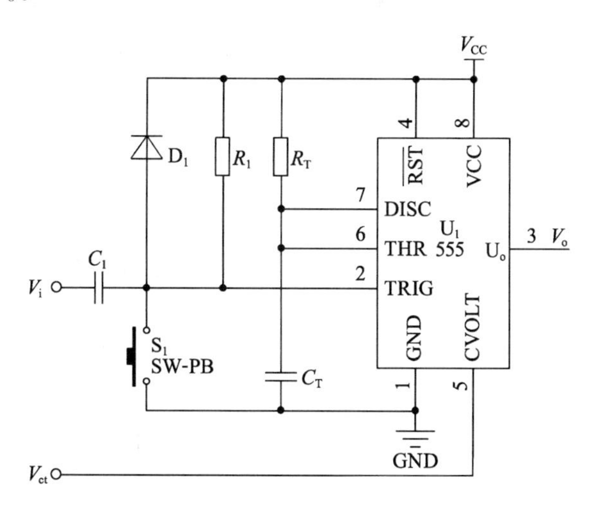

图 1-3 PWM 信号发生器电路

1.2.2 专用 PWM 集成电路

专用 PWM 集成电路型号很多，性能各有特色。比较典型的专用 PWM 集成电路有 SG3525、TL494 等。与 SG3525 相似的还有 SG3525A，二者主要区别是,SG3525 最高工作电压为 30 V,SG3525A 最高工作电压为 40 V,其他特性相同。

SG3525 是一种性能优良、功能齐全、通用性强的单片集成 PWM 控制芯片,它简单可靠而且使用方便灵活,输出驱动为推拉输出形式,增加了驱动能力。SG3525 内部含有欠压锁定电路、软启动控制电路、PWM 锁存器,有过流保护功能,频率可调,同时能限制最大占空比。

SG3525 的特点:内置 5.1 V±1%基准电压源,芯片内置振荡器,具有振荡器外部同步功能,死区时间可调,内设欠压锁定电路,具有软启动控制端,可以外接软启动电容。

使用 SG3525 构成的 PWM 信号发生电路如图 1-4 所示,该电路还有调压和限流的功能。

SG3525 芯片的 3 脚和 4 脚为悬空,4 脚为 OSC_OUTPUT(同步输出端)同步脉冲输出,3 脚 SYNC(同步端)为外同步用。若要多个芯片同步工作,可将 4 脚和 3 脚相连,以芯片中最快的工作频率同步。16 脚 VREF(基准电压端),由参考电压 V_{ref} 提供,电压由 SG3525 内部电路控制在 5.1 V±1%。该电压可以分压后作为误差放大器的参考电压。6 脚为振荡器的外接电阻 R_T 连接端,外接定时电阻 R_T 阻值的大小为 2~150 kΩ。5 脚为振荡器的外接电容 C_T 连接端,定时电容 C_T 的电容值范围为 0.001~0.1 μF。生产厂商提供的振荡器频率为

$$f_s=\frac{1}{C_T(0.7R_T+3R_D)}$$

式中,R_D 为 5 脚与 7 脚之间跨接的死区电阻,用来调节死区时间;R_D 阻值范围为 0~500 Ω。7 脚 DISCHARGE(放电端),充电和放电回路分开,有利于通过死区电阻来调节死区时间,使死区时间调节范围更宽。9 脚 COMPENSATON(补偿端)与 1 脚之间连接电阻与电容,可以构成 PI 调节器,补偿系统的幅频、相频响应特性。11 脚和 14 脚为 OUTPUT A,B(脉冲输出端),引脚内部采用推挽输出电路,相位相差 180°,拉电流和灌电流峰值可达 200 mA。

SG3525 芯片的 1 脚 INV_INPUT(反相输入端),通常接到与电源电压相连接的电阻分压器上。2 脚 NI_INPUT(同相输入端)通常接到基准电压 16 脚的分压电阻上,取得 2.5 V 的基准比较电压,与 INV_INPUT 端的取样电压相比较。10 脚 SHUTDOWN(关断端),为 PWM 锁存器的一个输入端,一般接过流检测信号,过流检测信号维持时间长时,软起动端 8 脚接的电容 C_5 将被放电;在电路异常时,只要 10 脚电压大于 0.7 V,内部三极管导通,反相端的

电压将低于锯齿波的谷底电压(0.9 V),使得输出 PWM 信号关闭,起到保护作用。图 1-4 电路中 SG3525 的 1 脚和 2 脚分别连接电压和电流的反馈信号 VVFB,VIFB,10 脚通过电阻 R_{10} 连接到低电平。

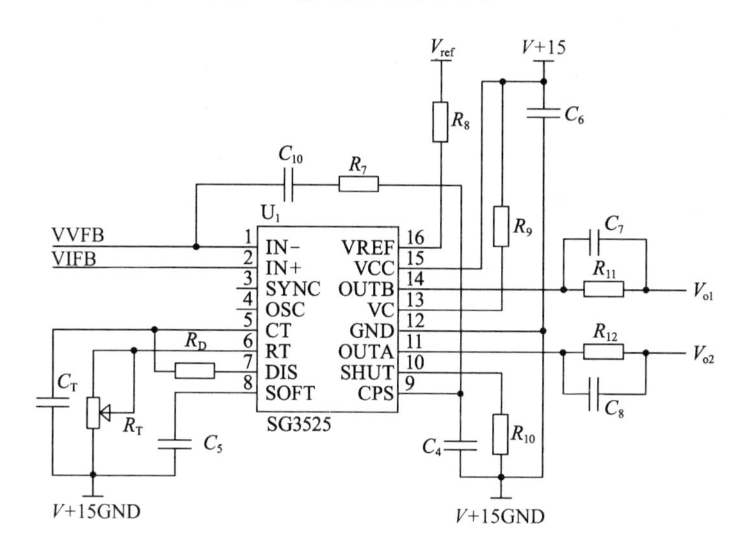

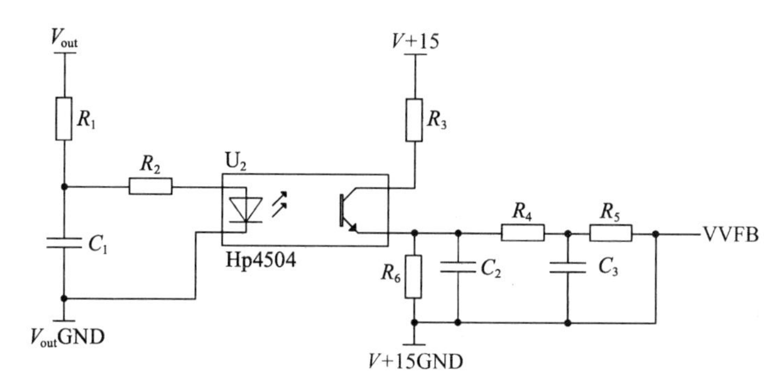

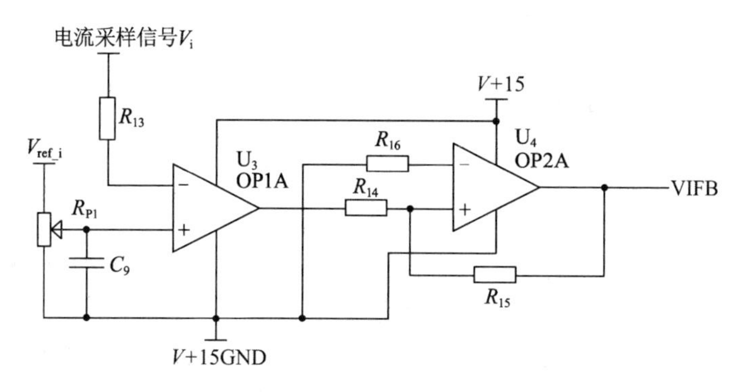

图 1-4　SG3525 构成的 PWM 信号发生电路

电压传感器采集电路系统的后级输出电压信号 V_{out}，经过光耦 Hp4504 反馈到 SG3525 的 1 脚，选择合适的限流电阻 R_1，R_2，控制光耦输入端电流在 0～3 mA 之间变化，可以实现电路的自动稳压调节。电流传感器采集电路系统的后级输出电流采样信号 V_i（转换成电压值），与给定的限流基准电压 V_{ref_i} 比较，经过运放 OP1A 和 OP2A 反馈到 SG3525 的 2 脚，过流时 OP1A 输出变低、VIFB 变低，导致 SG3525 的输出端 V_{o1}，V_{o2} 无脉冲输出，起到限流的作用。R_T 电位器可以调节输出信号的频率。在没有电压电流传感器采集后级电压、电流信号时，SG3525 输出 PWM 信号占空比稳定。如调节 R_T，SG3525 输出 PWM 的波形如图 1-5 所示。此时振荡频率为20 kHz，占空比为 50%。

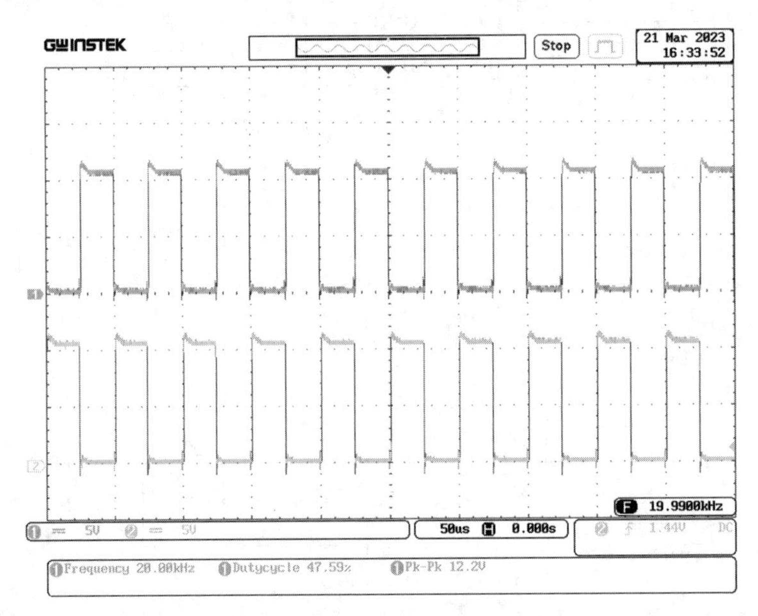

图 1-5　SG3525 输出 PWM 的波形

1.2.3 微控制器软件模拟 PWM

微控制器产生 PWM 信号方式通用输入输出端口(GPIO)模拟 PWM 和微控制器外设(集成了 PWM 硬件电路)产生 PWM。

用程序控制 GPIO 端口的高低电平变化，可以模拟 PWM 信号。最简单的程序是用延时指令或延时模块消耗时间，等待或查询到一定的时间间隔之后改变端口电平，这种方法可以称为阻塞式程序实现。这种阻塞式程序会影响 CPU 处理其他指令，很难满足实际需求。因此将阻塞式改为中断式程序，即设定中断时间到时改变 GPIO 端口电平，不影响 CPU 处理其他指令，可以提高 CPU 的效率。

微控制器外设产生 PWM 与专用 PWM 集成电路产生 PWM 类似，需要设置 PWM 控制器的参数，可以独立于 CPU 运行。目前大多数微控制器的外设集成了 PWM 硬件电路，直接配置 PWM 寄存器即可使用 PWM 外设。由于微控制器编程灵活、外设功能丰富，所以，目前广泛使用微控制器产生 PWM 信号。

1.3 微控制器开发的基本流程

1.3.1 工具软件操作

PWM 信号产生在微控制器程序开发中需要按步骤完成，基本流程有仿真、设计、编译下载、调试验证。以下简要说明 STC8、STM32 微控制器在开发中，工具软件操作的主要步骤。

1. 信号仿真

可以用 MATLAB/Simulink、PLECS 等软件工具仿真 PWM 信号，迅速验证实验模型。

步骤 1 建立仿真模型，搭建电路、设置元器件参数。

步骤 2 设置仿真运行参数。

步骤 3 仿真运行并观测仿真结果。

步骤 4 修改模型和参数，确定仿真电路和算法，产生 C 语言程序。

2. 微控制器程序编辑与编译

集成 IDE 环境 Keil 操作简要步骤如下。

步骤 1 建立工程项目，包括选择微控制器型号、设置编译环境等。

步骤 2 编辑或添加工程文件。

步骤 3 编译程序。

步骤 4 若有错误，修改程序重新编译，直至无错误并产生下载文件。

步骤 5 软件仿真、硬件仿真调试。

STM32Cube-IDE 操作简要步骤如下。

步骤 1 建立工程项目，包括选择微控制器型号、设置编译环境等。

步骤 2 配置硬件,产生.ico 文件。

步骤 3 生成框架工程文件。

步骤 4 编辑或添加用户程序文件。

步骤 5 编译程序。

步骤 6 若有错误,修改程序重新编译,直至无错误并产生下载文件。

步骤 7 硬件运行跟踪调试。

3. 下载

STC-ISP(STC 微控制器)操作简要步骤如下。

步骤 1 设置微控制器型号,如“STC8A8K64S4A12”。

步骤 2 选择 USB 转串口识别到 COM 口。

步骤 3 单击“打开程序文件”按钮,选择要烧录的程序文件。

步骤 4 选择“晶振”的数值,如 11.059 2 MHz。

步骤 5 单击“下载/编程” 按钮。

步骤 6 微控制器供电的“电源开关”由“OFF”拨动到“ON”位置,开始下载。

ST-LINK Utility 操作简要步骤如下。

步骤 1 设置微控制器型号,如“STM32F40x”。

步骤 2 选择 USB 口识别到下载器。

步骤 3 单击“打开程序文件”按钮,选择要烧录的程序文件。

步骤 4 选择“下载连接通信方式”。

步骤 5 单击“下载/编程” 按钮,开始下载。

在 Keil、STM32Cube-IDE 集成开发环境中集成了一些常见的下载工具,如 DAP-Link、J-Link 等,可以方便地下载编译的文件,具体设置和下载步骤参照相关文档即可。

4. 调试

可以通过万用表、示波器、逻辑分析仪等工具观测运行情况,也可以用板载 LED 指示灯、串口软件(如串口精灵、VOFA+等)显示微控制器内部的运行情况。

示波器操作简要步骤如下。

步骤 1 探头的地线连接到开发板的 GND。

步骤 2 探头探针连接到需要检测的位置。

步骤 3 选择示波器合适的通道、时基、幅值基准等,通过旋钮选择触发信号。

串口软件 VOFA+操作简要步骤如下。

步骤 1 打开 VOFA+软件,在“协议与连接”中配置串口参数,并与下位机一致。

步骤 2 新建标签页,添加控件,如“波形图”控件。

步骤 3 单击左上角“数据连接”按钮,在波形控件中选择要显示的信号。

步骤 4 单击“auto”按钮,然后可以拖动显示信号、缩放信号、调整存储区等。

1.3.2 串口重定向

通过微控制器的串口将数据返回上位机观察并使用串口通信时,应将微控制器的串口重定向,并编写重定向程序,包括头文件 uart.h 和串口模块程序文件 uart.c。STC8A8K 微控制器使用 24 MHz 的晶振频率,串口 1 通信,波特率 115 200,8 位数据位,1 位停止位,无校验。如果使用其他的晶振频率,需要修改晶振频率计数值。char putchar (char Data)函数将重定向 stdio.h 内的 putchar 函数。在应用程序中包含 stdio.h 头文件,就可以直接使用 printf 语句。具体程序如下:

```
1. /****************STC8A8K uart.h*********************/
2. #ifndef __UART_H__
3. #define __UART_H__
4.
5. void UART1_Init(void);                //UART初始化函数
6. void SendByte(unsigned char dat);     //发送一个字节
7. void SendStr(unsigned char *s);       //发送一个字符串
8. unsigned char GetChar(void);          //接收一个字节
9. char putchar(char Data);
10.
11. #endif
```

```
1. /***************STC8A8K uart.c**********************/
2. #include "STC8.H"
3. #include "uart.h"
4. #include <stdio.h>
5. void UART1_Init(void)
6. {
```

```
7.      SCON = 0x50;                        //串口 1 工作模式 1
8.      TMOD = 0x00;                        //定时器 1,模式 0,自动重装载
9.      TL1 = (65536 - 24000000/115200/4);
                                            //晶振频率 24 MHz,波特率 115200
10.     TH1 = (65536 - 24000000/115200/4)>>8;
                                            //设置重装载值的低位
11.     AUXR = 0x40;                        //定时器为 1T 模式,系统时钟不分频
12.     TR1 = 1;                            //启动定时器 1
13.     ET1 = 0;                            //关定时器 1 中断
14. }
15. /*----------------------发送一个字节----------------------*/
16. void SendByte(unsigned char Data)
17. {
18.     SBUF = Data;
19.     while(!TI);
20.     TI = 0;
21. }
22. /*--------------------发送一个字符串--------------------*/
23. void SendStr(unsigned char *s)
24. {
25.     while(*s! = '\0')
26.     {
27.         SendByte(*s);
28.         s++;
29.     }
30. }
31. /*----------------------接收一个字节----------------------*/
32. unsigned char GetChar(void)
33. {
34.     while(!RI);
35.     RI = 0;
36.     return SBUF;
37. }
38. /*------------------重定向 stdio.h 内函数------------------*/
39. char putchar(char Data)
40. {
```

```
41.     SBUF = Data;
42.     while(!TI);
43.     TI = 0;
44.     return Data;
45. }
46. /*--------------------串口1中断服务程序--------------------*/
47. void UART1 ()interrupt 4 using 1
48. {
49.     if(TI)
50.         TI = 0;                         //清中断
51.     if(RI)
52.         RI = 0;                         //清中断
53. }
```

对于STM32F407VGT6微控制器，HCLK为168 MHz，APB2 Peripheral Clocks设为84 MHz，PA9→USART1_TX，PA10→USART1_RX，波特率115 200，8位数据位，1位停止位，无校验。不使用中断，编写USART1的头文件和子程序文件，包括初始化和重定向函数等。具体程序如下：

```
1.  /*--------------------STM32F407 usart.h--------------------*/
2.  #ifndef __USART_H__
3.  #define __USART_H__
4.
5.  #ifdef __cplusplus
6.  extern "C" {
7.  #endif
8.  #include "main.h"
9.  extern UART_HandleTypeDef huart1;
10. void MX_USART1_UART_Init(void);
11. #ifdef __cplusplus
12. }
13. #endif
14. #endif/* __USART_H__ */
```

```
1.  /*-------------------------usart.c-------------------------*/
2.  #include "usart.h"
3.  UART_HandleTypeDef huart1;
```

```
4. void MX_USART1_UART_Init(void)      //串口配置
5. {
6.    huart1.Instance = USART1;
7.    huart1.Init.BaudRate = 115200;
8.    huart1.Init.WordLength = UART_WORDLENGTH_8B;
9.    huart1.Init.StopBits = UART_STOPBITS_1;
10.   huart1.Init.Parity = UART_PARITY_NONE;
11.   huart1.Init.Mode = UART_MODE_TX_RX;
12.   huart1.Init.HwFlowCtl = UART_HWCONTROL_NONE;
13.   huart1.Init.OverSampling = UART_OVERSAMPLING_16;
14.   if (HAL_UART_Init(&huart1) != HAL_OK)
15.   {
16.     Error_Handler();
17.   }
18. }
19. //端口配置
20. void HAL_UART_MspInit(UART_HandleTypeDef *uartHandle)
21. {
22.
23.   GPIO_InitTypeDef GPIO_InitStruct = {0};
24.   if(uartHandle->Instance == USART1)
25.   {
26.     __HAL_RCC_USART1_CLK_ENABLE();
27.     __HAL_RCC_GPIOA_CLK_ENABLE();
28.     /** USART1 GPIO Configuration
29.     PA9      ------> USART1_TX
30.     PA10     ------> USART1_RX
31.     */
32.     GPIO_InitStruct.Pin = GPIO_PIN_9|GPIO_PIN_10;
33.     GPIO_InitStruct.Mode = GPIO_MODE_AF_PP;
34.     GPIO_InitStruct.Pull = GPIO_NOPULL;
35.     GPIO_InitStruct.Speed = GPIO_SPEED_FREQ_VERY_HIGH;
36.     GPIO_InitStruct.Alternate = GPIO_AF7_USART1;
37.     HAL_GPIO_Init(GPIOA, &GPIO_InitStruct);
38.   }
39. }
```

```
40. //USART1 重定向
41. #ifdef __GNUC__
42. #define PUTCHAR_PROTOTYPE int __io_putchar(int ch)
43. PUTCHAR_PROTOTYPE
44. {
45.   HAL_UART_Transmit(&huart1, (uint8_t *)&ch, 1, 1000);
46.   return ch;
47. }
48. #endif
```

1.4 微控制器的 PWM 实现

1.4.1 STC8 微控制器的 GPIO 端口模拟 PWM

微控制器通过软件模拟时序在 GPIO 端口输出电平实现 PWM 输出，这种方法适合早期的微控制器，如 STC89C52 等外设没有集成 PWM 硬件电路的微控制器。使用 STC 系列的微控制器，用中断程序控制 GPIO 端口电平模拟 PWM，可以少影响程序的运行。

硬件环境：STC8A8K64S4 微控制器测试，系统晶振频率 12MHz，输出脉冲端口 P10，两个按键名称为“增占空比”端口 P32、“减占空比”端口 P33。

程序的实现流程：① 设置输出脉冲、按键端口。② 设置定时器工作模式，设置定时器初值。③ 开定时中断，打开总中断，开定时器计数。在中断程序中，将当前输出电平取反可以获得将要输出的电平值，判断将要输出的电平值，并修改定时器的计数值与该电平对应。具体程序如下：

```
1. /********************** main.c **********************/
2. #include "reg52.h"                //#include "stc8.h"
3. #define pulse_level P10           //输出脉冲端口
4. #define key_inc_duty P32          //+ duty
5. #define key_dec_duty P33          //- duty
6.
7. sbit P10 = P1^0;
8. sbit P32 = P3^2;
```

```
9.  sbit P33 = P3^3;
10.
11. char duty = 10;                    //占空比初始值10%
12. unsignedint timpluse = 4000;       //时钟12 MHz对应1微秒/脉冲,定时脉
                                         冲4000时,PWM 250 Hz,
13. unsigned char step;                //加减占空比步长
14.
15. void main()
16. {
17.       step = timpluse/100;
18.       pulse_level = 1;
19. //    AUXR|= 0x80;                   //1T模式
20.       TMOD = 0x01;                   //定时器,16bit
21.       TH0 = (65536 - (timpluse - (99 - duty) * step))/256;          //0xf0;
22.       TL0 = (65536 - (timpluse - (99 - duty) * step)) % 256;        //0x60;
23.       ET0 = 1;
24.       EA = 0;
25.       TR0 = 1;
26.       while(1)
27.       {
28.             if(key_inc_duty == 0)
29.             {
30.                while(key_inc_duty == 0) ;
31.                if(key_inc_duty == 1)
32.                      duty++ ;
33.                if(duty>100)
34.                      duty = 100;
35.             }
36.             else if(key_dec_duty == 0)
37.             {
38.                while(key_dec_duty == 0);
39.                if(key_dec_duty == 1)
40.                      duty-- ;
41.                if(duty<0)
42.                      duty = 0;
43.             }
```

```
44.
45.         if((duty>0) && (duty<100))
46.         {
47.             EA = 1;
48.         }
49.         else if(duty == 100)
50.         {
51.             EA = 0;
52.             pulse_level = 1;
53.         }
54.         else if(duty == 0)
55.         {
56.             EA = 0;
57.             pulse_level = 0;
58.         }
59.     }
60. }
61. /************** interupte ***************************/
62. void Time0_H() interrupt 1
63. {
64.     pulse_level = ~pulse_level;
65.     if(pulse_level == 1)
66.     {
67.         TH0 = (65536 - (timpluse - (99 - duty) * step))/256;
68.         TL0 = (65536 - (timpluse - (99 - duty) * step)) % 256;
69.     }
70.     if(pulse_level == 0)
71.     {
72.         TH0 = (65536 - (timpluse - (duty - 1) * step))/256;
73.         TL0 = (65536 - (timpluse - (duty - 1) * step)) % 256;
74.     }
75. }
76. /***********************************************/
```

运行程序并测试，设置微控制器工作频率为 12 MHz，定时器工作在 12T 模式，与普通 MCS51 微控制器相同，则其机器周期为 1 μs，即定时器计一个数就耗时 1 μs。

输出脉冲频率按 250 Hz 计算，250 Hz 的时间周期为 4 000 μs，T0 计数值设为(65 536－4 000＋低或高电平脉冲数)。设置初始占空比为 10%，按增占空比“key_inc_duty”键，增加占空比，按减占空比“key_dec_duty”键，减小占空比。初始无按键按下时的输出波形如图 1-6 所示。从波形可以看出输出频率比理论值略小，原因是没有考虑中断时消耗的机器周期，修正时可以在 T0 的计数值上加适当补偿值，可以提高输出信号的准确性。

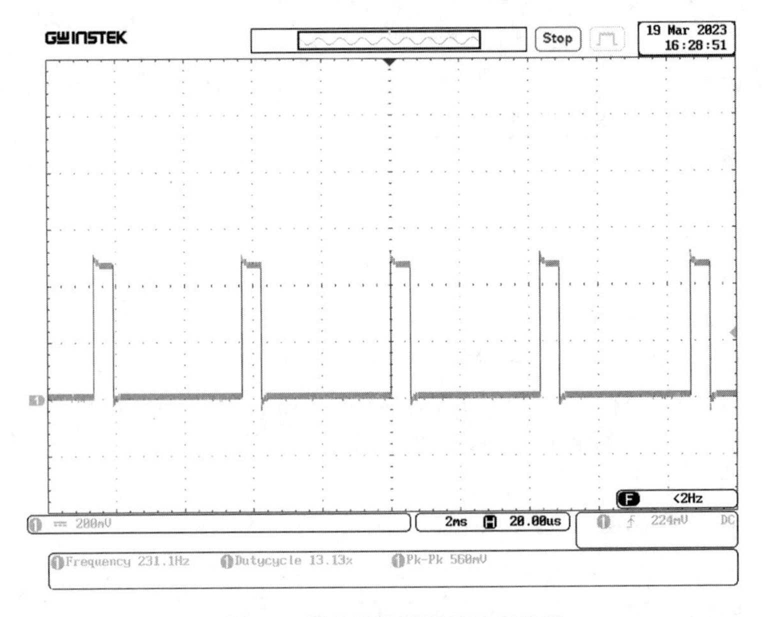

图 1-6　无按键按下时的输出波形

需要其他脉冲频率时，可修改 Timer0 的 TH0、TL0 寄存器的值。

测试使用 STC8A8K64S4 微控制器，晶振的工作频率 12 MHz。如果使用 1T 模式，直接升高微控制器的运行频率(无按键按下时测得频率 2.046 kHz，占空比 25.7%)，提高了输出占空比，程序需做以下修改。

```
1. #include "stc8.h";
```

添加 stc8 头文件，删去 reg52 头文件，删去已在头文件中定义的 P10、P32、P33：

```
1. sbit P10 = P1^0;
2. sbit P32 = P3^2;
3. sbit P33 = P3^3;
```

添加 AUXR 设置，程序 19 行去掉注释，启用 AUXR，定时器时钟改为 1T 模式：

```
1. AUXR |= 0x80;
```

关于这种产生 PWM 信号的方法，实际输出的 PWM 信号的频率、占空比与程序运行的指令、微控制器的时钟频率有关，会影响其输出的精度。如果需要准确的频率输出，可以使用汇编语言编程，而且要根据输出情况微调实际设置值。

1.4.2 STC8 的 PWM 外设产生 PWM 信号

STC8 系列微控制器内部集成了 4 组可编程计数器阵列（PCA/CCP/PWM）模块，可用于软件定时器、外部脉冲捕获、高速脉冲输出和 PWM 脉宽调制输出。STC8 使用 PWM 信号发生器时，需要设置 PCA 相关的寄存器，才可以使 PWM 信号发生器自主工作。

STC8 系列微控制器还集成了一组（各自独立 8 路）增强型的 PWM 波形发生器。PWM 波形发生器内部有一个 15 位的 PWM 计数器供 8 路 PWM 使用，用户可以设置每路 PWM 的初始电平，在工作时会不断地根据 PWM 时钟源信号计数，直至达到设定值（0～32 767 可自由设置），产生溢出并归零，继续重新计数，如此往复。PWM 波形发生器为每路 PWM 又设计了两个 16 位的用于控制波形翻转的计数器 T1、T2。由于 8 路 PWM 是各自独立的，且每路 PWM 的初始状态可以独立设定，所以用户可以将其中的任意两路配合起来使用，实现互补对称输出及死区控制等特殊应用。

PWMCKS 为 PWM 时钟选择寄存器，位（bit，B7～B0 代表第 7 位～第 0 位）设置值见表 1-1。

表 1-1 PWMCKS 的 bit 设置值

符号	地址	B7	B6	B5	B4	B3	B2	B1	B0
PWMCKS	FFF2H				SELT2	PWM_PS[3:0]			

SELT2：0 为 PWM 时钟源为系统时钟分频后的信号，1 为 PWM 时钟源为定时器 2 的溢出脉冲。PWM_PS[3:0]系统时钟预分频参数见表 1-2。

SYSclk 为系统时钟频率，x 为 0000～1111。另外，为方便寄存器的书写，用 n 表示 0～7 通道。

表 1-2 PWM_PS[3:0]系统时钟预分频参数

SELT2	PWM_PS[3:0]	PWM 时钟源
1	x	定时器 2 的溢出脉冲
0	0000	SYSclk/1
0	0001	SYSclk/2
0	0010	SYSclk/3
⋮	⋮	⋮
0	x	SYSclk/(x+1)
⋮	⋮	⋮
0	1111	SYSclk/16

PWM 翻转点设置计数值寄存器 PWMnT1、PWMnT2。PWM 每个通道的(PWMnT1H, PWMnT1L)和(PWMnT2H, PWMnT2L)分别组合成两个 15 位的寄存器,用于控制各路 PWM 每个周期中输出 PWM 波形的两个翻转点。在 PWM 的计数周期中,当 PWM 的内部计数值与所设置的第 1 个翻转点的值(PWMnT1H, PWMnT1L)相等时,PWM 的输出波形会自动翻转为低电平;当 PWM 的内部计数值与所设置的第 2 个翻转点的值(PWMnT2H, PWMnT2L)相等时,PWM 的输出波形会自动翻转为高电平。

PWM 控制寄存器 PWMnCR,第 7 位 ENCnO 输出使能位(1/0:PWM 端口/GPIO 端口);第 6 位 CnINI 设置 PWM 输出端口的初始电平(1/0:高电平/低电平);第 4 位和第 3 位 Cn_S[1:0]:PWM 输出功能脚切换选择;第 2 位 ECnI:第 n 通道的 PWM 中断使能控制位(1/0:使能/关闭);第 1 位 ECnT2SI:第 n 通道的 PWM 在第 2 个翻转点中断使能控制位(1/0:使能/关闭);第 0 位 ECnT1SI:第 n 通道的 PWM 在第 1 个翻转点中断使能控制位(1/0:使能/关闭)。

为实现 STC8 的 PWM 外设产生 PWM 信号,硬件配置如下。微控制器 STC8A8K64S4,系统时钟频率为 24 MHz,使用增强型的 PWM 波形发生器。使用 4 个通道 PWM4→P2.4,PWM5→P2.5,PWM6→P2.6,PWM7→P2.7。

程序流程为:① 初始化设置 PWMCKS、PWMC、PWMnT1、PWMnT2、PWMnCR。② 启动 PWM 模块工作。③ 4 个通道输出频率为 1 kHz,PWM4~PWM7 占空比为 50%~80%的信号。产生 1 kHz 输出频率、占空比 50%~80% PWM 信号的主程序如下:

```
1.  #include "stc8.h"
2.  void main(void)
3.  {
4.      P_SW2 = 0X80;                //必须设置,外设端口切换控制寄存器 2,
                                       允许访问特殊功能寄存器
5.
6.      PWMCKS = 0X00;               //PWM 为系统时钟频率 24 MHz,PWM_PS
                                       [3:0]为 0,系统时钟不分频
7.      PWMC = 24000 - 1;            //设置 PWM 周期为 24000 个 PWM 时钟,此
                                       寄存器为 15 位,PWM 频率 = 系统工作频
                                       率 24 MHz/(PWMC + 1)
8.      //PWM4     P2.4   50% 占空比
9.      PWM4T1 = 0;                  //在计数值为 0 地方输出低电平
10.     PWM4T2 = (24000 - 1 - 24000 * 0.5);
                                     //在计数值为 12000 地方输出高电平
11.     PWM4CR = 0X80;               //使能 PWM4 输出
12.     //PWM5   P2.5     60% 占空比
13.     PWM5T1 = 0;                  //在计数值为 0 地方输出低电平
14.     PWM5T2 = (24000 - 1 - 24000 * 0.6);
                                     //在计数值为 9600 地方输出高电平
15.     PWM5CR = 0X80;               //使能 PWM5 输出
16.     //PWM6     P2.6   70% 占空比
17.     PWM6T1 = 0;                  //在计数值为 0 地方输出低电平
18.     PWM6T2 = (24000 - 1 - 24000 * 0.7);
                                     //在计数值为 7200 地方输出高电平
19.     PWM6CR = 0X80;               //使能 PWM6 输出
20.     //PWM7   P2.7     80% 占空比
21.     PWM7T1 = 0;                  //在计数值为 0 地方输出低电平
22.     PWM7T2 = (24000 - 1 - 24000 * 0.8);
                                     //在计数值为 4800 地方输出高电平
23.     PWM7CR = 0X80;               //使能 PWM7 输出
24.
25.     P_SW2 = 0X00;
26.     PWMCR = 0X80;                //启动 PWM 模块
27.
28.     while(1);
```

```
29. }
```

用示波器观测各端口波形，频率为 1 kHz，P2.4～P2.7 占空比为 50%～80%，如图 1-7 所示。

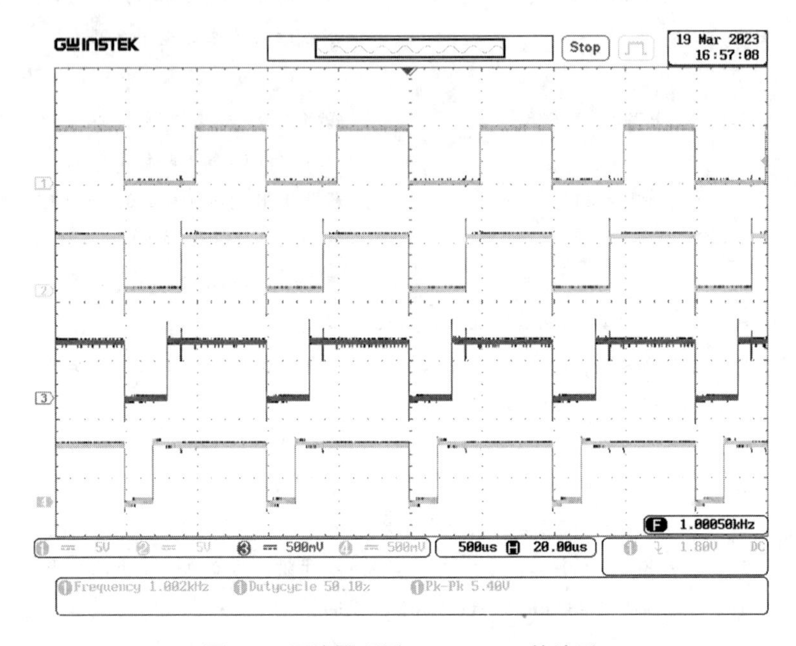

图 1-7　示波器观测 P2.4～P2.7 的波形

1.4.3　STM32F4 微控制器外设实现 PWM 信号

STM32F4 系列微控制器用外设实现 PWM 的软件流程：① 选择端口、选择通道。② 选择计数模式。③ 设置计数脉冲来源，设置计数器总线频率，设置预分频和自动装载值。④ 设置高（或低）电平的计数值。⑤ 启动 PWM。

需要注意以下问题：① 端口与通道的对应关系，可以查看数据手册。② 定时器的选择有多种，如普通定时器、高级定时器，不同定时器产生 PWM 信号的可设置性强弱不同。③ 定时器挂在内部不同的总线上，要选择合适的最高频率，需查看手册。④ 系统时钟频率的预分频值，设置要有利于理解和实际对应，注意计数值－1 的问题。⑤ 注意查询和中断方式的选择。

STM32F4 的定时器除了基本定时器 TIM6 和 TIM7 之外，其他的定时器都可以用来产生 PWM 输出，其中高级定时器 TIM1 和 TIM8 可以同时产生

7 路的 PWM 输出，而通用定时器 TIM2～TIM5 能同时产生 4 路的 PWM 输出，TIM9～TIM14 能产生 1～2 路 PWM 输出。

STM32F4 的定时器的通道输出可大体分为输出比较模式和 PWM 模式两类，两类模式都可以用来输出 PWM 波。一个定时器如果用输出比较模式，可以方便地调节每一路 PWM 波的频率，而用 PWM 模式，则这个定时器控制的多路 PWM 频率只能同时调。定时器的计数模式，包括向上计数模式、向下计数模式和中心对齐模式 3 种(Up/Down/Center)。PWM 模式有 PWM1 和 PWM2，TIM_OCPolarity 极性有 High 和 Low 两种，常用 PWM1＋High 的组合，即向上计数计数值 TIMx_CNT＜TIMx_CCR(捕获/比较寄存器)时输出高电平。

PWM 输出的是一个矩形信号，信号的频率是由 TIMx 的时钟频率和 TIMx_ARR 预分频器所决定的，而输出信号的占空比则是由 TIMx_CRRx 寄存器确定的。通常先确定 TIMx_ARR 预分频值，再确定 TIMx 的时钟频率，最后向 CRR 中填入适当的数，可以输出所需的占空比矩形信号。

使用 STM32F4 系列微控制器产生两路单独的 PWM 的初始化、启动语句如下：

```
1. MX_TIM2_Init();                          //使用了 TIM2 的通道 1
2. MX_TIM3_Init();                          //使用了 TIM3 的通道 4
3. HAL_TIM_PWM_Start(&htim2, TIM_CHANNEL_1);
                                            //启动 PWM 定时器运行
4. HAL_TIM_PWM_Start(&htim3, TIM_CHANNEL_4);
                                            //启动 PWM 定时器运行
```

TIM2 和 TIM3 初始化函数的具体相关程序如下：

```
1. /*********************tim.c************************/
2. void MX_TIM2_Init(void)
3. {
4.   TIM_ClockConfigTypeDef sClockSourceConfig = {0};
5.   TIM_MasterConfigTypeDef sMasterConfig = {0};
6.   TIM_OC_InitTypeDef sConfigOC = {0};
7.
8.   htim2.Instance = TIM2;
9.   htim2.Init.Prescaler = 8400 - 1;       //TIM2 预分频，计数频率 10 kHz
```

```
10.  htim2.Init.CounterMode = TIM_COUNTERMODE_UP;
                                          //向上计数模式
11.  htim2.Init.Period = 200 - 1;         //计数值,PWM 周期 20 ms
12.  htim2.Init.ClockDivision = TIM_CLOCKDIVISION_DIV1;
13.  htim2.Init.AutoReloadPreload = TIM_AUTORELOAD_PRELOAD_ENABLE;
14.  if (HAL_TIM_Base_Init(&htim2)! = HAL_OK)
15.  {
16.    Error_Handler();
17.  }
18.  sClockSourceConfig.ClockSource = TIM_CLOCKSOURCE_INTERNAL;
19.  if (HAL_TIM_ConfigClockSource(&htim2,&sClockSourceConfig)! = HAL_OK)
20.  {
21.    Error_Handler();
22.  }
23.  if (HAL_TIM_PWM_Init(&htim2)! = HAL_OK)
24.  {
25.    Error_Handler();
26.  }
27.  sMasterConfig.MasterOutputTrigger = TIM_TRGO_RESET;
28.  sMasterConfig.MasterSlaveMode = TIM_MASTERSLAVEMODE_DISABLE;
29.  if (HAL_TIMEx_MasterConfigSynchronization(&htim2, &sMasterCon
       fig)! = HAL_OK)
30.  {
31.    Error_Handler();
32.  }
33.  sConfigOC.OCMode = TIM_OCMODE_PWM1;
34.  sConfigOC.Pulse = 80 - 1;            //占空比 80/200
35.  sConfigOC.OCPolarity = TIM_OCPOLARITY_HIGH;
36.  sConfigOC.OCFastMode = TIM_OCFAST_DISABLE;
37.  if (HAL_TIM_PWM_ConfigChannel(&htim2,&sConfigOC,TIM_CHANNEL_1) ! =
       HAL_OK)
38.  {
39.    Error_Handler();
40.  }
41.  __HAL_TIM_DISABLE_OCxPRELOAD(&htim2, TIM_CHANNEL_1);
42.  HAL_TIM_MspPostInit(&htim2);
```

```
43. }
44.
45. void MX_TIM3_Init(void)
46. {
47.   TIM_ClockConfigTypeDef sClockSourceConfig = {0};
48.   TIM_MasterConfigTypeDef sMasterConfig = {0};
49.   TIM_OC_InitTypeDef sConfigOC = {0};
50.
51.   htim3.Instance = TIM3;
52.   htim3.Init.Prescaler = 8400 - 1;       //TIM3 预分频，计数频率 10 kHz
53.   htim3.Init.CounterMode = TIM_COUNTERMODE_UP;
                                         //向上计数模式
54.   htim3.Init.Period = 400 - 1;           //计数值，PWM 周期 40 ms
55.   htim3.Init.ClockDivision = TIM_CLOCKDIVISION_DIV1;
56.   htim3.Init.AutoReloadPreload = TIM_AUTORELOAD_PRELOAD_DISABLE;
57.   if (HAL_TIM_Base_Init(&htim3) != HAL_OK)
58.   {
59.     Error_Handler();
60.   }
61.   sClockSourceConfig.ClockSource = TIM_CLOCKSOURCE_INTERNAL;
62.   if (HAL_TIM_ConfigClockSource(&htim3, &sClockSourceConfig) != HAL_OK)
63.   {
64.     Error_Handler();
65.   }
66.   if (HAL_TIM_PWM_Init(&htim3) != HAL_OK)
67.   {
68.     Error_Handler();
69.   }
70.   sMasterConfig.MasterOutputTrigger = TIM_TRGO_RESET;
71.   sMasterConfig.MasterSlaveMode = TIM_MASTERSLAVEMODE_DISABLE;
72.   if (HAL_TIMEx_MasterConfigSynchronization(&htim3, &sMasterConfig) !=
        HAL_OK)
73.   {
74.     Error_Handler();
75.   }
76.   sConfigOC.OCMode = TIM_OCMODE_PWM1;
```

```
77.    sConfigOC.Pulse = 280 - 1;              //占空比 280/400
78.    sConfigOC.OCPolarity = TIM_OCPOLARITY_HIGH;
79.    sConfigOC.OCFastMode = TIM_OCFAST_DISABLE;
80.    if (HAL_TIM_PWM_ConfigChannel(&htim3,&sConfigOC,TIM_CHANNEL_4) ! =
          HAL_OK)
81.    {
82.      Error_Handler();
83.    }
84.    HAL_TIM_MspPostInit(&htim3);
85. }
86. /*********************************************/
```

void SystemClock_Config(void)函数和 void Error_Handler(void)函数可以用 STM32Cube-IDE 直接产生。具体程序如下：

```
1.  void SystemClock_Config(void)
2.  {
3.    RCC_OscInitTypeDef RCC_OscInitStruct = {0};
4.    RCC_ClkInitTypeDef RCC_ClkInitStruct = {0};
5.
6.    /** Configure the main internal regulator output voltage
7.     */
8.    __HAL_RCC_PWR_CLK_ENABLE();
9.    __HAL_PWR_VOLTAGESCALING_CONFIG(PWR_REGULATOR_VOLTAGE_SCALE1);
10.   /** Initializes the RCC Oscillators according to the specified parameters
11.    * in the RCC_OscInitTypeDef structure.
12.    */
13.   RCC_OscInitStruct.OscillatorType = RCC_OSCILLATORTYPE_HSI;
14.   RCC_OscInitStruct.HSIState = RCC_HSI_ON;
15.   RCC_OscInitStruct.HSICalibrationValue = RCC_HSICALIBRATION_DEFAULT;
16.   RCC_OscInitStruct.PLL.PLLState = RCC_PLL_ON;
17.   RCC_OscInitStruct.PLL.PLLSource = RCC_PLLSOURCE_HSI;
18.   RCC_OscInitStruct.PLL.PLLM = 8;
19.   RCC_OscInitStruct.PLL.PLLN = 168;     //168MHz 时钟频率
20.   RCC_OscInitStruct.PLL.PLLP = RCC_PLLP_DIV2;
21.   RCC_OscInitStruct.PLL.PLLQ = 4;
22.   if (HAL_RCC_OscConfig(&RCC_OscInitStruct)! = HAL_OK)
```

```
23.    {
24.      Error_Handler();
25.    }
26.    /** Initializes the CPU, AHB and APB buses clocks
27.     */
28.    RCC_ClkInitStruct.ClockType = RCC_CLOCKTYPE_HCLK|RCC_CLOCKTYPE_SYSCLK
29.                                  |RCC_CLOCKTYPE_PCLK1|RCC_CLOCKTYPE_PCLK2;
30.    RCC_ClkInitStruct.SYSCLKSource = RCC_SYSCLKSOURCE_PLLCLK;
31.    RCC_ClkInitStruct.AHBCLKDivider = RCC_SYSCLK_DIV1;
32.    RCC_ClkInitStruct.APB1CLKDivider = RCC_HCLK_DIV4;
33.    RCC_ClkInitStruct.APB2CLKDivider = RCC_HCLK_DIV2;
34.
35.    if (HAL_RCC_ClockConfig(&RCC_ClkInitStruct, FLASH_LATENCY_5) !=
       HAL_OK)
36.    {
37.      Error_Handler();
38.    }
39. }
40.
41. void Error_Handler(void)
42. {
43.    /* USER CODE BEGIN Error_Handler_Debug */
44.    /* User can add his own implementation to report the HAL error return
         state */
45.    __disable_irq();
46.    while (1)
47.    {
48.    }
49.    /* USER CODE END Error_Handler_Debug */
50. }
```

端口 PA0→TIM2_CH1，PC9→TIM3_CH4，用示波器观测 PA0、PC9 的波形如图 1-8 所示。

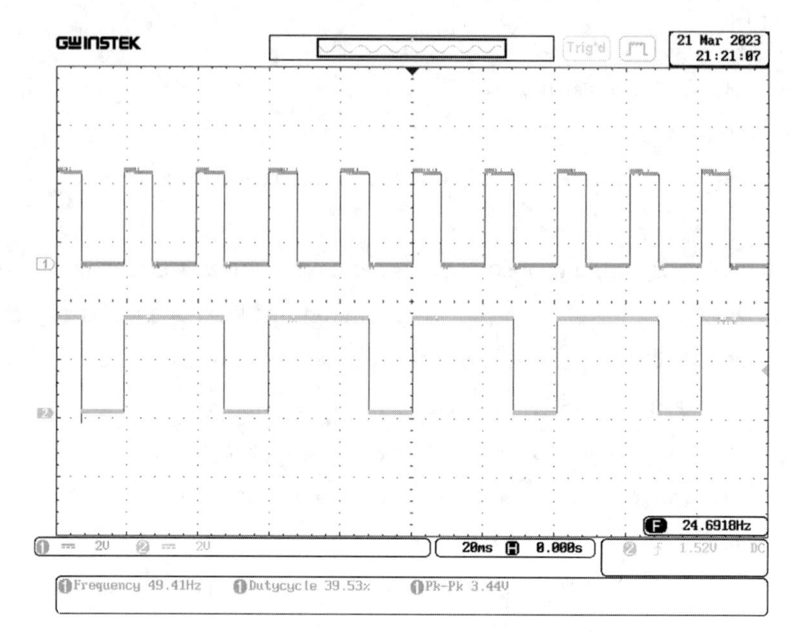

图 1-8 示波器观测 PA0、PC9 的波形

1.4.4 STM32F4 微控制器实现 2 路互补 PWM 信号

使用高级控制定时器(TIM8)生成 PWM 的编程流程如下。

① 使能定时器通道各个引脚端口时钟。② 对于高级控制定时器 TIM8 的各个通道引脚进行初始化,配置好输出模式和输出速度。③ 根据 HAL 库的函数进行定时器的配置,包括周期、计数方向、预分频等。④ 设置各个通道的电平跳变值,以及输出通道和互补输出通道的极性。⑤ 使能外设时钟,调用函数输出 PWM。

使用 STM32F407 型号的微控制器,系统频率 168 MHz。用 TIM8 定时器产生占空比 30%互补的两路 PWM 信号。APB2 timer 总线 168 MHz,设置预分频 168-1,计数值 100-1,得 10 kHz 周期频率。设置两个通道的计数值都是 30-1,CH1 ploarity:hight,CH1N ploarity:low;CH2 ploarity:low,CH2N ploarity:high。具体程序如下:

```
1. /******************** tim.c ************************/
2. void MX_TIM8_Init(void)              //TIM8 初始化
3. {
4.   TIM_ClockConfigTypeDef sClockSourceConfig = {0};
5.   TIM_MasterConfigTypeDef sMasterConfig = {0};
```

```
6.    TIM_OC_InitTypeDef sConfigOC = {0};
7.    TIM_BreakDeadTimeConfigTypeDef sBreakDeadTimeConfig = {0};
8.
9.    htim8.Instance = TIM8;
10.   htim8.Init.Prescaler = 168 - 1;         //预分频,1 MHz
11.   htim8.Init.CounterMode = TIM_COUNTERMODE_UP;
12.   htim8.Init.Period = 100 - 1;            //计数值 100,10 kHz
13.   htim8.Init.ClockDivision = TIM_CLOCKDIVISION_DIV1;
14.   htim8.Init.RepetitionCounter = 0;
15.   htim8.Init.AutoReloadPreload = TIM_AUTORELOAD_PRELOAD_ENABLE;
16.   if (HAL_TIM_Base_Init(&htim8)! = HAL_OK)
17.   {
18.     Error_Handler();
19.   }
20.   sClockSourceConfig.ClockSource = TIM_CLOCKSOURCE_INTERNAL;
21.   if (HAL_TIM_ConfigClockSource(&htim8,&sClockSourceConfig)! = HAL_
        OK)
22.   {
23.     Error_Handler();
24.   }
25.   if (HAL_TIM_PWM_Init(&htim8)! = HAL_OK)
26.   {
27.     Error_Handler();
28.   }
29.   sMasterConfig.MasterOutputTrigger = TIM_TRGO_RESET;
30.   sMasterConfig.MasterSlaveMode = TIM_MASTERSLAVEMODE_DISABLE;
31.   if (HAL_TIMEx_MasterConfigSynchronization(&htim8, &sMasterConfig)! =
        HAL_OK)
32.   {
33.     Error_Handler();
34.   }
35.   sConfigOC.OCMode = TIM_OCMODE_PWM1;
36.   sConfigOC.Pulse = 30 - 1;               //通道的计数值 30
37.   sConfigOC.OCPolarity = TIM_OCPOLARITY_HIGH;
38.   sConfigOC.OCNPolarity = TIM_OCNPOLARITY_LOW;
39.   sConfigOC.OCFastMode = TIM_OCFAST_DISABLE;
```

```
40.   sConfigOC.OCIdleState = TIM_OCIDLESTATE_RESET;
41.   sConfigOC.OCNIdleState = TIM_OCNIDLESTATE_RESET;
42.   if (HAL_TIM_PWM_ConfigChannel(&htim8,&sConfigOC,TIM_CHANNEL_1) ! =
        HAL_OK)
43.   {
44.     Error_Handler();
45.   }
46.   sConfigOC.OCPolarity = TIM_OCPOLARITY_LOW;
47.   sConfigOC.OCNPolarity = TIM_OCNPOLARITY_HIGH;
48.   if (HAL_TIM_PWM_ConfigChannel(&htim8, &sConfigOC,TIM_CHANNEL_2) ! =
        HAL_OK)
49.   {
50.     Error_Handler();
51.   }
52.   sBreakDeadTimeConfig.OffStateRunMode = TIM_OSSR_DISABLE;
53.   sBreakDeadTimeConfig.OffStateIDLEMode = TIM_OSSI_DISABLE;
54.   sBreakDeadTimeConfig.LockLevel = TIM_LOCKLEVEL_OFF;
55.   sBreakDeadTimeConfig.DeadTime = 0;
56.   sBreakDeadTimeConfig.BreakState = TIM_BREAK_DISABLE;
57.   sBreakDeadTimeConfig.BreakPolarity = TIM_BREAKPOLARITY_HIGH;
58.   sBreakDeadTimeConfig.AutomaticOutput = TIM_AUTOMATICOUTPUT_ENABLE;
59.   if (HAL_TIMEx_ConfigBreakDeadTime(&htim8, &sBreakDeadTimeConfig)
        ! = HAL_OK)
60.   {
61.     Error_Handler();
62.   }
63.   HAL_TIM_MspPostInit(&htim8);
64. }
65. /*********************************************/
```

使能 TIM8 定时器，直接在端口可以获得 PWM 信号。具体程序如下：

```
1. HAL_TIM_PWM_Start(&htim8, TIM_CHANNEL_1);
2. HAL_TIM_PWM_Start(&htim8, TIM_CHANNEL_2);
3. HAL_TIMEx_PWMN_Start(&htim8, TIM_CHANNEL_1);
4. HAL_TIMEx_PWMN_Start(&htim8, TIM_CHANNEL_2);
```

用示波器观察的波形如图 1-9 所示。TIM8 GPIO Configuration(通道 1,

2,3,4)为:PA7→TIM8_CH1N,PB0→TIM8_CH2N,PC6→TIM8_CH1,PC7→TIM8_CH2。

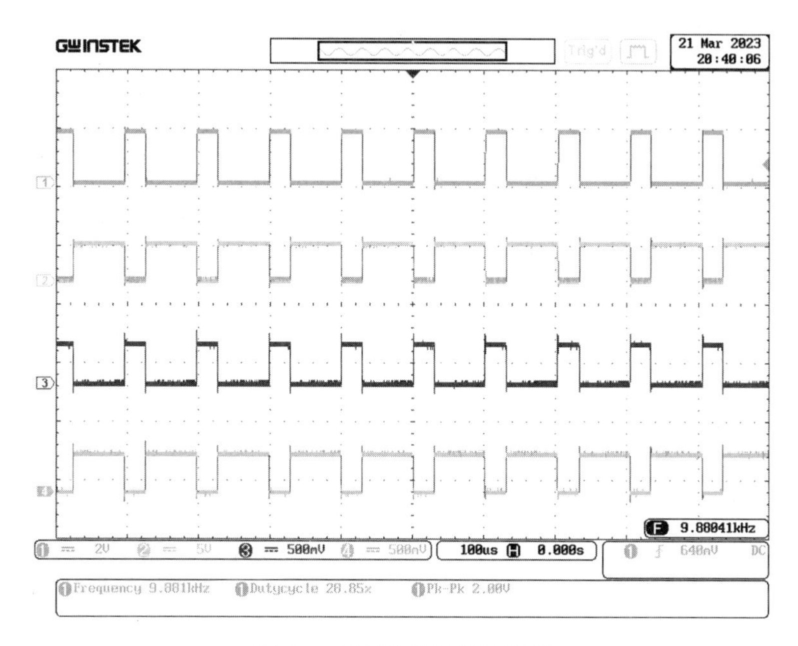

图 1-9 用示波器观察的波形

1.4.5 PWM 控制基本斩波电路

基本斩波电路分为降压(Buck)电路和升压(Boost)电路。PWM 控制基本斩波电路仿真模型如图 1-10 所示。电路为开环控制,输出电压会有纹波。实际电路应用时产生 PWM 信号可以用 SG3525 PWM 信号发生器,也可以用微控制器。

图 1-10 中的 Display 是仿真时显示负载电阻的电压 U_o,占空比 α 为 25%,Buck 电路为 2.990 4 V,Boost 电路为 16.178 5 V。

仿真模型中,元器件的计量单位包括:电感 L,单位为 H;电容 C,单位为 F;电阻 R,单位为 Ω;频率 f,单位为 Hz;时间 t,单位为 s;电压 V 或 U,单位为 V;电流 I,单位为 A。本书所有仿真模型,都是由 PLECS 软件建模,模型中元器件的计量单位不论是否标明,均使用以上相同元器件的计量单位。用 u 表示电压瞬时值,用 U(或 V)表示电压有效值或直流电压值,用 U_d 表示平均电压;用 i 表示电流瞬时值,用 I 表示电流有效值或直流电流值,用 I_d 表示平均电流。

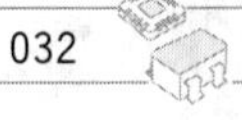

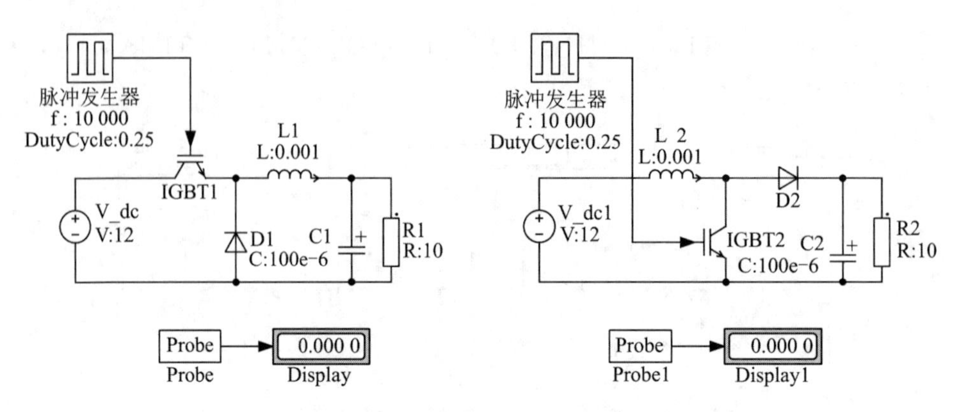

图 1-10 基本斩波电路仿真模型

搭建实际的 Buck 电路,使用 HKDD-3A 型实验箱测试,负载电阻 500 Ω,输入电压 24 V,改变占空比,用示波器测量的输出电压值 U_o 与理论值比较如图 1-11 所示。用表头测量输出的读数,表头读数仅精确到个位数,与理论数值会有一定的测量误差,另外用示波器格栅读取占空比也有误差,但测量值与理论值基本吻合。图中标注数据为占空比和测量值,如(0.48,12)表示占空比 0.48,测量电压为 12 V。

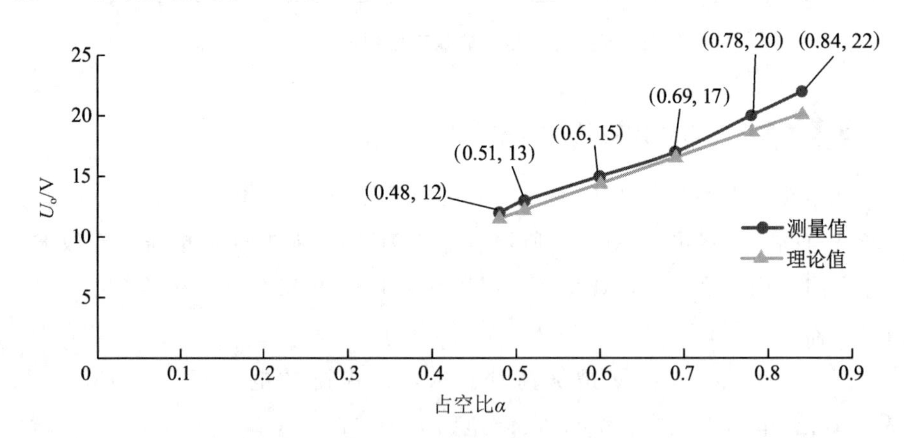

图 1-11 基本斩波 Buck 电路的输出电压

同样可以搭建 Boost 电路,使用试验箱测试,负载电阻 1 000 Ω,输入电压设为 5 V,改变占空比,用示波器测量的输出电压值与理论值比较如图 1-12 所示。理论值和测量值吻合,但占空比偏大或偏小时,理论值和测量值误差会增大。

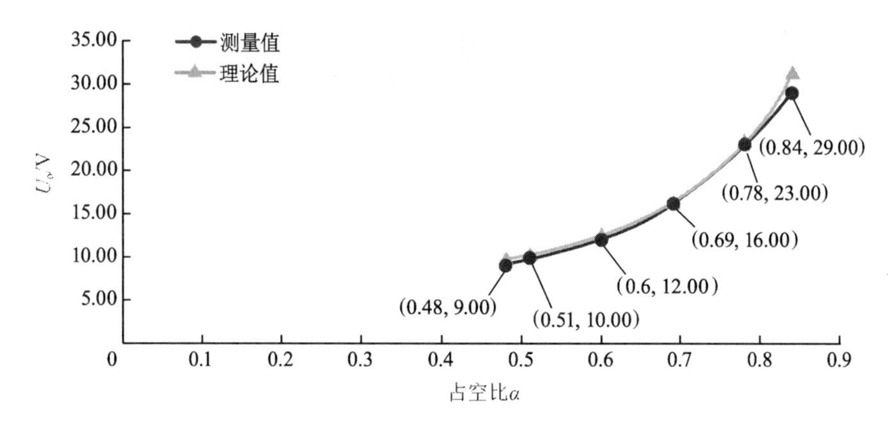

图 1-12　基本斩波 Boost 电路的输出电压

PWM 信号除用于直流基本斩波电路控制开关器件外，其他直流斩波电路、交流斩波、功率因数校正电路等，都可以采用 PWM 信号控制，其控制方法与基本斩波电路的控制方法相同。

2 正弦波脉宽调制

2.1 SPWM 信号参数

PWM 脉冲的宽度按正弦规律变化称为正弦波脉宽调制 SPWM (Sinusoidal PWM),其原理如图 2-1 所示。要改变等效输出的正弦波的幅值时,只要按照同一比例系数改变上述各脉冲的宽度即可。

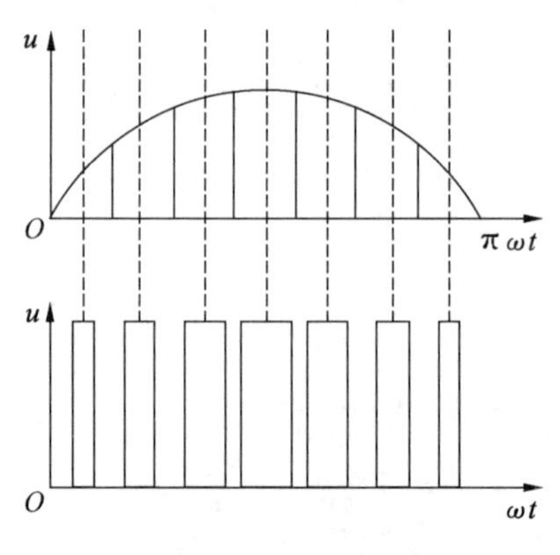

图 2-1 SPWM 原理图

载波比、调制度(Degree of Modulation,也称调制比)、总谐波畸变率(Total Harmonic Distortion,简称 THD)是 SPWM 的 3 个主要参数。在应用中,前两个主要涉及控制技术,后一个还涉及滤波技术。

2.1.1 载波比

在 SPWM 中,载波频率 f_c 与调制信号频率 f_r 之比称为载波比,用 N 表示,即 $N=f_c/f_r$。

(1) 异步调制。载波信号和调制信号不同步的调制方式即为异步调制。通常保持载波频率 f_c 固定不变,当调制信号频率 f_r 变化时,载波比 N 是变化的。当 f_r 较低时,N 较大,一个周期内脉冲数较多,PWM 脉冲不对称产生的不利影响较小。当 f_r 增高时,N 减小,一周期内的脉冲数减少,SPWM 脉冲不对称的影响就变大,还会出现脉冲的跳动。同时,输出波形和正弦波之间的差异也变大,电路输出特性变坏。对于三相逆变器来说,三相输出的对称性也变差。因此,在采用异步调制方式时,希望尽量提高载波频率,使得调制信号频率较高时仍能保持较大的载波比,从而改善输出特性。

(2) 同步调制。载波比 N 等于常数,在变频时使载波和信号波形保持同步的调制方式称为同步调制。在同步调制方式中,f_r 变化时 N 不变,信号波一周期内输出的脉冲数固定。在三相 SPWM 逆变电路中通常共用一个三角波载波,且取 N 为 3 的整数倍,使三相输出对称。

(3) 分段同步调制。为了克服同步调制和异步调制的缺点,通常采用分段同步调制的方法,即把 f_r 的范围划分成若干个频段,每个频段内保持 N 恒定,不同频段 N 不同。在 f_r 高的频段采用较低的 N,使载波频率不致过高。在 f_r 低的频段采用较高的 N,使载波频率不致过低。为防止 f_c 在切换点附近来回跳动,可以采用滞后切换的方法。

2.1.2 调制度

调制波幅值 U_r 和载波幅值 U_c 之比称为调制度,用 M 表示,即 $M=U_r/U_c$。通常情况下 $0<M\leqslant 1$,可以用不同的调制度 M 改变调制信号的幅值,使调制信号幅值总是不大于 1。如果三角载波的峰值可以定义为 ± 1,那么信号幅值 M 通常小于三角载波的峰值。若出现 $M>1$,则称为过调制。

对于 SPWM 信号,调制度定义为相电压幅值 U_m 和母线电压 U_{dc} 的比值。这个比值越大,其逆变器输出的基波电压幅值也就越大,也代表着系统的输出功率越大,直流利用率越高。应用于电机系统时,电机的输出力矩越强。电机系统中重要的输出量就是输出转矩,调制度的改变代表着系统输出力矩的改变。

2.1.3 总谐波畸变率

总谐波畸变率是周期性交流量中谐波含量方均根值(有效值)和其基波分量方均根值之比,用百分数表示。电压总谐波畸变率以 THD_u 表示,电流总谐波畸变率以 THD_i 表示。

电流总谐波畸变率

$$THD_{\mathrm{i}}=\frac{I_{\mathrm{h}}}{I_1}=\frac{\sqrt{I_2^2+I_3^2+\cdots+I_n^2}}{I_1}\times 100\% \tag{2-1}$$

式中，I_n 为第 n 次谐波电流有效值（$n=2,3,\cdots$），I_{h} 为电流总谐波有效值，I_1 为基波电流有效值。

谐波畸变产生的主要危害包括：① 导致电力变压器发热；② 导致电力电缆发热；③ 对电子设备产生干扰；④ 电网电压含有谐波时，会引起直流侧电压、电流异常波动。

抑制谐波畸变危害的措施包括：① 根据负载确定电力变压器额定容量时，应考虑谐波畸变而留有余量；② 在电缆截面选择中应考虑谐波引起电缆发热的危害；③ 在设计和施工阶段，采取抑制谐波对电子设备产生干扰的措施。

2.2 SPWM 生成方法

2.2.1 面积等效法

面积等效法也称计算法，就是完全按照面积相等的原理，通过积分等运算解出各脉冲的宽度和间隔来生成 SPWM，该方法计算量大。但是采用面积等效法实现 SPWM 控制相对于其他方法而言，谐波较小，对谐波的抑制能力较强。

SPWM 面积等效法原理示意图如图 2-2 所示。假设所需的输出正弦电压为 $U_{\mathrm{o}}=U_{\mathrm{m}}\sin\omega t$，其中，$U_{\mathrm{m}}$ 为正弦波幅值。利用面积等效法，正弦波小块面积 S_1 与对应脉冲面积 S_2 相等，将正弦波分为 N 等份，则每一等份的宽度为 $2\pi/N$，如果计算出半个周期内 $N/2$ 个不同的脉宽值，另半个周期的脉宽值就可得出，计算量可以减半。

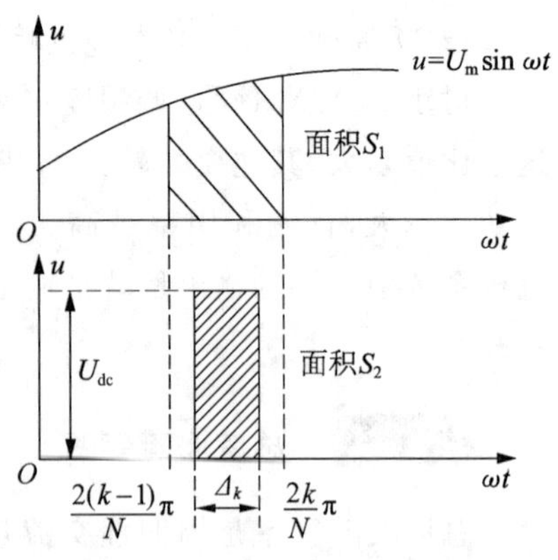

图 2-2　SPWM 面积等效法原理示意图

由图 2-2 可知，正弦波小块 S_1 面积为

$$S_1 = U_m \int_{\frac{2(k-1)\pi}{N}}^{\frac{2k}{N}\pi} \sin\omega t \, dt = \frac{U_m}{\omega}\left[\cos\frac{2(k-1)}{N}\pi - \cos\frac{2k}{N}\pi\right] \tag{2-2}$$

式中，k 取值 $1 \sim N$。

设逆变器输入直流电压为 U_{dc}，脉冲面积 S_2 与 S_1 相等，即有

$$\Delta_k U_{dc} = \frac{U_m}{\omega}\left[\cos\frac{2(k-1)}{N}\pi - \cos\frac{2k}{N}\pi\right] \tag{2-3}$$

所以第 k 个区间的脉冲宽度

$$\Delta_k = \frac{U_m}{\omega U_{dc}}\left[\cos\frac{2(k-1)}{N}\pi - \cos\frac{2k}{N}\pi\right] = \frac{M}{\omega}\left[\cos\frac{2(k-1)}{N}\pi - \cos\frac{2k}{N}\pi\right] \tag{2-4}$$

式中，M 为调制度，N 为一个周期内的脉冲个数。综合考虑载波比、输出谐波等因素，N 取适当值。当 N 取整数时，N 与载波比值相同。由上式计算出的 SPWM 脉宽表是一个由窄到宽，再由宽到窄的 N 个值的正弦表，将其存入微控制器中供查表调用即可。

因为使用面积等效法要计算两个余弦值，计算较烦琐，计算量大，而目前 SPWM 波形的生成和控制多用微控制器来实现，所以面积等效法在微控制器中使用较少。

2.2.2 跟踪法

跟踪法就是把希望输出的电流或电压波形作为参考信号，把实际电流或电压波形作为反馈信号，通过两者的瞬时值比较来决定电路各功率开关器件的通断，使实际的输出跟踪参考信号的变化。这种控制方法常用于并网逆变器的控制，实际电流或电压值是从电网采集的信号，逆变器的输出跟踪电网信号即可实现逆变器并网。

跟踪法生成 SPWM 的特点包括：① 硬件电路简单；② 属于实时控制方式，电流响应快；③ 不用产生载波，输出电压波形中不含特定频率的谐波分量；④ 与计算法及调制法相比，相同开关频率时，跟踪法生成 SPWM 输出电流中高次谐波含量较多；⑤ 属于闭环控制，这是各种跟踪法生成 SPWM 控制电力电子电路的共同特点。

跟踪控制法中常用的有滞环比较方式和三角波比较方式两类电路。

1. 滞环比较方式

跟踪法生成 PWM 电路中，电流跟踪控制应用最多，其原理图和波形图示意如图 2-3 所示，使用滞环比较器比较 I 与 I_{ref} 信号的大小。波形图中画的载

波频率很低,目的是能看清波形的变化情况。滞环环宽 ΔI 对跟踪性能有较大的影响。环宽过宽时,开关动作频率低,但跟踪误差增大;环宽过窄时,跟踪误差减小,但开关的动作频率过高,甚至会超过开关器件的允许频率范围,开关损耗随之增大。和负载电阻 R_1 串联的电抗器 L_1 可起到限制电流变化率的作用。L_1 过大时,I 的变化率过小,对指令电流的跟踪变化慢。L_1 过小时,I 的变化率过大,频繁地达到 $I_{ref} \pm \Delta I$,开关动作频率过高。

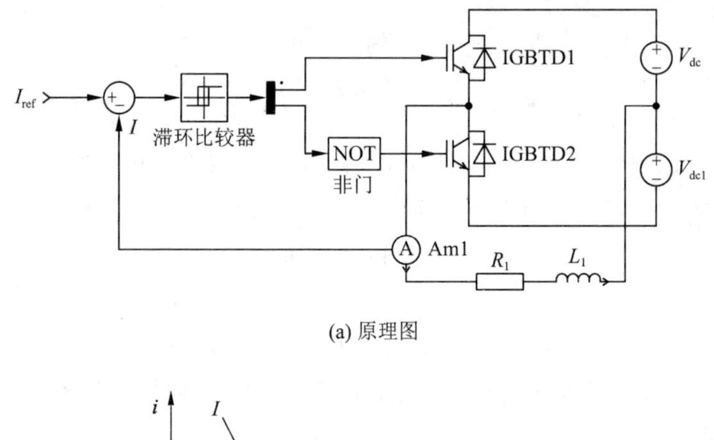

(a) 原理图

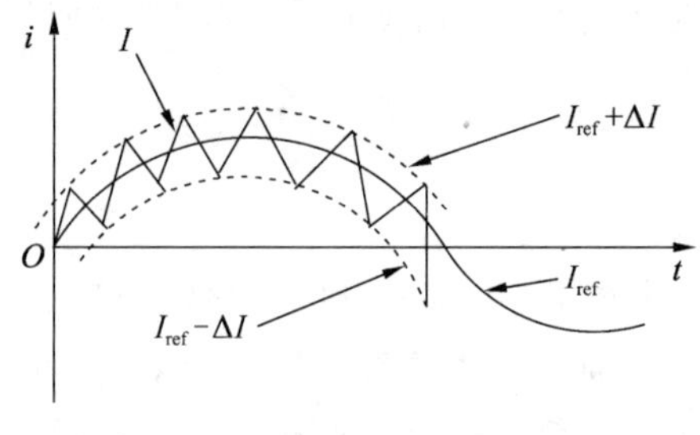

(b) 波形图

图 2-3 电流跟踪滞环比较控制原理图和波形图

2. 三角波比较方式

三角波比较方式不是参考信号和三角波直接比较产生 PWM 波形,而是电压比较器比较三角波信号和($I-I_{ref}$)信号,三角波为载波。电流跟踪型三角波比较方式产生 PWM 电路原理图如图 2-4 所示。功率开关器件的开关频率是一定的,即等于载波频率,因此高频滤波器的设计较为方便。为了改善输出电压,三角波载波常用等腰三角波信号。和滞环比较方式相比,这种控制方式输出电流所含的谐波少,可以用于对谐波和噪声要求严格的场合。

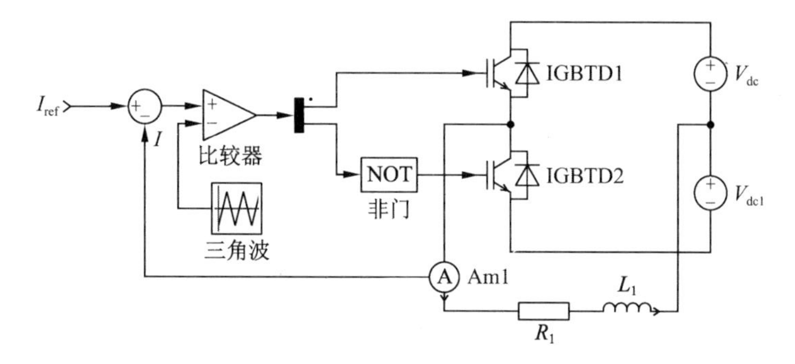

图 2-4 电流跟踪型三角波比较方式产生 PWM 电路原理图

2.2.3 调制法

调制法则是将希望输出的波形作为调制信号，把接受调制的信号作为载波，二者再直接输入比较器比较，产生所期望的 PWM 波形。通常采用等腰三角波、梯形波或锯齿波作为载波信号，其中等腰三角载波应用最多。

调制法实现 SPWM 有如下方法：自然采样法、规则采样法（对称规则采样法和不对称规则采样法）等。

1. 自然采样法

在正弦波和三角波的自然交点时刻控制功率开关器件的通断，此称为自然采样法，得到的 SPWM 波形接近正弦波。因为正弦波在不同相位角时幅值不同，所以正弦波与三角波相交所得到交点产生的脉冲宽度不同。这样获得的脉宽信号幅值变动时间点最精确，用硬件电路比较器可以直接调制产生 SPWM，电路需要产生正弦波和三角波，电路复杂，调节不方便。若用微控制器产生 SPWM 信号，则需要解超越方程，计算量比较大，需花费较多的时间和存储器，但是调节较灵活。

以等腰三角载波（峰值为±1V）和正弦波（峰值为±1V）比较产生 SPWM 为例，仿真模型、波形图和局部波形图如图 2-5 所示，由此可以观察脉冲的宽度变化。

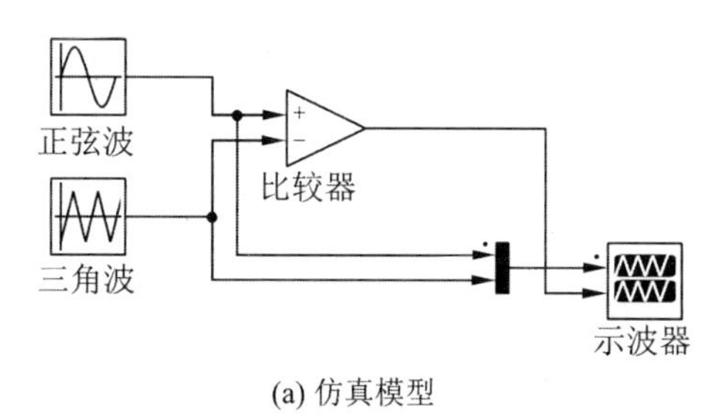

(a) 仿真模型

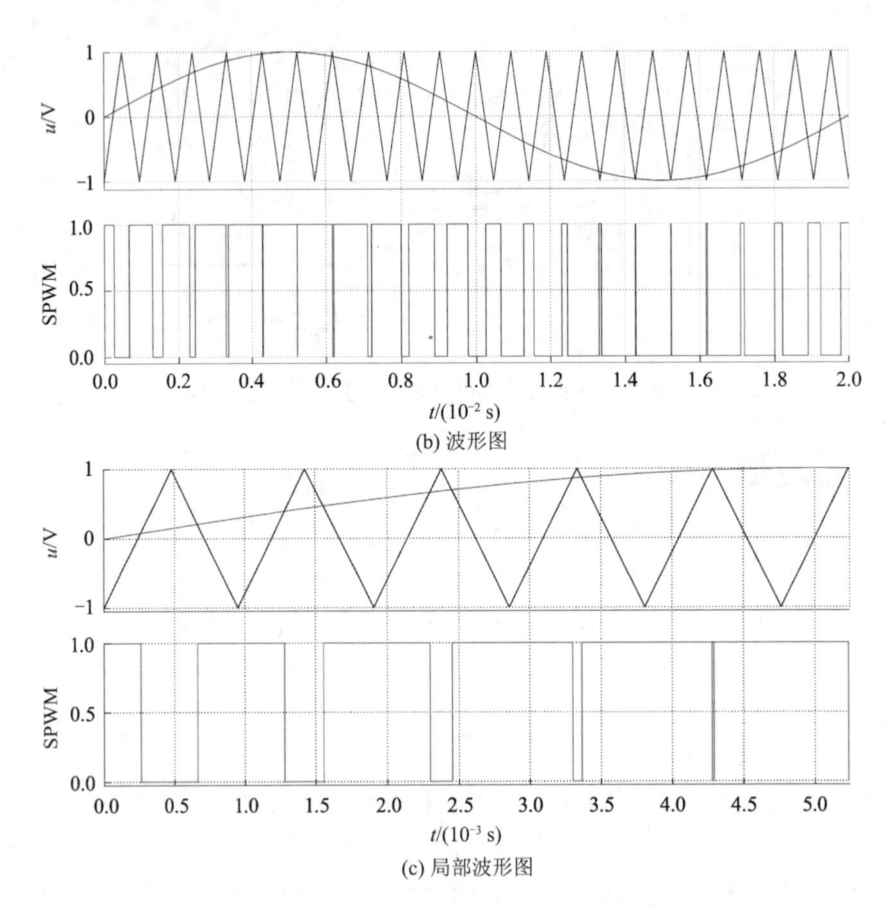

(b) 波形图

(c) 局部波形图

图 2-5　三角载波和正弦波比较产生 SPWM 的仿真模型、波形图和局部波形图

现通过图 2-5 分析 SPWM 波的情况。假设一个周期的锯齿波和调制正弦波的交点为 A 和 B，则 A 点所需时间为 t_1，B 点所需时间为 t_2。在该周期内，PWM 所需要的脉冲时间宽度满足 t_2-t_1。如果 t_1 和 t_2 之间的正弦波幅值大于锯齿波幅值，PWM 信号输出高电平，$t_{on}=t_2-t_1$。如果 t_1 和 t_2 之间的正弦波幅值小于锯齿波幅值，PWM 信号输出为低电平，$t_{off}=t_2-t_1$。可以得出，只要求出 A 点和 B 点位置，就可以求出 PWM 的电平改变时间。

当载波频率升高，SPWM 的开关频率升高，t_1，t_2 的值越接近。SPWM 的开关噪声更多在高频段，输出信号接低通滤波器时，滤波器的截止频率比较高，滤波器的器件体积小，容易实现。同时，SPWM 波形个数增多，微控制器运算量加大，微控制器的运算速度会影响 SPWM 信号的产生。另外，载波频率还受到开关器件性能的限制，选取响应速度快的开关器件可以提高载波频率。

当载波频率降低时，SPWM 的开关频率降低，t_1，t_2 的距离加大。SPWM

的开关噪声更多在低频段。输出信号接低通滤波器时，滤波器的截止频率比较低，滤波器的器件体积大，实现难度加大。但是SPWM波形个数减少，运算量减少，容易用微控制器实现。

2. 对称规则采样法

对称规则采样法，是将每个三角波的对称轴（顶点对称轴或低点对称轴）所对应的时间作为采样时刻，过三角波的对称轴与正弦波的交点，作平行于 t 轴的平行线，该平行线与三角波的两个腰的交点作为SPWM波“开”和“关”的时刻，如图2-6所示。因为这两个交点是对称的，所以称为对称规则采样法。这种方法实际上是用一个阶梯波逼近正弦波。图2-6中，正弦波 $u=U_m\sin\omega t$，三角波幅值为 U_s，通常将三角波幅值归一化处理，即三角波的幅值化为±1，则正弦波的幅值为调制度 $M=\frac{U_m}{U_s}$。图中令 $U_s=1$，则 $U_m=M$。

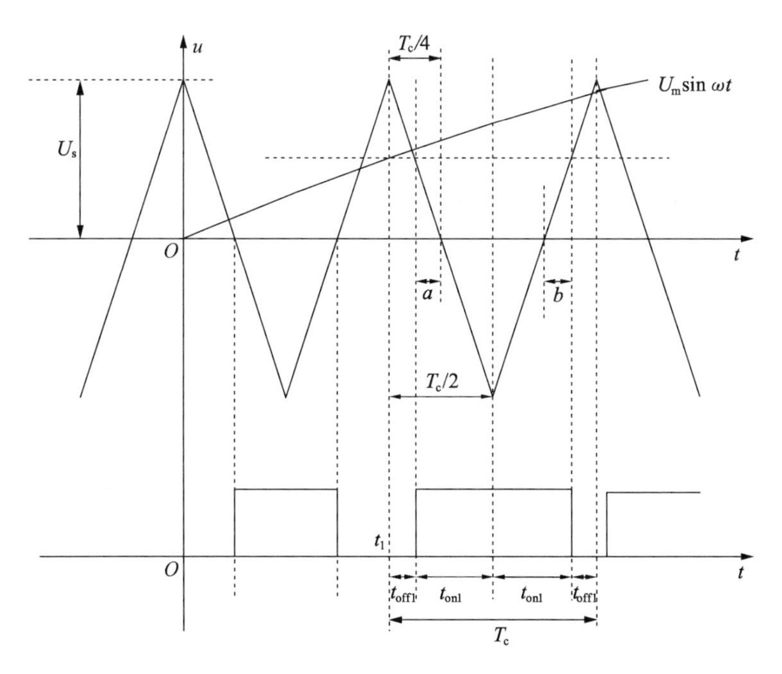

图2-6 对称规则采样法生成SPWM波波形图

再通过三角形相似关系和比例关系，载波顶点采样，可以获得：

$$\begin{cases} t_{off1}=\frac{T_c}{4}(1-M\sin\omega t_1) \\ t_{on1}=\frac{T_c}{4}(1+M\sin\omega t_1) \end{cases} \tag{2-5}$$

式中，M 为调制度，是正弦波峰值与三角波峰值的比值。

$$t_{on}=2t_{on1}=\frac{T_c}{2}(1+M\sin\omega t_1) \tag{2-6}$$

令三角波频率 f_c 与正弦波频率 f_r 之比为载波比 N，因此有

$$N=\frac{f_c}{f_r}=\frac{1}{T_c f_r} \tag{2-7}$$

取样时间

$$t_1=kT_c \quad (k=0,1,2,\cdots,N-1) \tag{2-8}$$

信号角频率

$$\omega=2\pi f_r \tag{2-9}$$

将式(2-8)、式(2-9)代入式(2-6)，得式(2-10)。

$$t_{on}=\frac{T_c}{2}\left(1+M\sin\frac{2\pi k}{N}\right) \tag{2-10}$$

对称规则采样法的数学模型非常简单，但是由于每个载波周期只采样一次，因此所形成的阶梯波与正弦波的逼近程度仍存在误差。

3. 不对称规则采样法

不对称规则采样法生成 SPWM 波波形图如图 2-7 所示。由于这种采样所形成的阶梯波与三角波的交点并不对称，所以称其为不对称规则采样法。每个载波周期采样两次，顶点、底点各一次，顶点对应 t_1 时刻，底点对应 t_2 时刻。

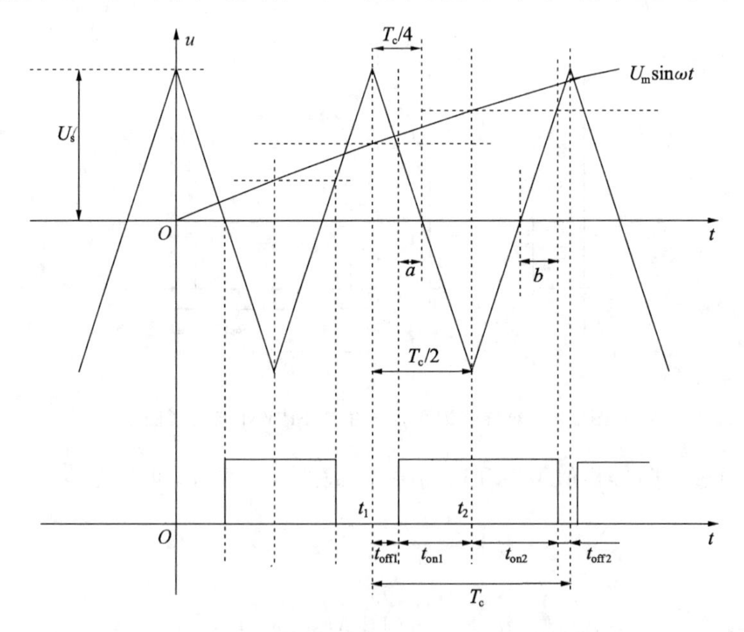

图 2-7 不对称规则采样法生成 SPWM 波波形图

同样用相似三角形几何方法，可以获得以下关系。

$$
\begin{cases}
t_{\text{on1}}=\dfrac{T_{\text{c}}}{4}\left(1+M\sin\dfrac{\pi k}{N}\right) & (k=0,2,4,\cdots,2N-2) \\
t_{\text{on2}}=\dfrac{T_{\text{c}}}{4}\left(1+M\sin\dfrac{\pi k}{N}\right) & (k=1,3,5,\cdots,2N-1)
\end{cases}
\tag{2-11}
$$

$$
t_{\text{on}}=t_{\text{on1}}+t_{\text{on2}}=\frac{T_{\text{c}}}{2}\left[1+\frac{M}{2}(\sin\omega t_1+\sin\omega t_2)\right] \tag{2-12}
$$

式中，k 为偶数时代表顶点采样；k 为奇数时代表底点采样；t_1，t_2 分别为顶点、底点采样时刻。

2.3 SPWM 控制方案

根据产生 SPWM 信号极性的不同，有两种基本的 SPWM 技术：单极性 SPWM 和双极性 SPWM。单极性 SPWM 所得的信号有正、负和 0 三种电平，而双极性 SPWM 得到的信号只有正、负两种电平。

2.3.1 单极性 SPWM

一个调制信号周期的单极性 SPWM 信号图和前 6 个三角波周期的局部放大图，如图 2-8 所示，信号电平极性为 1，0，−1。

单极性 SPWM 特点包括：① 基波成分与调制波信号成线性关系；② 不含载波谐波；③ 不含 k 为偶数次的谐波；④ 谐波出现在载波频率附近。

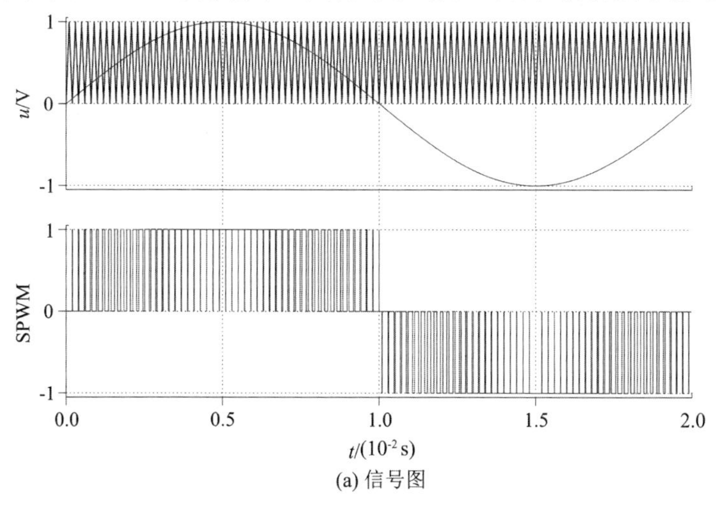

(a) 信号图

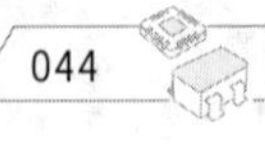

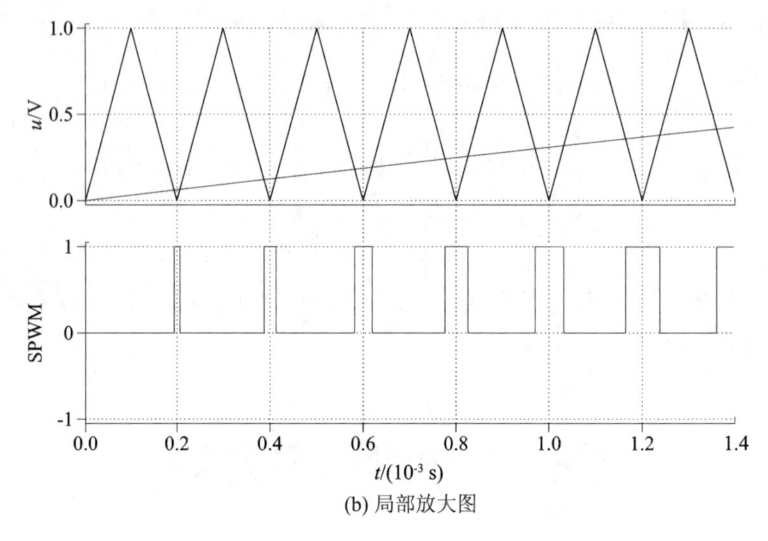

(b) 局部放大图

图 2-8　**单极性** SPWM **信号**

用单极性 SPWM 控制信号驱动单相桥式逆变电路的原理图、驱动信号 D_1～D_4 如图 2-9 所示。由于开关控制信号总是正电压信号，可以用 D_1，D_2 信号分别控制输出电平的正半波和负半波，输出电平在 R_1 两端左高右低。用正弦信号的极性作为 D_1 的控制信号，D_2 信号为 D_1 信号取反，则 D_4，D_3 控制信号分别在正半波和负半波都是单极性正电压信号，R_1 上的电压就是交流电。

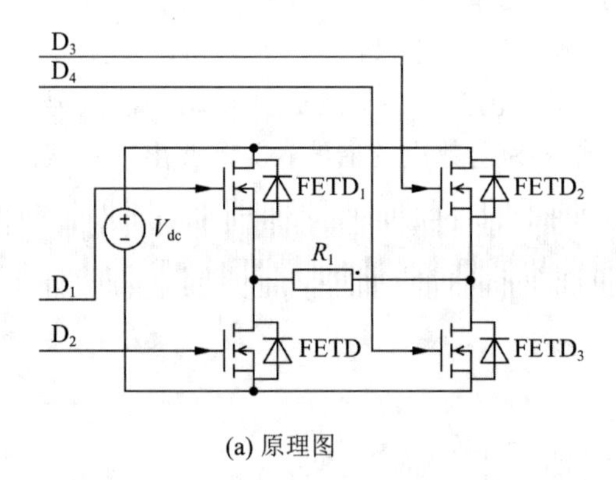

(a) 原理图

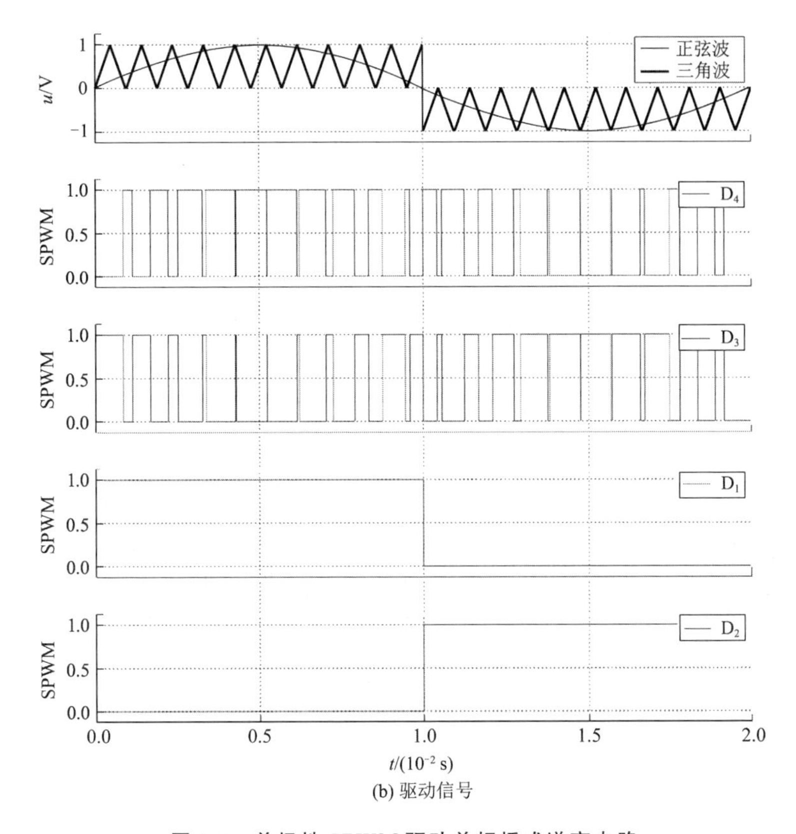

(b) 驱动信号

图 2-9 单极性 SPWM 驱动单相桥式逆变电路

2.3.2 双极性 SPWM

一个调制信号周期的双极性 SPWM 信号，如图 2-10 所示，信号电平极性有两种：1 和 −1。

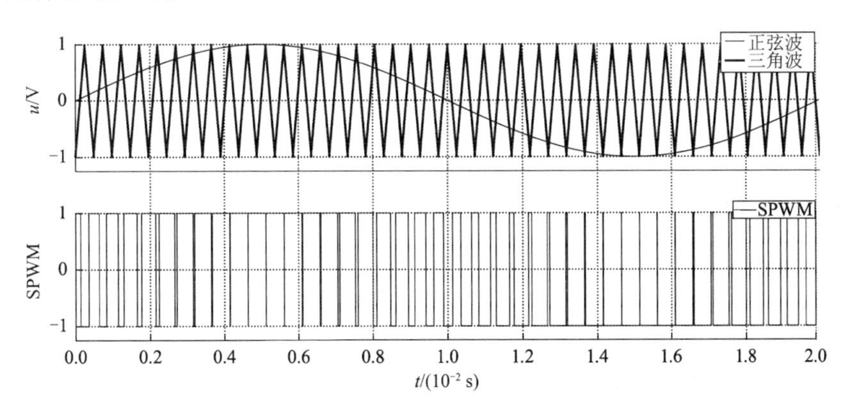

图 2-10 双极性 SPWM 信号图

用双极性 SPWM 驱动单相桥式逆变电路的原理图、驱动信号 $D_1 \sim D_4$ 如图 2-11 所示。

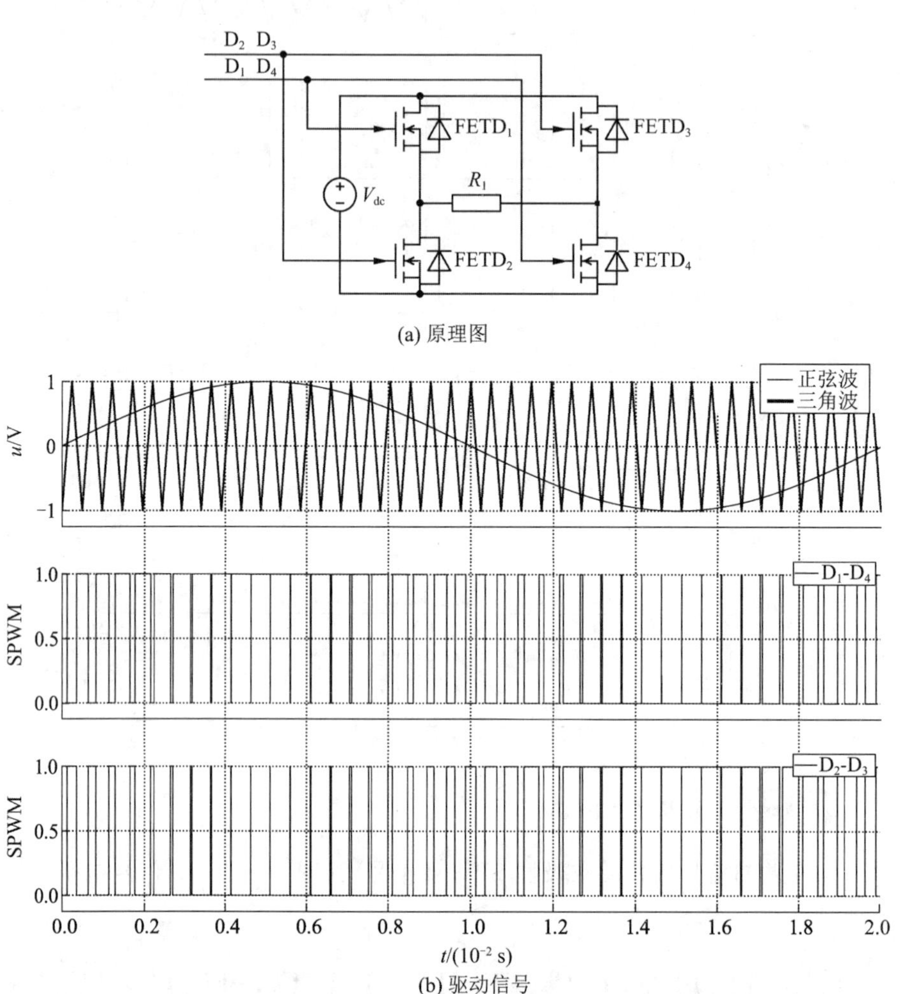

图 2-11 双极性 SPWM 驱动单相桥式逆变电路

载波比 N 选为奇数，波形具有奇函数对称和半波对称性质，故输出只含有奇次的载波谐波。

双极性 SPWM 特点包括：① 在载波比足够大，调制比小于 1 的时候，基波成分与调制信号成线性关系；② 不含偶数次载波谐波；③ 谐波出现在载波频率整数倍频率附近。

在相同载波比情况下，生成的双极性 SPWM 波所含谐波量较大。在正弦逆变电源控制中，单极性 SPWM 波控制较复杂，效率略低。

2.3.3 倍频式 SPWM

如果改变载波频率(载频),即载频倍频输入,将形成倍频式 SPWM。倍频式 SPWM 逆变电路是指输出电压等效载波频率 f_{cp} 是逆变器件开关频率 f_c 的 2 倍。倍频技术能够缓解谐波抑制与效率提高之间的矛盾,且倍频技术的实现,仅需要适当安排开关器件控制信号的时序,因而这是很有使用价值的技术。倍频式 SPWM 逆变电路原理图和波形图如图 2-12 所示,波形图中第 1 幅为正弦信号与两个三角载波,两个三角载波相位相差半个周期。

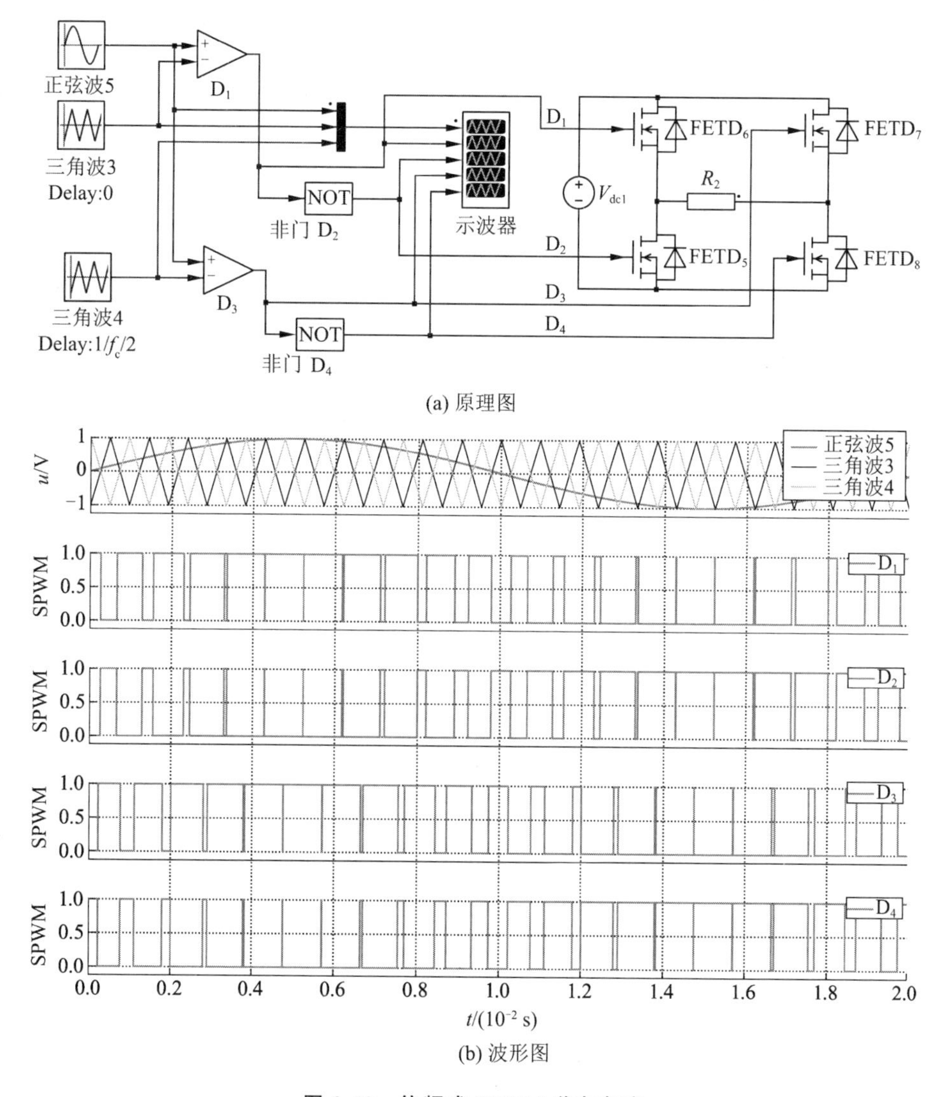

图 2-12 倍频式 SPWM 逆变电路

倍频式 SPWM 特点包括：① 基波成分与调制波信号成线性关系；② 不含载波谐波；③ 不含偶数次谐波；④ 谐波出现在载波频率偶数倍频率附近。

2.3.4 三相 SPWM

三相 SPWM 的产生，一般可以通过三相相位上互差 120°的正弦波与三角波相比较实现。三相 SPWM 逆变仿真电路图如图 2-13 所示。三相桥式电路“3ph-Bridge”的开关管为 $MOSFET_1 \sim MOSFET_6$，其中上桥臂开关管分别是 $MOSFET_1$、$MOSFET_3$、$MOSFET_5$，下桥臂开关管分别是 $MOSFET_2$、$MOSFET_4$、$MOSFET_6$。仿真电路图中设置三角载波频率为 1 050 Hz，正弦信号为 50 Hz，$2u[1]-1$ 将低电平转换为 -1。一个周期的三相正弦信号（u_a、u_b、u_c）、三角载波信号（u_t）、三个桥臂的驱动信号（$MOSFET_1$、$MOSFET_3$、$MOSFET_5$）如图 2-14 所示。

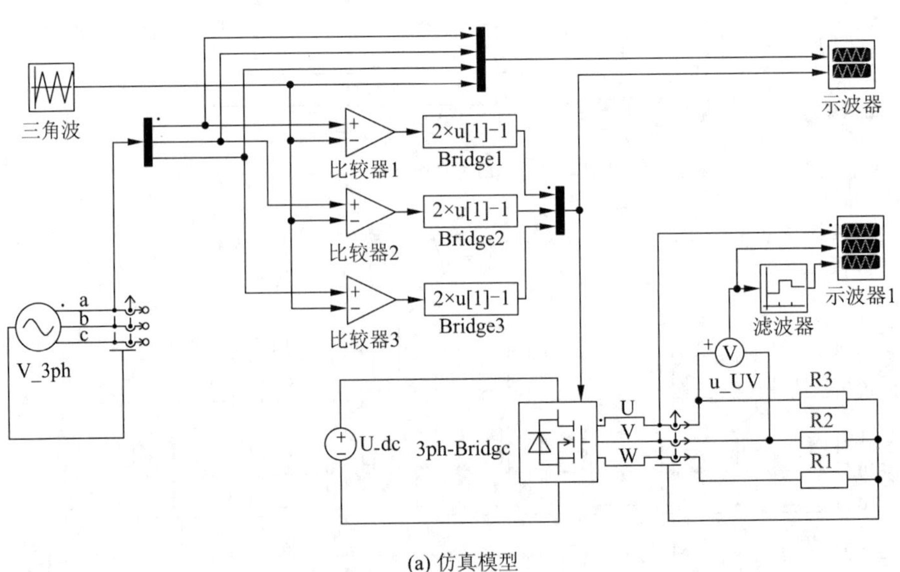

(a) 仿真模型

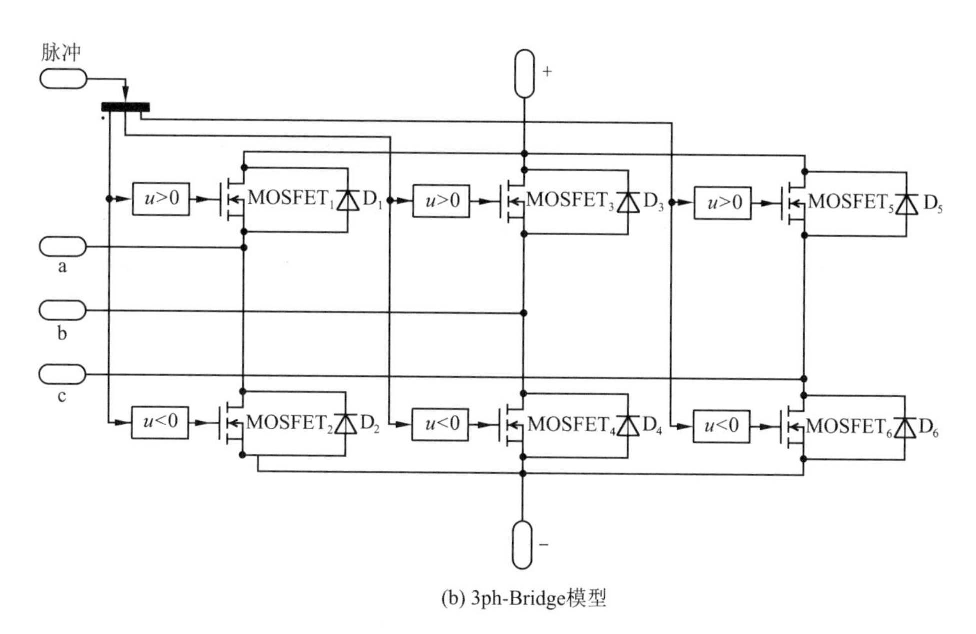

(b) 3ph-Bridge模型

图 2-13　三相 SPWM 逆变仿真电路

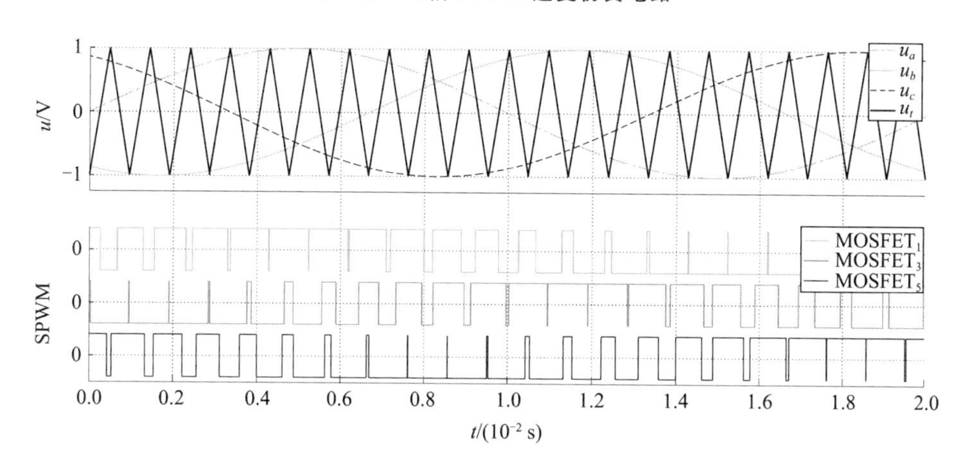

图 2-14　三相正弦信号、三角载波信号、三个桥臂的驱动信号

U,V,W 三相的 PWM 控制通常共用一个三角波载波 u_t，三相的调制信号 u_a，u_b，u_c 依次相差 120°。U,V,W 各相功率开关器件的控制规律相同，现以 U 相为例来说明。当 $u_a>u_t$ 时，给上桥臂 $\mathrm{MOSFET_1}$ 导通信号，给下桥臂 $\mathrm{MOSFET_2}$ 关断信号，则 U 相电压对于直流电源假想中点 N' 的输出电压 $u_{UN'}=U_{dc}/2$，U_{dc} 为输入直流母线电压(图 2-13 中 U_{dc}，设为 100 V)。当 $u_a<u_t$ 时，给 $\mathrm{MOSFET_2}$ 导通信号，给 $\mathrm{MOSFET_1}$ 关断信号，则 $u_{UN'}=-U_{dc}/2$。$\mathrm{MOSFET_1}$ 和 $\mathrm{MOSFET_2}$ 的驱动信号始终是互补的。当给 $\mathrm{MOSFET_1}$

($MOSFET_2$)导通信号时,可能是 $MOSFET_1$($MOSFET_2$)正向导通,也可能是与 MOSFET 并联的二极管 VD_1(VD_2)续流导通,这要由阻感负载中电流的方向来决定,此与单相桥式 PWM 逆变电路在双极性控制时的情况相同。同理,$u_{UN'}$,$u_{VN'}$,$u_{WN'}$的 PWM 波形都只有$\pm U_{dc}/2$两种电平。

V 相及 W 相的控制方式都和 U 相相同。逆变电路的相电压波形图(u_U、u_V、u_W)、线电压波形图(u_{UV})、线电压滤波后波形图(Filter_u_{UV})如图 2-15 所示。

图 2-15 中线电压 u_{UV} 的波形,可由 $u_{UN'}-u_{VN'}$ 得出。当桥臂 1 和 4 导通时,$u_{UV}=U_{dc}$;当桥臂 3 和 2 导通时,$u_{UV}=-U_{dc}$;当桥臂 1 和 3 或桥臂 4 和 2 导通时,$u_{UV}=0$。因此,逆变器的输出线电压 PWM 波由$\pm U_{dc}$和 0 三种电平构成。图 2-15 中的 u_{UN} 相电压可由下式求得

$$u_{UN}=u_{UN'}-\frac{u_{UN'}+u_{VN'}+u_{WN'}}{3} \tag{2-13}$$

从波形上和式(2-13)可以得出,负载相电压的 PWM 波由($\pm 2/3U_{dc}$),($\pm 1/3U_{dc}$),0 共五种电平组成。

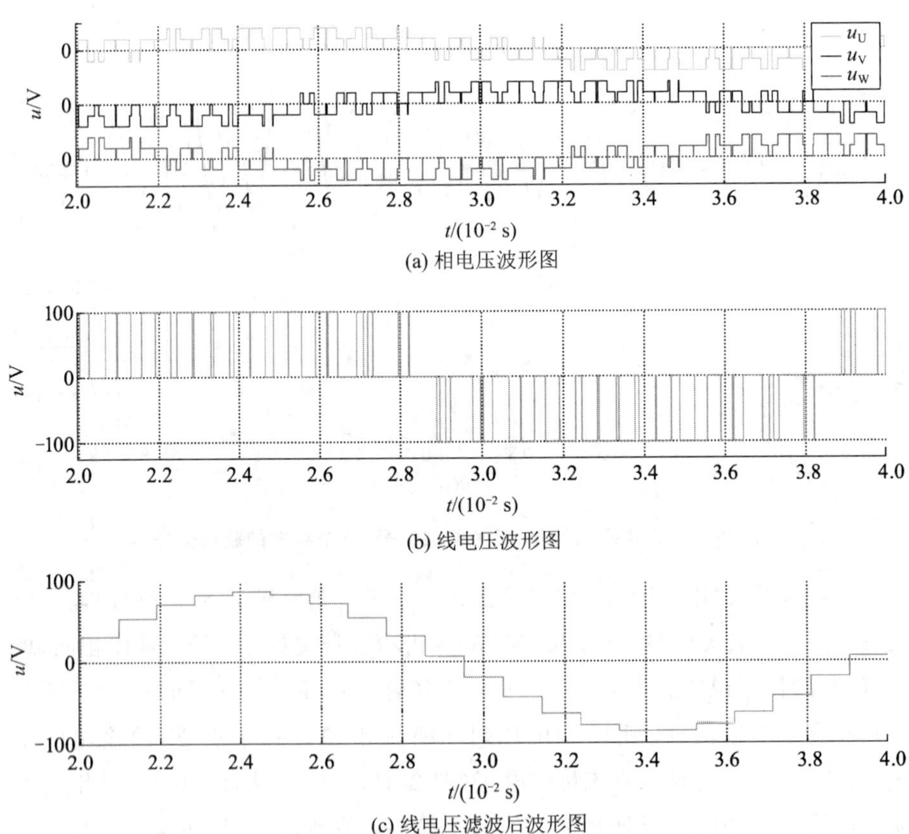

(a) 相电压波形图

(b) 线电压波形图

(c) 线电压滤波后波形图

图 2-15 逆变电路波形图

2.4 SPWM的电路实现

专用的 SPWM 集成电路型号很多，如 TDS2285、SA838、EG8010、HEF4752、SLE4520、MA818、8XC196Mx 等，其中 TI 公司的集成电路使用比较多，如 TPS4 系列中的 TDS4578、TDS2285 等。

TDS2285 芯片，是专门在绿色能源（如光伏、风力发电）领域用来制造高效纯正弦波逆变电源的主控集成电路，采用 DIP-14 或 SOP-14 封装，内部有电池电压侦测、纯正弦脉冲调制生成，并受短路过电流各种保护，另外对 AC 输出电压实现稳压，提供各种运行情况的指示。

EG8010 是一款数字化的自带死区控制的纯正弦波逆变发生器芯片，是应用于 DC-DC-AC 两级功率变换架构或 DC-AC 单级工频变压器升压变换架构，外接 12 MHz 晶体振荡器，能实现高精度、失真和谐波都很小的纯正弦波 50 Hz 或 60 Hz 逆变器专用芯片。该芯片采用 CMOS 工艺，内部集成 SPWM 正弦发生器、死区时间控制电路、幅度因子乘法器、软启动电路、保护电路、RS232 串行通信接口等模块。SPWM 驱动板电路 EG8010＋IR2110 还具有用检测管压降实现短路保护的功能。

产生 SPWM 信号也可以用通用集成电路，这种方法可使用的芯片较多，构成 SPWM 电路较复杂。一个使用信号发生器产生正弦波，将正弦波调制三角波产生 SPWM 的逆变电路图如图 2-16 所示。电路包括多个模块电路：正弦波发生电路、三角波发生电路、SPWM 发生电路、反相延迟隔离电路、驱动电路、桥式电路、电源与插座电路。各模块功能清晰，与调制法产生 SPWM 的原理对应。R_{P8}，R_{P13} 调节正弦信号的频率，R_{P3} 调节正弦信号的幅值（改变 SPWM 的调制度）。插座 P9 的 2 脚、3 脚输出滤波后的信号是正弦信号，与调制信号一致。

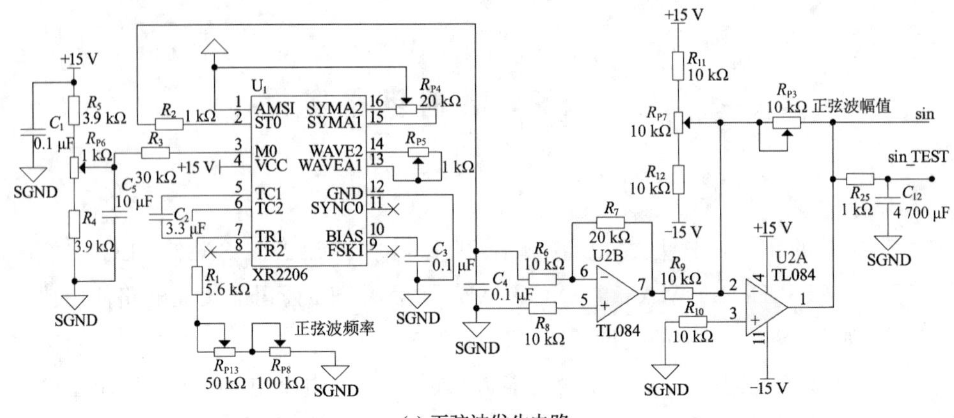

(a) 正弦波发生电路

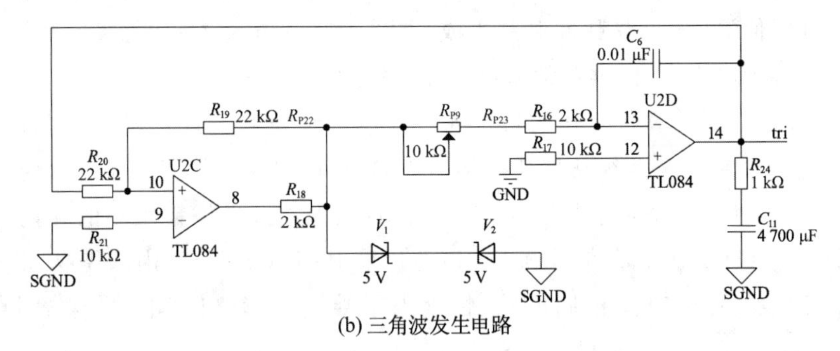

(b) 三角波发生电路

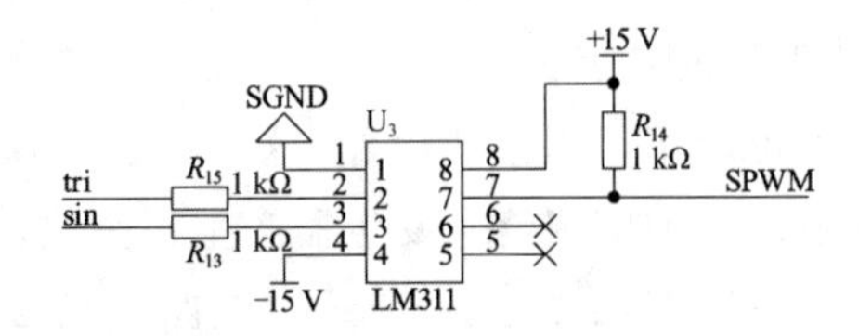

(c) SPWM发生电路

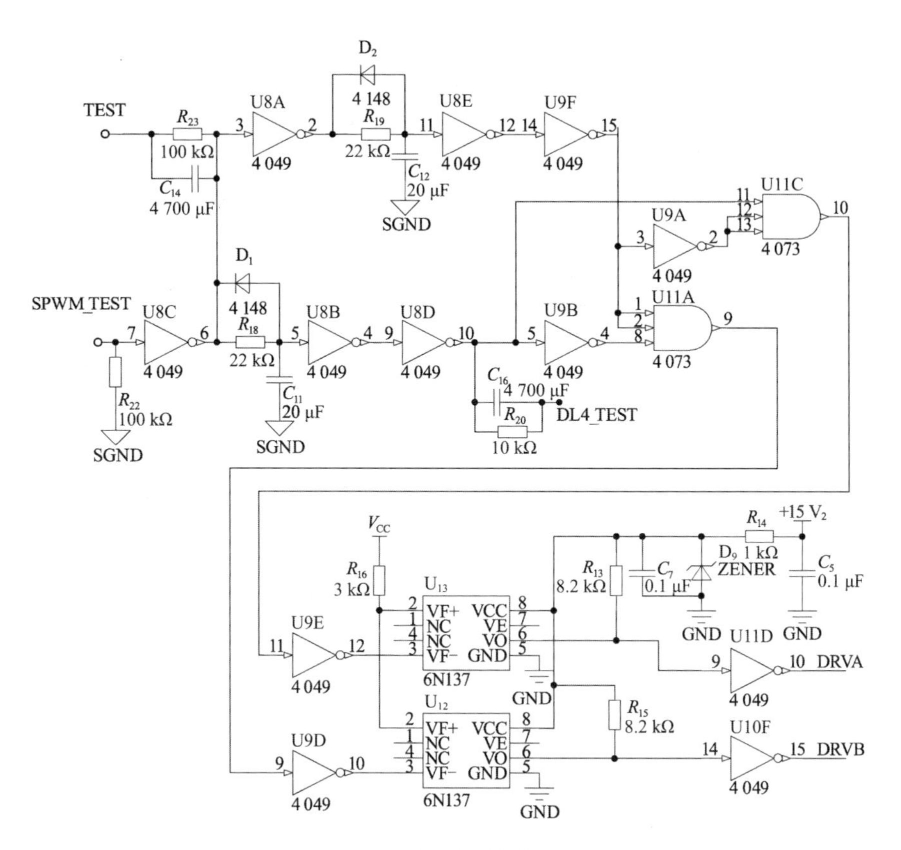

(d) 反相延迟隔离电路

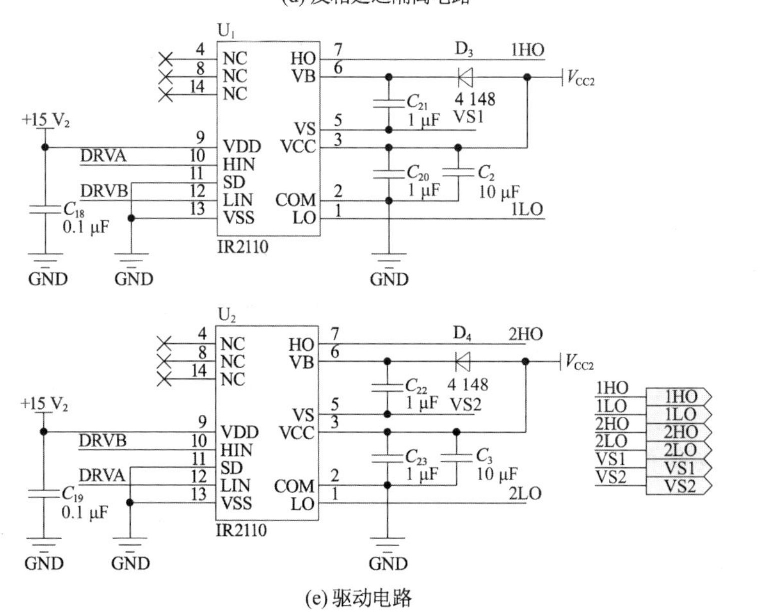

(e) 驱动电路

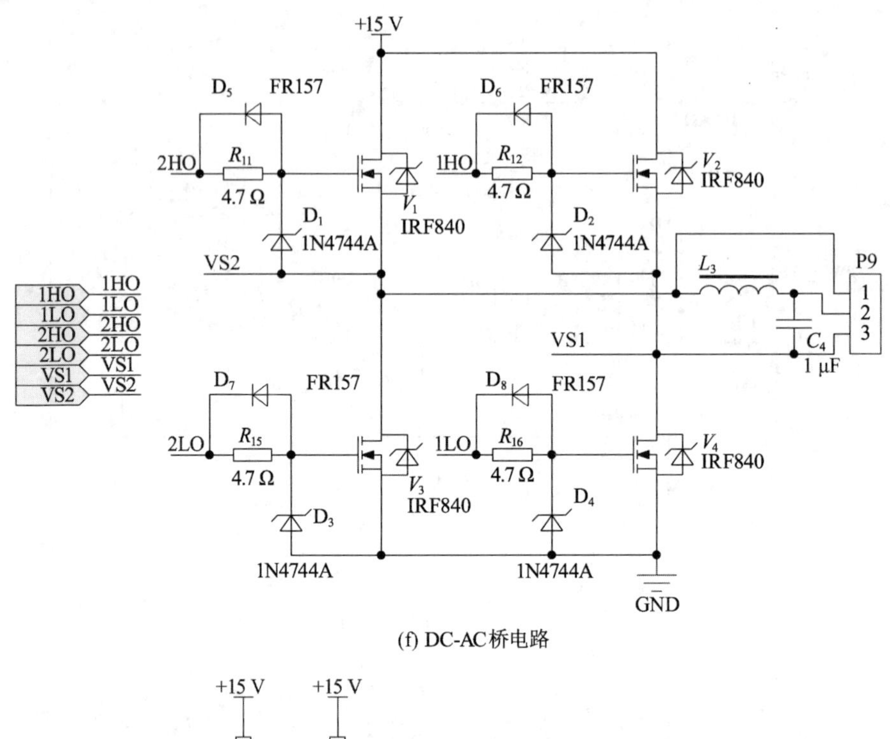

(f) DC-AC桥电路

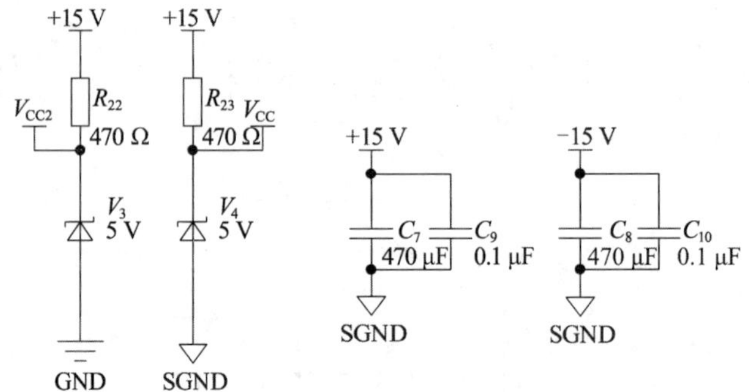

(g) 电源与插座电路

图 2-16 SPWM 逆变电路原理图

XR2206 是一种单片函数发生器集成电路，能够产生高稳定性和高精度的正弦、方形、三角形、斜坡和脉冲波形，R_{P8}，R_{P13} 调节工作频率在 0.01 Hz 至 1 MHz 范围内。R_{P4} 调整正弦波对称性，R_{P5} 为 THD 调节，R_{P6} 为输出幅值调节，正弦波频率 $f_0=\dfrac{1}{(R_1+R_{P8}+R_{P13})C_2}$。

三角波发生电路中，R_{P9} 调节三角波频率，可以改变 SPWM 的载波比。

用示波器测得调制信号 sin、载波 tri 与 SPWM 信号(分别为通道 1,2,3)波形图如图 2-17 所示，输出电容 C_4 两端电压波形为正弦波。调制信号约为

50 Hz,三角载波频率要远高于(10 倍以上)调制信号频率,三角载波频率越高输出正弦波的谐波幅值越小。

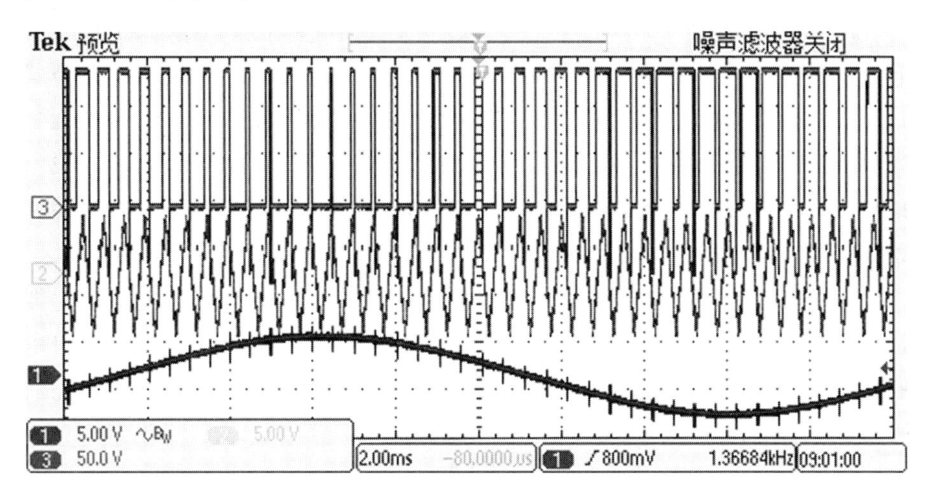

图 2-17 调制信号 sin、载波 tri 与 SPWM 信号波形图

2.5 STC8 微控制器的 SPWM 实现

使用微控制器产生 SPWM 信号时,微控制器通过定时器的定时和计数这一过程,可以用软件实现,也可以用带有 PWM 发生器外设的微控制器产生。

2.5.1 STC8 微控制器软件模拟法产生 SPWM 信号

假设正弦波频率 $f_r=50$ Hz,设载波比 $N=24$,调制比 $M=\frac{U_c}{U_r}=0.9$。对称规则采样法产生 SPWM 信号。高电平的宽度 $T_{pwh}=\frac{T_c}{2}(1+M\sin\omega t)$,低电平的宽度 $T_{pwl}=\frac{T_c}{2}(1-M\sin\omega t)$,其中 T_c 为载波信号周期。

硬件环境:使用 STC8A8K64S4 微控制器验证,12 MHz 系统工作频率,端口 P1.1 输出信号。微控制器默认 12T 工作模式,每个计时脉冲时间 12/12 MHz=1 μs。也可以设置 AUXR=0x80,提高工作频率,微控制器运行在 1T 工作模式。定时器 T0 工作在 16 位定时模式 1,不自动重装载,用于产生 SPWM 波形的定时。将每个载波周期内的 T_{pwh}、T_{pwl} 依次写入数组 x[]，y[]，每个数组有 24 个值。

$f_c=Nf_r=1\ 200\ Hz$，$T_c=1/(Nf_r)=1/1\ 200\ s$，在 12T 模式工作模式下，高低电平 T0 计数值(周期)约 834，用对称规则采样法的数学模型公式 T_{pwh}，T_{pwl} 计算 TH0 和 TL0 的值。TH0 的 24 个值为 417，514，604，682，741，779，792，779，741，682，604，514，417，320，229，152，92，54，42，54，92，152，229，320。TL0 的 24 个值为 417，320，229，152，92，54，42，54，92，152，229，320，417，514，604，682，741，779，792，779，741，682，604，514。

软件包括初始化、主程序、定时器中断程序。① 初始化程序完成定时器 T0 的设置。② 主程序空循环。③ 定时中断程序在中断发生时，输出端口电平翻转，并按照 x[] 的值顺序修改定时器的中断值，直到所有 x[]的值取完后从头重复取值。具体程序如下：

```
1. /**********************************************/
2. #include "reg52.h"
3. #define uchar unsigned char
4. #define uint unsigned int
5. sfr AUXR = 0x8e;
6. uint codex[] = {417,514,604,682,741,779,792,779,741,682,604,514,
     417,320,229,152,92,54,42,54,92,152,229,320};
7. uint codey[] = {417,320,229,152,92,54,42,54,92,152,229,320,417,514,
     604,682,741,779,792,779,741,682,604,514};
8. uchar kx = 0;
9. sbit L1 = P1^1;
10. /*----------------------------------------------------*/
11. void main()
12. {
13.      TMOD = 0x01;                           //定时器初始化
14.      TL0 = (65536 - x[kx]) % 256;
15.      TH0 = (65536 - x[kx])/256;
16. //     AUXR |= 0x80;                        //12T 模式
17.      L1 = 1;
18.      TR0 = 1;
19.      ET0 = 1;
20.      EA = 1;
```

```
21.     while(1);                              //空循环
22. }
23. //SPWM
24. void TM0_Isr() interrupt 1                 //中断程序
25. {
26.     TR0 = 0;
27.     if(L1)
28.     {
29.         L1 = 0;                            //低电平
30.         TH0 = (65536 - y[kx])/256;         //低电平时间
31.         TL0 = (65536 - y[kx]) % 256;
32.         kx++;
33.         if(kx == 24)
34.         {
35.             kx = 0;
36.         }
37.     }
38.     else
39.     {
40.         L1 = 1;                            //高电平
41.         TH0 = (65536 - x[kx])/256;         //高电平时间
42.         TL0 = (65536 - x[kx]) % 256;
43.     }
44.     TR0 = 1;                               //启动定时器
45. }
46. /***********************************************/
```

实际示波器测试 SPWM 信号，测试波形图如图 2-18 所示。可以看出载波频率为 950 Hz 左右，与 1 200 Hz 有较大误差，所以只能用于频率精度要求不高的场合。误差的主要原因有以下几个：① 载波周期 834 个计数脉冲，计数脉冲个数都是取整值。② 微控制器使用片上 IRC 时钟。③ 中断发生时，中断程序运行时间没有扣除，这是误差大的主要原因。为减小误差，可以修正 x[]值、提高运行频率或单独使用另一个定时器提供载波周期等。

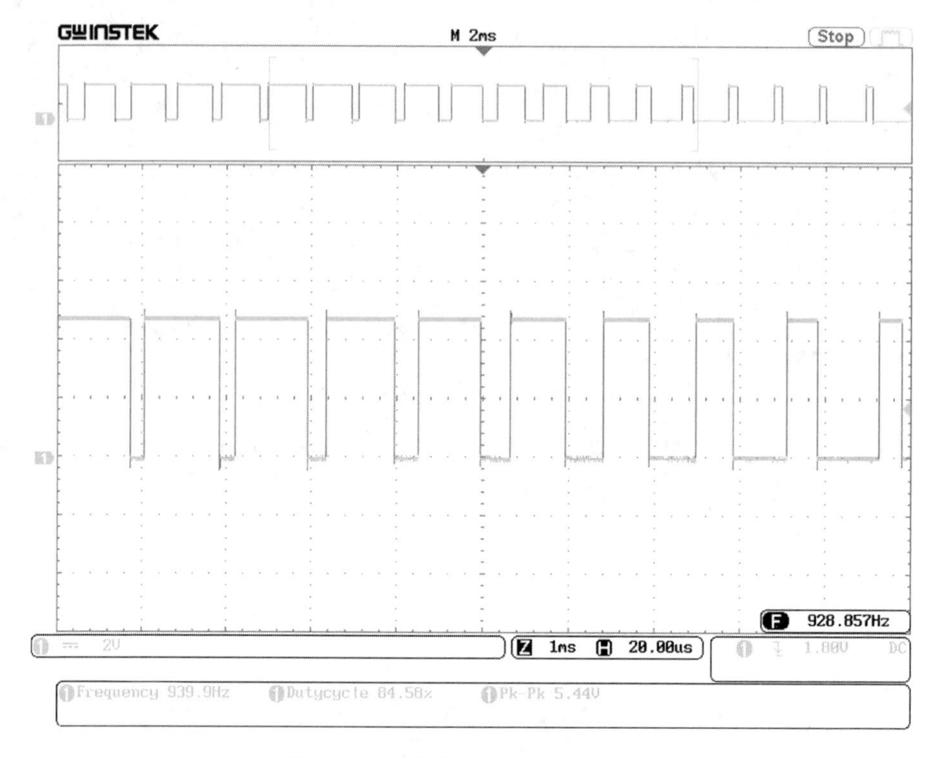

图 2-18 示波器测试 SPWM 波形图

2.5.2 互补两路带死区的 SPWM 程序

分别用对称规则采样法和非对称规则采样法产生 SPWM 信号。

硬件环境:STC8A8K64S4 微控制器,PWM 发生器外设,10 kHz 载波频率,50 Hz 信号频率。P5.2 端口接 LED 用于运行指示,使用 PWM3 和 PWM4,端口输出 P2.3 和 P2.4。微控制器晶振频率为 24 MHz,启用 PWM 中断。

软件包括初始化程序、main 函数、PWM 中断函数。① 初始化程序完成 T_SinTable[]赋值,LED 指示灯和 SPWM 查表索引初始值的设置,还有串口、PWM 模块初始化程序。② main 函数流程:串口初始化,PWM 模块初始化,开全局中断,循环 LED 翻转显示。③ PWM 中断函数流程:清除中断标志,查表 T_SinTable[]取值,死区修正,赋值 PWM,串口输出 PWM 值,修改 SPWM 查表索引值至下一个数,用串口传输当前的 SPWM 脉宽值,中断返回。

示例程序的中断函数执行的是非对称采样法的数据,如果要用对称采样法的数据，可对示例中“非对称采样法”149 行～167 行进行注释，启用 134 行～148 行语句。具体程序如下：

```
1. /*************************************************/
2. /* SPWM信号经过低通滤波后可变换为正弦波，改变载波与信号频率，需要
      改变T_SinTable[]的个数与数值 */
3. #include  "STC8.H"
4. typedef   unsigned char       u8;
5. typedef   unsigned int        u16;
6. typedef   unsigned long       u32;
7. #include        <stdio.h>
8. #include        "uart.H"
9. /*************************************************/
10. #define        PwmClk_1T         0
11. #define        PwmClk_2T         1
12. #define        PwmClk_3T         2
13. #define        PwmClk_4T         3
14. #define        PwmClk_5T         4
15. #define        PwmClk_6T         5
16. #define        PwmClk_7T         6
17. #define        PwmClk_8T         7
18. #define        PwmClk_9T         8
19. #define        PwmClk_10T        9
20. #define        PwmClk_11T        10
21. #define        PwmClk_12T        11
22. #define        PwmClk_13T        12
23. #define        PwmClk_14T        13
24. #define        PwmClk_15T        14
25. #define        PwmClk_16T        15
26. #define        PwmClk_T2         16
27.
28. #define        MAIN_Fosc        24000000L     //定义系统时钟
29. #define        PWM_VECTOR       22            //中断矢量号
30. #define        PWM_DeadZone     12  /* 死区时钟数，6～24之间  */
31.
32. #define        EAXSFR()          P_SW2|= 0x80
```

```
33. /* MOVX A,@DPTR/MOVX @DPTR,A 指令的操作对象为扩展 SFR(XSFR) */
34. #define         EAXRAM()          P_SW2 &= ~0x80
35. /* MOVX A,@DPTR/MOVX @DPTR,A 指令的操作对象为扩展 RAM(XRAM) */
36. #define         PWM_Enable()      PWMCR |= 0x80
37. /* 使能 PWM 波形发生器,PWM 计数器开始计数 */
38. #define         PWM_Disable()       PWMCR &= ~0x80
39. /* 关闭 PWM 波形发生器 */
40. sbit            LED_G = P5^2;                       //LED 显示
41. u8              PWM_Index = 0;                      //SPWM 查表索引
42. /*--------------------对称规则采样法----------------------*/
43. unsignedint code T_SinTable[] = {                   //中值 1220
44. 1220, 1256, 1292, 1328, 1364, 1400, 1435, 1471, 1506, 1541,
45. 1575, 1610, 1643, 1677, 1710, 1742, 1774, 1805, 1836, 1866,
46. 1896, 1925, 1953, 1981, 2007, 2033, 2058, 2083, 2106, 2129,
47. 2150, 2171, 2191, 2210, 2228, 2245, 2261, 2275, 2289, 2302,
48. 2314, 2324, 2334, 2342, 2350, 2356, 2361, 2365, 2368, 2369,
49. 2370, 2369, 2368, 2365, 2361, 2356, 2350, 2342, 2334, 2324,
50. 2314, 2302, 2289, 2275, 2261, 2245, 2228, 2210, 2191, 2171,
51. 2150, 2129, 2106, 2083, 2058, 2033, 2007, 1981, 1953, 1925,
52. 1896, 1866, 1836, 1805, 1774, 1742, 1710, 1677, 1643, 1610,
53. 1575, 1541, 1506, 1471, 1435, 1400, 1364, 1328, 1292, 1256,
54. 1220, 1184, 1148, 1112, 1076, 1040, 1005, 969, 934, 899,
55. 865, 830, 797, 763, 730, 698, 666, 635, 604, 574,
56. 544, 515, 487, 459, 433, 407, 382, 357, 334, 311,
57. 290, 269, 249, 230, 212, 195, 179, 165, 151, 138,
58. 126, 116, 106, 98, 90, 84, 79, 75, 72, 71,
59. 70, 71, 72, 75, 79, 84, 90, 98, 106, 116,
60. 126, 138, 151, 165, 179, 195, 212, 230, 249, 269,
61. 290, 311, 334, 357, 382, 407, 433, 459, 487, 515,
62. 544, 574, 604, 635, 666, 698, 730, 763, 797, 830,
63. 865, 899, 934, 969, 1005, 1040, 1076, 1112, 1148, 1184,
64. };
65. //10 kHz 载波,50 Hz 信号,200 个脉宽值
66. /*--------------------非对称规则采样法---------------------*/
67. unsignedint code T2_SinTable[] = {
68. 614,632,650,668,686,704,721,739,756,774,791,808,825,841,858,874,
```

```
69. 890,905,921,936,950,964,978,992,1005,1018,1031,1043,1054,1065,
    1076,1086,
70. 1096,1105,1114,1122,1130,1137,1144,1150,1156,1161,1166,1170,1174,
    1177,1179,1181,
71. 1182,1183,1183,1182,1181,1180,1178,1175,1172,1168,1164,1159,1153,
    1147,1141,1134,
72. 1126,1118,1110,1101,1091,1081,1071,1060,1048,1037,1024,1012,999,
    985,972,957,
73. 943,928,913,897,882,866,850,833,816,799,782,765,748,730,713,695,
74. 677,659,641,623,605,587,569,551,533,515,498,480,463,445,428,411,
75. 394,378,361,345,329,314,298,283,269,255,241,227,214,201,188,176,
76. 165,154,143,133,123,114,105,97,89,82,75,69,63,58,53,49,
77. 45,42,40,38,37,36,36,37,38,39,41,44,47,51,55,60,
78. 66,72,78,85,93,101,109,118,128,138,148,159,171,182,195,207,
79. 220,234,247,262,276,291,306,322,337,353,369,386,403,420,437,454,
80. 471,489,506,524,542,560,578,596
81. };
82. /*********************************************/
83. void delay(unsigned long d)
84. {
85. while(d--);
86. }
87. /*********************************************/
88. void PWM_config(void)
89. {
90.   EAXSFR();                  //访问 XFR
91.
92.   PWM3CR = 0;                //默认,PWM3 输出选择 P2.3, 无中断
93.   PWM3CR |= 0x80;            //相应 PWM 通道的端口为 PWM 输出口
94.   PWM3CR &= ~0x40;           //设置 PWM 输出端口的初始电平为 0
95.
96.   PWM4CR = 0;                //PWM4 输出选择 P2.4, 无中断
97.   PWM4CR |= 0x80;            //相应 PWM 通道的端口为 PWM 输出口
98.   PWM4CR |= 0x40;            //设置 PWM 输出端口的初始电平为 1
99.
```

```
100.   PWMC = 2400 - 1;             //PWM 计数器的高字节
101.   PWMCKS = PwmClk_1T;          //时钟源：MAIN_Fosc/PWMC = 24000000/2400，
                                      10 kHz 调制频率
102.
103.   EAXRAM();                    //恢复访问 XRAM
104.   PWMCR |= ENPWM;              //使能 PWM 波形发生器,PWM 计数器开始计数
105.   PWMCR |= ECBI;               //允许 PWM 计数器归零中断
106. }
107. /*********************************************/
108. void main(void)
109. {
110.   unsigned char i;
111.
112.   UART1_Init();
113.   PWM_config();                //初始化 PWM
114.   EA = 1;                      //允许全局中断
115.   while (1)
116.   {
117.     for(i = 1; i! = 0; i++)
118.     {
119.          LED_G = ~LED_G;        //指示灯
120.          delay(200);
121.     }
122.   }
123. }
124. /***************** PWM 中断函数 *******************/
125. void PWM_int (void) interrupt PWM_VECTOR
126. {
127.   u16   j, j2;
128.   u8    SW2_tmp;
129.   if(PWMCFG & CBIF)            //PWM 计数器归零中断标志 PWMCFG
130.   {
131.       PWMCFG &= ~CBIF;         //清除中断标志
132.       SW2_tmp = P_SW2;         //保存 SW2 设置
133.       EAXSFR();                //访问 XFR
134. /*   //对称规则采样法
```

```
135.        j = T_SinTable[PWM_Index];
136.
137.            PWM3T1H = 0;           //低电平出现的 T1
138.            PWM3T1L = 0;
139.            PWM4T1H = (u8)(j>>8);
                                       //低电平,第二个翻转计数高字节
140.            PWM4T1L = (u8)j;       //第二个翻转计数低字节
141.
142.            j += PWM_DeadZone;
143.
144.            PWM3T2H = (u8)(j>>8);
                                       //第二个翻转计数高字节
145.            PWM3T2L = (u8)j;       //高电平死区延时,第二个翻转计数低字节
146.            PWM4T2H = 0;
147.            PWM4T2L = PWM_DeadZone;
                                       //高电平出现延时
148. */
149. ///*   //非对称规则采样法
150.            j = T2_SinTable[PWM_Index];
151.            if (PWM_Index == 199)
152.                j2 = T2_SinTable[0];
153.            else
154.                j2 = T2_SinTable[(PWM_Index + 1)];
155.            j += j2;
156.            PWM3T1H = 0;           //低电平出现的 T1
157.            PWM3T1L = 0;
158.            PWM4T1H = (u8)(j>>8);
                                       //低电平,第二个翻转计数高字节
159.            PWM4T1L = (u8)j;       //第二个翻转计数低字节
160.
161.            j += PWM_DeadZone;
162.
163.            PWM3T2H = (u8)(j>>8);
                                       //第二个翻转计数高字节
164.            PWM3T2L = (u8)j;       //高电平死区延时,第二个翻转计数低字节
165.            PWM4T2H = 0;
```

```
166.            PWM4T2L = PWM_DeadZone;
                                        //高电平出现延时
167. //    */
168.            printf("%d\n",j);
169.
170.            if(++PWM_Index>= 200)
171.                PWM_Index = 0;
172.            P_SW2 = SW2_tmp;    //恢复 SW2 设置
173.    }
174.
175. }
176. /**********************************************/
```

示波器测试的 P2.3 和 P2.4 端口 SPWM 波形图如图 2-19 所示。

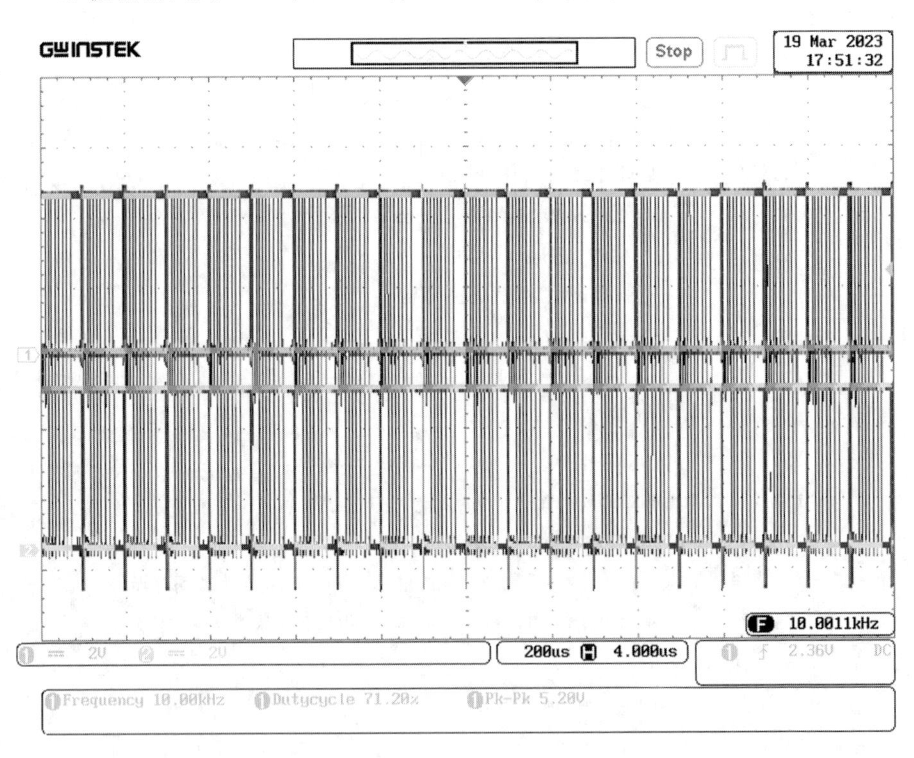

图 2-19 示波器测试的 P2.3 和 P2.4 端口 SPWM 波形图

串口示波器测试的 j 变量波形如图 2-20 所示。

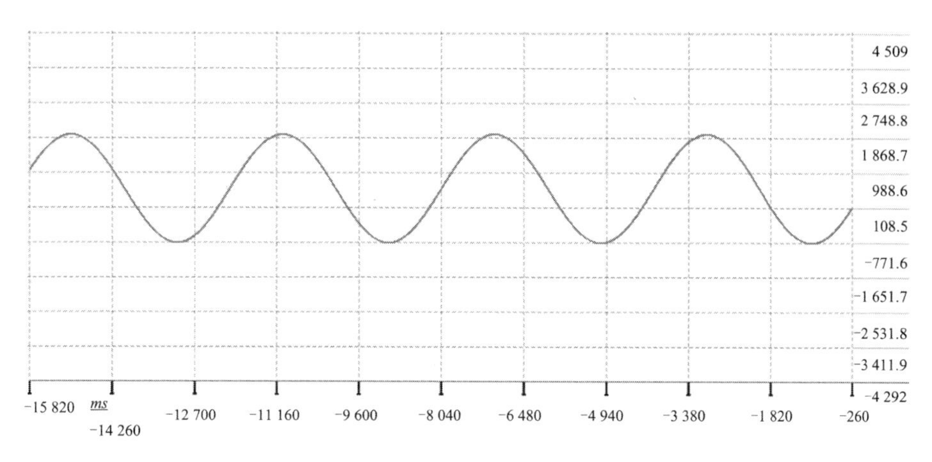

图 2-20 串口示波器测试的 j 变量波形图

2.5.3 STC8 微控制器三相 SPWM 波形程序

STC8A8K64S4 微控制器的工作频率为 24 MHz，产生带死区正弦波调制三相 SPWM 互补波形，信号频率为 50 Hz，SPWM 调制频率为 10 kHz。

软件包括初始化程序、中断程序、主程序。具体程序如下：

```
1. /*********************************************/
2. #include "stc8.h"
3. //#include "stdio.h"
4. //#include "uart.h"
5. #define PWM_DeadZone 12            /*死区时钟数，6~24之间  */
6. #define u8 unsigned char
7. #define u16 unsigned int
8. u8 PWM_index;                      //SPWM 查表索引
9. u16 code A_SinTable[] = {          //A 相数组
10. 70, 71, 72, 75, 79, 84, 90, 98, 106, 116,
11. 126, 138, 151, 165, 179, 195, 212, 230, 249, 269,
12. 290, 311, 334, 357, 382, 407, 433, 459, 487, 515,
13. 544, 574, 604, 635, 666, 698, 730, 763, 797, 830,
14. 865, 899, 934, 969, 1005, 1040, 1076, 1112, 1148, 1184,
15. 1220, 1256, 1292, 1328, 1364, 1400, 1435, 1471, 1506, 1541,
16. 1575, 1610, 1643, 1677, 1710, 1742, 1774, 1805, 1836, 1866,
17. 1896, 1925, 1953, 1981, 2007, 2033, 2058, 2083, 2106, 2129,
18. 2150, 2171, 2191, 2210, 2228, 2245, 2261, 2275, 2289, 2302,
```

```
19. 2314, 2324, 2334, 2342, 2350, 2356, 2361, 2365, 2368, 2369,
20. 2370, 2369, 2368, 2365, 2361, 2356, 2350, 2342, 2334, 2324,
21. 2314, 2302, 2289, 2275, 2261, 2245, 2228, 2210, 2191, 2171,
22. 2150, 2129, 2106, 2083, 2058, 2033, 2007, 1981, 1953, 1925,
23. 1896, 1866, 1836, 1805, 1774, 1742, 1710, 1677, 1643, 1610,
24. 1575, 1541, 1506, 1471, 1435, 1400, 1364, 1328, 1292, 1256,
25. 1220, 1184, 1148, 1112, 1076, 1040, 1005, 969, 934, 899,
26. 865, 830, 797, 763, 730, 698, 666, 635, 604, 574,
27. 544, 515, 487, 459, 433, 407, 382, 357, 334, 311,
28. 290, 269, 249, 230, 212, 195, 179, 165, 151, 138,
29. 126, 116, 106, 98, 90, 84, 79, 75, 72, 71,
30. };          //200 个数组元素,如果改变其个数,则(PWM_Index)函数和周期
31.             //计算也要改变,否则输出频率不是 50 Hz 且波形不一样
32. /*-----------------------------------------------------------*/
33. void PWM_init(void)
34. {
35.    P_SW2 = 0x80;
36.
37.    PWM1T1 = 65;                //第一个翻转计数
38.    PWM1T2 = 1220;              //第二个翻转计数
39.    PWM1CR = 0x80;              //相应 PWM 通道的端口为 PWM 输出口
40.    PWM2T1 = 65 - PWM_DeadZone;
                                   //第一个翻转计数低字节
41.    PWM2T2 = (1220 + PWM_DeadZone);
                                   //第二个翻转计数高字节
42.    PWM2CR|= 0x80;              //相应 PWM 通道的端口为 PWM 输出口
43.
44.    PWM3T1 = 65;                //第一个翻转计数
45.    PWM3T2 = 1220;              //第二个翻转计数
46.    PWM3CR = 0x80;              //相应 PWM 通道的端口为 PWM 输出口
47.    PWM4T2 = 65 + PWM_DeadZone;
                                   //第一个翻转计数低字节
48.    PWM4T1 = (1220 - PWM_DeadZone);
                                   //第二个翻转计数高字节
49.    PWM4CR = 0xC0;              //相应 PWM 通道的端口为 PWM 输出口
50.
```

```
51.   PWM5T1 = 65;               //第一个翻转计数
52.   PWM5T2 = 1220;             //第二个翻转计数
53.   PWM5CR|= 0x80;             //相应 PWM 通道的端口为 PWM 输出口
54.   PWM6T2 = 65 + PWM_DeadZone;
                                 //第一个翻转计数低字节
55.   PWM6T1 = (1220 - PWM_DeadZone);
                                 //第二个翻转计数高字节
56.   PWM6CR|= 0x80;             //相应 PWM 通道的端口为 PWM 输出口
57.
58.   PWMC = 2400;               //PWM 计数器的高字节
59.   PWMCKS = 0x00;             //时钟源,微控制器时钟
60.   P_SW2 = 0x00;              //恢复访问 XRAM
61.   PWMCR = 0x80;              //使能 PWM 波形发生器,PWM 计数器开始计数
62.   PWMCR|= ECBI;              //允许 PWM 计数器归零中断
63.   EA = 1;                    //允许全局中断
64. }
65.
66. void PWM_Isr(void) interrupt 22
                                 //PWM 中断
67. {
68.   u16 i,j,k;
69.   u8 SW2_tmp;
70.   if(PWMCFG&CBIF)            //PWM 计数器归零中断标志 PWMCFG
71.   {
72.     PWMCFG & = ~CBIF;        //清除中断标志
73.     SW2_tmp = P_SW2;         //保存 SW2 设置
74.     P_SW2 = 0x80;            //访问 XFR
75.
76.     i = A_SinTable[PWM_index];
77.     PWM1T2H = (u8)(i>>8);    //第二个翻转计数高字节
78.     PWM1T2L = (u8)i;         //第二个翻转计数低字节
79.
80.     j = A_SinTable[(PWM_index + 67) % 200];
81.     PWM3T2H = (u8)(j>>8);    //第二个翻转计数高字节
82.     PWM3T2L = (u8)j;         //第二个翻转计数低字节
```

```
83.
84.        k = A_SinTable[(PWM_index + 133) % 200];
85.        PWM5T2H = (u8)(k>>8); //第二个翻转计数高字节
86.        PWM5T2L = (u8)k;        //第二个翻转计数低字节
87.
88.        PWM2T2H = (u8)(i>>8); //第二个翻转计数高字节
89.        PWM2T2L = (u8)i;        //第二个翻转计数低字节
90.        i += PWM_DeadZone;      //死区
91.
92.        PWM4T2H = (u8)(j>>8); //第二个翻转计数高字节
93.        PWM4T2L = (u8)j;        //第二个翻转计数低字节
94.        j += PWM_DeadZone;      //死区
95.
96.        PWM6T2H = (u8)(k>>8); //第二个翻转计数高字节
97.        PWM6T2L = (u8)k;        //第二个翻转计数低字节
98.        k += PWM_DeadZone;      //死区
99.        //printf("%d, %d, %d\n", i, j, k);
100.       P_SW2 = SW2_tmp;        //恢复 SW2 设置
101.       if(++PWM_index >= 200)
102.           PWM_index = 0;
103.   }
104. }
105.
106. void main(void)
107. {
108. //UART1_Init();
109.   PWM_init();               //初始化 PWM
110.   while (1)
111.   { }                       //循环
112. }
113. /*********************************************/
```

6 路互补 SPWM 信号中任选两个信号测量，如在 P2.5 和 P2.6 引脚输出的 2 路 SPWM 信号，示波器测试波形图如图 2-21 所示。

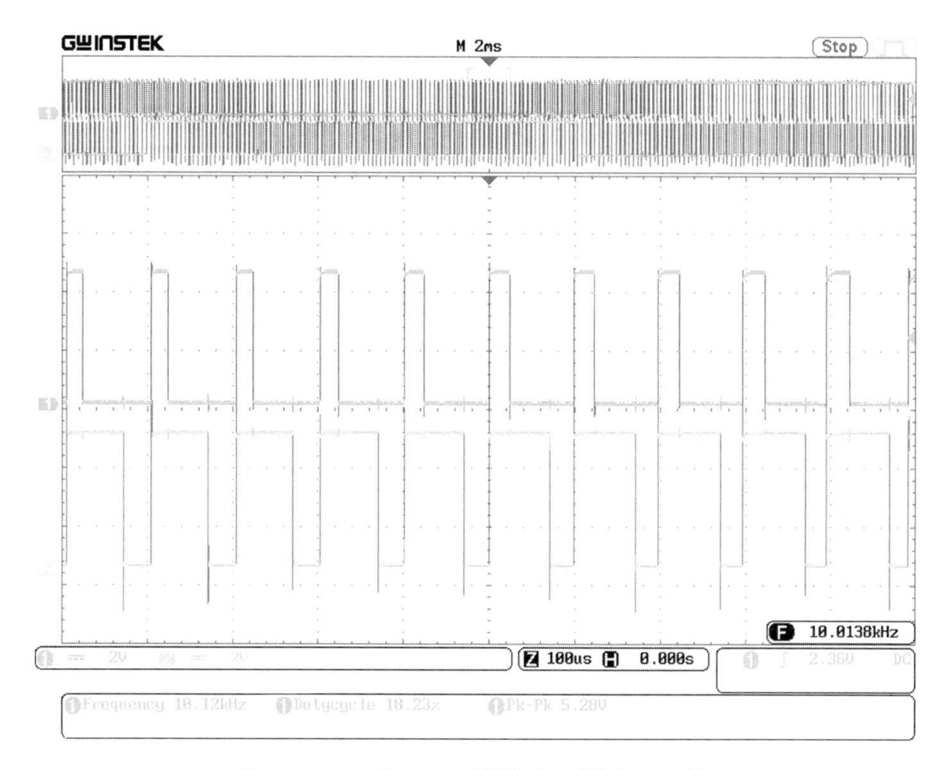

图 2-21 P2.5 和 P2.6 引脚的示波器测试波形图

在中断函数中启用第 99 行语句 printf("%d,%d,%d\n",i,j,k),启用第 3、4、108 行语句,打印(i,j,k)的值,串口示波器显示其波形图如图 2-22 所示。

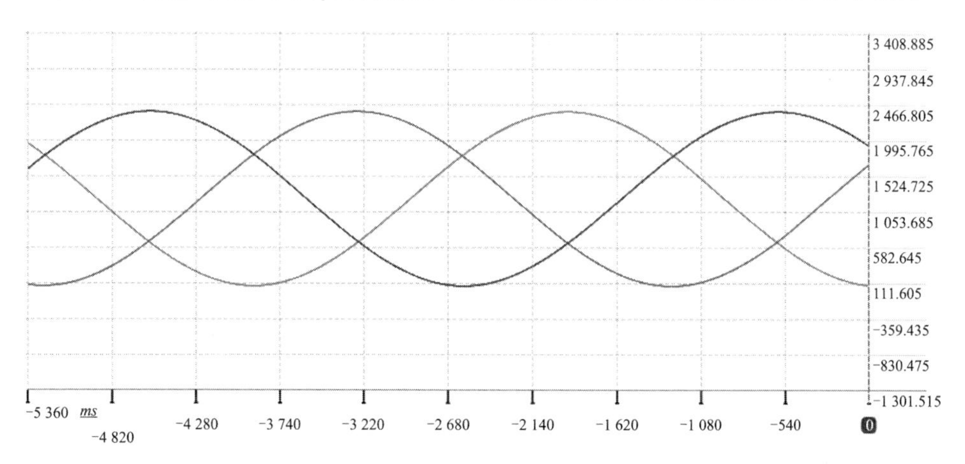

图 2-22 串口示波器显示 i,j,k 波形图

2.6 STM32F4 微控制器的 SPWM 实现

2.6.1 STM32F4 产生 sin 和 tan 信号

硬件环境:使用型号 STM32F407 的微控制器,系统时钟频率 168 MHz。

程序流程:产生两个相位相差 120°的 sin 信号,产生一个 tan 信号并通过串口回传上位机显示,程序框架由 STM32Cube-IDE 产生。

具体程序如下:

```
1.  #include "main.h"
2.  #include "tim.h"
3.  #include "usart.h"
4.  #include "gpio.h"
5.  #include <math.h>
6.  #include <stdio.h>
7.
8.  #define PI 3.1416f
9.  #define MI 0.8f
10. #define REF_FRE 50                    //正弦信号频率
11. #define CAR_FRE 10000                 //载波信号频率
12. #define Har_Mag 0.3f                  //3 次谐波幅值
13.
14. uint8_t sig_flag;
15.
16. uint16_t N_ratio = CAR_FRE/REF_FRE;
17. float theta;
18. float theta1,theta2,theta3,Va,Vb,Vc,sig1,sig2,sig3,Vh;
19.
20. void SystemClock_Config(void);
21. void bound_check(float *var);
22.
23. int main(void)
24. {
```

```
25.   HAL_Init();
26.     int  m,u1,v1,w1;
27.     float u,v,w;
28. //PI = 3.1415926,
29.   SystemClock_Config();
30.
31.   MX_GPIO_Init();
32.   MX_USART1_UART_Init();
33.   while (1)
34.   {
35.         //        value calculation
36.               for(m = 0;m<= 628;m++)          //2 * PI = 6.28
37.               {
38.         //           u = sin((float)(m)/100);
39.                    u = tan(((float)(m))/100);
40.                    v = sin(((float)(m) + 209.33)/100);
41.                    w = sin(((float)(m) - 209.33)/100);
42.
43.                    u1 = (int)(u * 10000);
44.                    v1 = (int)(v * 10000);
45.                    w1 = (int)(w * 10000);
46.                    printf ("%d,%d,%d\n",u1,v1,w1);
47.               }
48.   }
49. }
50. void bound_check(float *var)
51. {
52.     if( *var>= N_ratio)
53.     {
54.          *var = 0;
55.     }
56. }
```

void SystemClock_Config(void)和 void Error_Handler(void)函数使用1.4.3 节同名函数。

串口观测到的波形图如图 2-23 所示。两个正弦波相差 120°,其余波形为

tan 信号。

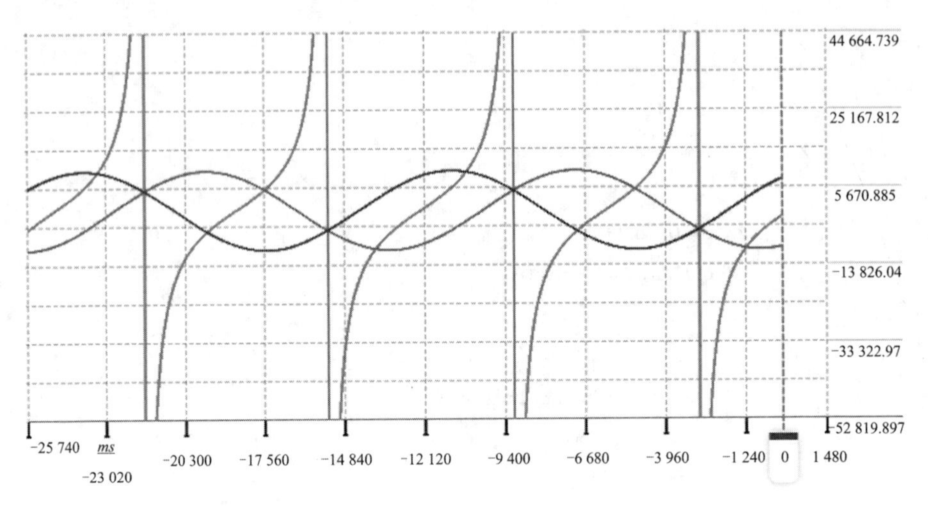

图 2-23　串口观测到的波形图

2.6.2 谐波注入法产生 PWM 信号

交流信号注入 3 次谐波，谐波幅值为调制波幅值的 30%，信号的调制度为 0.8，载波频率为 10 kHz，信号参考频率为 50 Hz。

硬件环境：使用型号 STM32F407 的微控制器，外部时钟为 25 MHz，内部工作频率为 168 MHz。

程序包括初始化程序、中断程序、主程序。使用 TIM6 产生定时中断，中断周期为 0.1 ms，在中断服务程序中更改标志位 sig_flag。具体程序如下：

```
1. /************** stm32f4xx_it.c 中断程序 ****************/
2. void TIM6_DAC_IRQHandler(void)
3. {
4.   HAL_TIM_IRQHandler(&htim6);
5.   sig_flag = 1;
6. }
```

在主程序中判断出现中断后，计算正弦信号值和注入 3 次谐波值，相加获得输出信号 sig1，sig2，sig3 的值。将 sig1，sig2，sig3 的值用串口上传，输出波形图如图 2-24 所示。主程序如下，TIM6 初始化程序没有列出。

```
1. /*------------------------main.c---------------------------*/
2. #include "main.h"
3. #include "tim.h"
4. #include "usart.h"
5. #include "gpio.h"
6. #include <math.h>
7. #include <stdio.h>
8.
9. #define PI 3.1416f
10. #define MI 0.8f
11. #define REF_FRE 50                //正弦波频率
12. #define CAR_FRE 10000             //载波频率
13. #define Har_Mag 0.3f              //谐波幅值
14. uint8_t sig_flag;
15.
16. uint16_t N_ratio = CAR_FRE/REF_FRE;
17. float theta;
18. float theta1,theta2,theta3,Va,Vb,Vc,sig1,sig2,sig3,Vh;
19. void SystemClock_Config(void);
20. void bound_check(float *var);
21. /*******************************************************/
22. int main(void)
23. {
24.   HAL_Init();
25.   SystemClock_Config();
26.   MX_GPIO_Init();
27.   MX_USART1_UART_Init();
28.   MX_TIM6_Init();
29.   HAL_TIM_Base_Start_IT(&htim6);
30.   theta1 = 0, theta2 = N_ratio/3 , theta3 = 2 * N_ratio/3;
31.   while (1)
32.   {
33.
34.       HAL_GPIO_TogglePin(LED_1_GPIO_Port, LED_1_Pin);
35.       if(sig_flag == 1)
36.         {
```

```
37.             sig_flag = 0;
38.             theta1++;
39.             bound_check(&theta1);
40.             theta2++;
41.             bound_check(&theta2);
42.             theta3++;
43.             bound_check(&theta3);
44.
45.             Va = MI * sinf(theta1 * 2 * PI/N_ratio);
46.             Vb = MI * sinf(theta3 * 2 * PI/N_ratio);
47.             Vc = MI * sinf(theta2 * 2 * PI/N_ratio);
48.             Vh = Har_Mag * MI * sinf(theta1 * 6 * PI/N_ratio);
49. //Vh = -(fmaxf(fmaxf(Va, Vb), Vc) + fminf(fminf(Va, Vb), Vc))/2;
50.             sig1 = Va + Vh;        //PWM 注入 3 次谐波
51.             sig2 = Vb + Vh;
52.             sig3 = Vc + Vh;
53.
54.             printf("%7.2f,%7.2f,%7.2f\n",sig1,sig2,sig3);
55.         }
56.     }
57. }
```

bound_check(float *var)函数同 2.6.1 同名函数，void SystemClock_Config(void)和 void Error_Handler(void)函数使用 1.4.3 节同名函数。

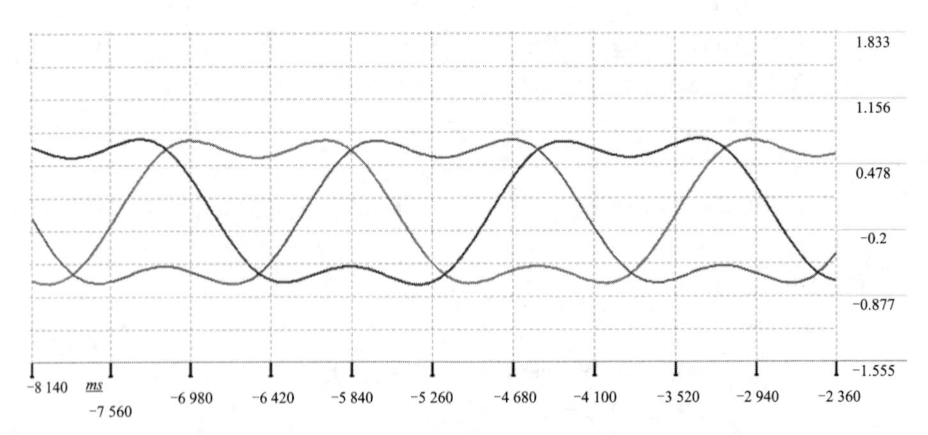

图 2-24　运行端输出电压波形图

如果将注入谐波 V_h 的表达式改为：

```
1. Vh = -(fmaxf(fmaxf(Va, Vb), Vc) + fminf(fminf(Va, Vb), Vc))/2;
```

则注入信号与原三相信号叠加获得波形为如图 2-25 所示的马鞍波。

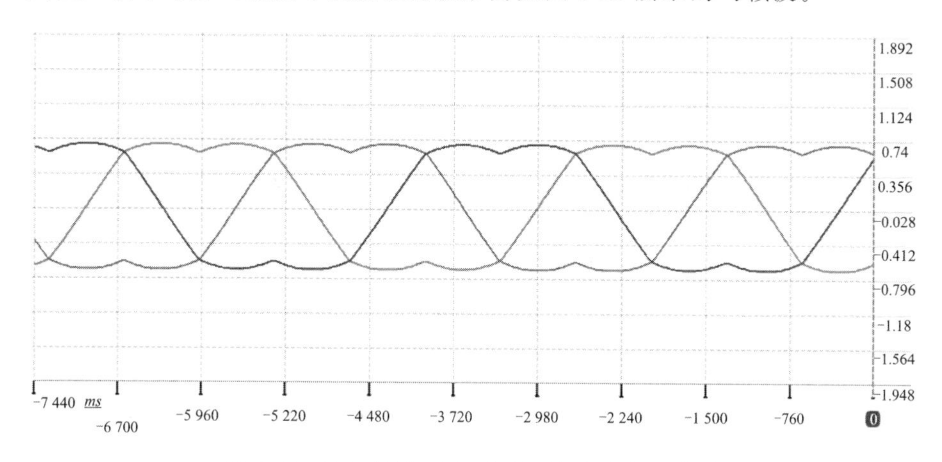

图 2-25 注入信号与原三相信号叠加获得马鞍波

如果将程序中调制波和注入的谐波的调制信号总的计算式 $V_r=V_a+V_h$，改为 $V_r=1.15\sin\omega t+0.19\sin 3\omega t$ 或 $V_r=1.15\sin\omega t+0.27\sin 3\omega t+0.029\sin 9\omega t$，可以提高直流电压的利用率。

2.6.3 STM32F407 产生两路互补的 SPWM

SPWM 波生成方式是在定时器中断时调整 PWM 波的占空比，中断定时器可以是本身产生 PWM 的定时器[载波定时，捕捉比较中断(capture compare interupt)]，也可以是另外的定时器[载波定时，更新中断(update interrupt)，全局中断(global interupt)]。对于互补的两路 SPWM 波，一路为低电平“0”时，另一路为高电平“1”。

使用 STM32F407 高级定时器生成互补 SPWM 波步骤如下。

① 确定载波频率 f_c，对于逆变电路常采用 5 kHz～20 kHz(载波频率高输出低频谐波少，但载波频率受器件开关速率的限制)。周期 T_c 为载波频率的倒数，也就是每个 SPWM 波的周期，如载波频率为 20 kHz 时，$T_c=50\ \mu s$。

② 确定信号频率 f_r，基波周期 $T_b=1/f_r$，此处 f_r 取 50 Hz，则 $T_b=20$ ms。

③ 计算载波比 N，即一个信号基波周期内采集点数为 $N=T_b/T_c=20\ \text{ms}/50\ \mu\text{s}=400$，半个周期内采集点数为 200 点。

④ 载波周期时间设定为定时器的中断时间，在中断程序中，根据 SPWM 采样理论算出每个脉冲的高低电平宽度值，用 PWM 计数控制电平变化。死区时间可以直接在高级定时器的结构体寄存器中设置。

⑤ N 个点输出 PWM 信号完毕后重复。

以下是具体定时器配置与中断服务函数程序。

硬件环境：使用型号 STM32F407 的微控制器，外部时钟为 25 MHz，内部工作频率为 168 MHz。TIM8 高级定时器用于产生互补 PWM 信号，通道配置：PA7→TIM8_CH1N，PB0→TIM8_CH2N，PC6→TIM8_CH1，PC7→TIM8_CH2。两个通道是独立的，可以单独设置计数值 CCR，死区时间为 0。

输出两路互补的 SPWM，选 10 kHz 的开关频率，信号频率为 50 Hz，微控制器晶振频率为 168 MHz。TIM8 预分频 168，计数值 100；TIM2 作为定时器，预分频 84，计数值 100，自动重装载，TIM2 全局中断允许。脉宽数值直接使用 STC8 程序中计算的对称规则采样法数值，数组为 T_SinTable[]，200 个数据，计算中调制度数值没有设置，是为了方便取值，直接取整2 420，此时对应的调制度约为 1 185/1 220=0.97。

软件包括：数组数据准备，系统时钟配置，TIM2 和 TIM8 初始化，中断程序。中断程序的代码是编写 void HAL_TIM_PeriodElapsedCallback (TIM_HandleTypeDef * htim)回调函数，该函数是在 STM32Cube-IDE 生成 TIM2 的中断程序时调用的一个 weak 属性的函数，用户可以自行修改为自己的执行内容。

主程序关键代码(包括系统时钟配置)如下：

```
1. /********************** main.c **********************/
2. #include "main.h"
3. #include "tim.h"
4. #include "gpio.h"
5.
6. unsignedint T_SinTable[] = {
7. 1220, 1256, 1292, 1328, 1364, 1400, 1435, 1471, 1506, 1541,
8. 1575, 1610, 1643, 1677, 1710, 1742, 1774, 1805, 1836, 1866,
9. 1896, 1925, 1953, 1981, 2007, 2033, 2058, 2083, 2106, 2129,
10. 2150, 2171, 2191, 2210, 2228, 2245, 2261, 2275, 2289, 2302,
11. 2314, 2324, 2334, 2342, 2350, 2356, 2361, 2365, 2368, 2369,
12. 2370, 2369, 2368, 2365, 2361, 2356, 2350, 2342, 2334, 2324,
13. 2314, 2302, 2289, 2275, 2261, 2245, 2228, 2210, 2191, 2171,
```

```
14. 2150, 2129, 2106, 2083, 2058, 2033, 2007, 1981, 1953, 1925,
15. 1896, 1866, 1836, 1805, 1774, 1742, 1710, 1677, 1643, 1610,
16. 1575, 1541, 1506, 1471, 1435, 1400, 1364, 1328, 1292, 1256,
17. 1220, 1184, 1148, 1112, 1076, 1040, 1005, 969, 934, 899,
18. 865, 830, 797, 763, 730, 698, 666, 635, 604, 574,
19. 544, 515, 487, 459, 433, 407, 382, 357, 334, 311,
20. 290, 269, 249, 230, 212, 195, 179, 165, 151, 138,
21. 126, 116, 106, 98, 90, 84, 79, 75, 72, 71,
22. 70, 71, 72, 75, 79, 84, 90, 98, 106, 116,
23. 126, 138, 151, 165, 179, 195, 212, 230, 249, 269,
24. 290, 311, 334, 357, 382, 407, 433, 459, 487, 515,
25. 544, 574, 604, 635, 666, 698, 730, 763, 797, 830,
26. 865, 899, 934, 969, 1005, 1040, 1076, 1112, 1148, 1184,
27. };
28. void SystemClock_Config(void);
29. int i = 0;
30. void HAL_TIM_PeriodElapsedCallback(TIM_HandleTypeDef *htim)
31. {
32.   if(htim == (&htim2))
33.   {
34.       i++;
35.       if(i>199) i = 0;
36.       TIM8->CCR1 = T_SinTable[i] * 100/2420;
37.       TIM8->CCR2 = T_SinTable[i] * 100/2420;
38.   }
39. }
40. int main(void)
41. {
42.   HAL_Init();
43.   SystemClock_Config();
44.
45.   MX_GPIO_Init();
46.   MX_TIM8_Init();
47.   MX_TIM2_Init();
48.   TIM8->CCR1 = T_SinTable[0] * 100/2420;
49.   TIM8->CCR2 = T_SinTable[0] * 100/2420;
```

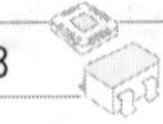

```
50.   HAL_TIM_PWM_Start(&htim8,TIM_CHANNEL_1);
51.   HAL_TIMEx_PWMN_Start(&htim8,TIM_CHANNEL_1);
52.   HAL_TIM_PWM_Start(&htim8,TIM_CHANNEL_2);
53.   HAL_TIMEx_PWMN_Start(&htim8,TIM_CHANNEL_2);
54.   HAL_TIM_Base_Start_IT(&htim2);
55.
56.   while (1) ;
57. }
58.
```

CH2 和 CH2N 测得的波形图如图 2-26 所示。

如果改变载波频率,产生两路互补的 SPWM,对以上程序做 tim.c 修改,只修改脉宽的取值(TIM2 和 TIM8 初始化数据)。如选择 12 kHz 的载波频率,保持信号频率 50 Hz。通常 LC 滤波器的截止频率约为载波频率的1/10~1/5,LC 滤波器的截止频率可设为 1~2 kHz,这种 LC 滤波器易于制作。

TIM2 作为定时器,总线频率 84 MHz,选预分频 4,产生 1 μs/21 脉冲,计数值 1 750(对应 21 MHz 计数频率,21 000 000/12 000=1 750),自动重装载,则载波开关频率 12 kHz,TIM2 全局中断允许。12 kHz/50 Hz=240,即一个信号周期内有 240 个 PWM 调制值。

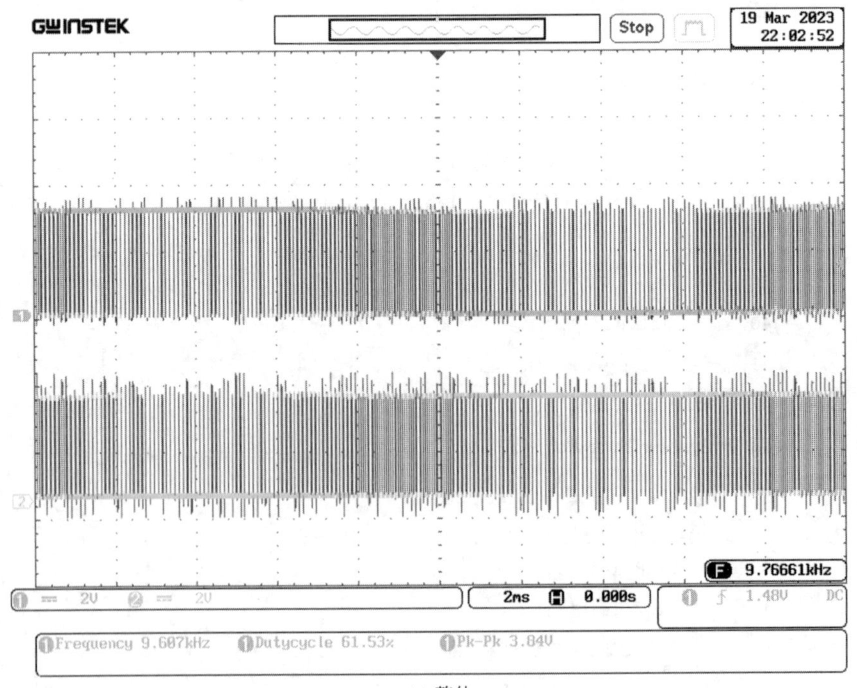

(a) 整体

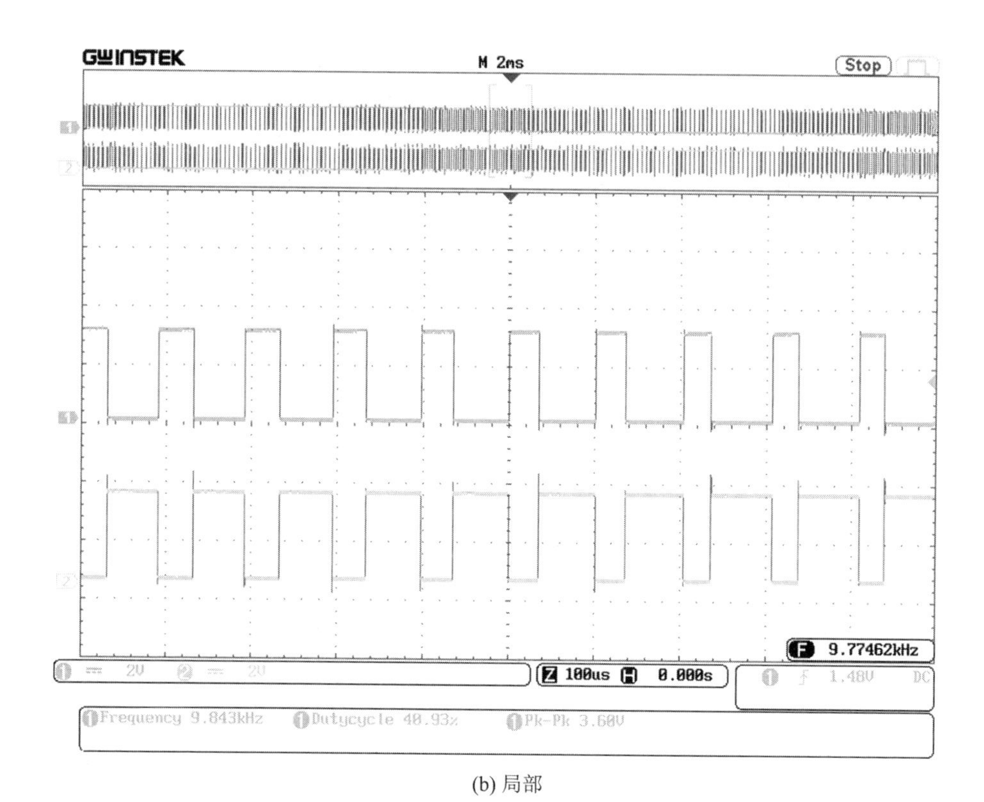

(b) 局部

图 2-26 CH2 和 CH2N 测得的波形

TIM8 时钟总线 168 MHz，选预分频 4，产生 1 μs/42 脉冲。对应一个载波周期，最大计数值 3 500 时占空比为 100%，计数值 1 750 时占空比为 50%。用规则采样法产生 SPWM，首先计算 sin 函数值放入数组 sine[]，共 240 个值，数据的时间幅值为 800，则需要乘系数 1 750/800（见双极性规则采样法原理，在中断程序中计算 TIM8 的脉冲宽度时间值 TIM8→CCR1 和 TIM8→CCR2）。在此假定调制度为 1（若其他值，则可以将 sine[]再乘小于 1 的调制度值）。TIM8 初始值可以都设为中值 3 500/2，TIM8→CCR1＝1 750，TIM8→CCR2＝1 750，通道 CH2 可以设置端口输出的极性与通道 CH1 相同或相反，在此将 CH1 和 CH1N polarity 均设 High，CH2 和 CH2N polarity 均设为 Low。实现程序与 2.6.2 节代码中不同的部分如下，还要删去 2.6.2 节代码中第 48 行和 49 行。

```
1. /* USER CODE BEGIN PV */
2. int sine[] = {0,20,41,62,83,104,124,145,166,186,206,226,246,266,
     286,305,
```

```
3. 324,343,362,381,399,417,435,452,469,486,502,518,534,549,564,579,
4. 593,607,620,633,646,658,670,681,691,702,711,721,729,738,745,753,
5. 759,766,771,776,781,785,789,792,794,796,797,798,799,798,797,796,
6. 794,792,789,785,781,776,771,766,759,753,745,738,729,721,711,702,
7. 691,681,670,658,646,633,620,607,593,579,564,549,534,518,502,486,
8. 469,452,435,417,399,381,362,343,324,305,286,266,246,226,206,186,
9. 166,145,124,104,83,62,41,20,0,-20,-41,-62,-83,-104,-124,
   -145,
10. -166,-186,-206,-226,-246,-266,-286,-305,-324,-343,-362,
    -381,-399,-417,-435,-452,
11. -469,-486,-502,-518,-534,-549,-564,-579,-593,-607,-620,
    -633,-646,-658,-670,-681,
12. -691,-702,-711,-721,-729,-738,-745,-753,-759,-766,-771,
    -776,-781,-785,-789,-792,
13. -794,-796,-797,-798,-799,-798,-797,-796,-794,-792,-789,
    -785,-781,-776,-771,-766,
14. -759,-753,-745,-738,-729,-721,-711,-702,-691,-681,-670,
    -658,-646,-633,-620,-607,
15. -593,-579,-564,-549,-534,-518,-502,-486,-469,-452,-435,
    -417,-399,-381,-362,-343,
16. -324,-305,-286,-266,-246,-226,-206,-186,-166,-145,-124,
    -104,-83,-62,-41,-20
17. };
18. uint16_t i;
19. void HAL_TIM_PeriodElapsedCallback(TIM_HandleTypeDef *htim)
20. {
21.   if(htim == (&htim2))
22.   {
23.       i++;
24.       if(i>239)  i = 0;
25.       TIM8->CCR1 = 1750 + (sine[i] * 1750/800);
26.       TIM8->CCR2 = 1750 + (sine[i] * 1750/800);
27.   }
28. }
29. /*************************************************/
```

数据 sine[]绘制的图形如图 2-27 所示。

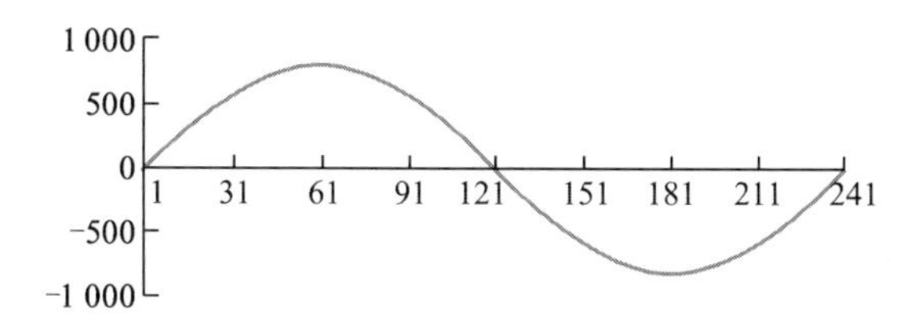

图 2-27 数据 sine[]绘制的图形

CH2 和 CH2N 通道的示波器采集的波形图如图 2-28 所示。可以测出信号频率为 50 Hz,载波频率为 12 kHz。

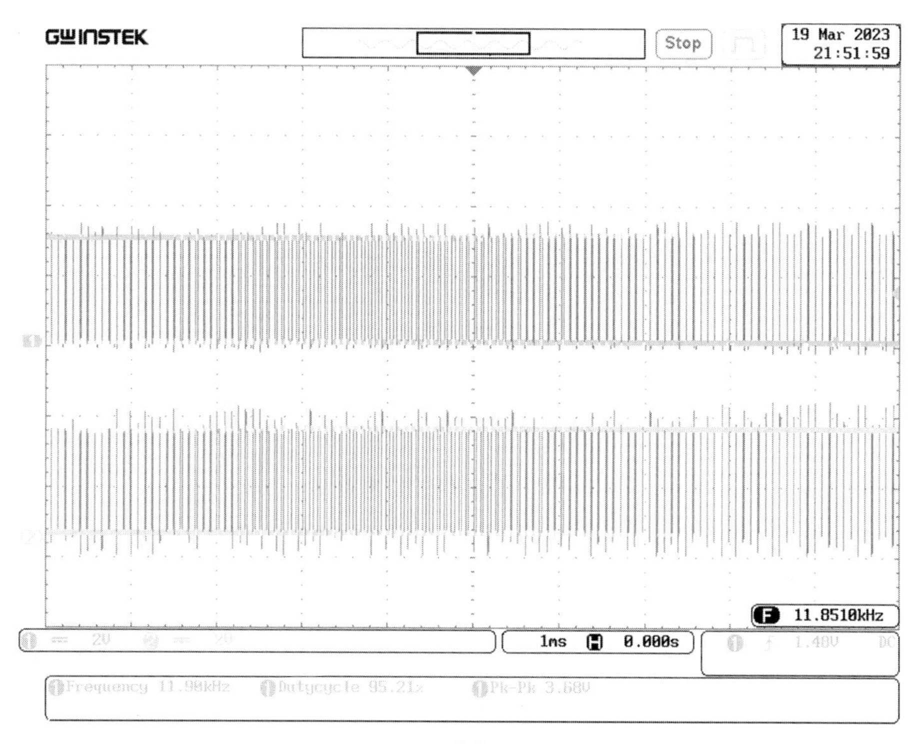

(a) 整体

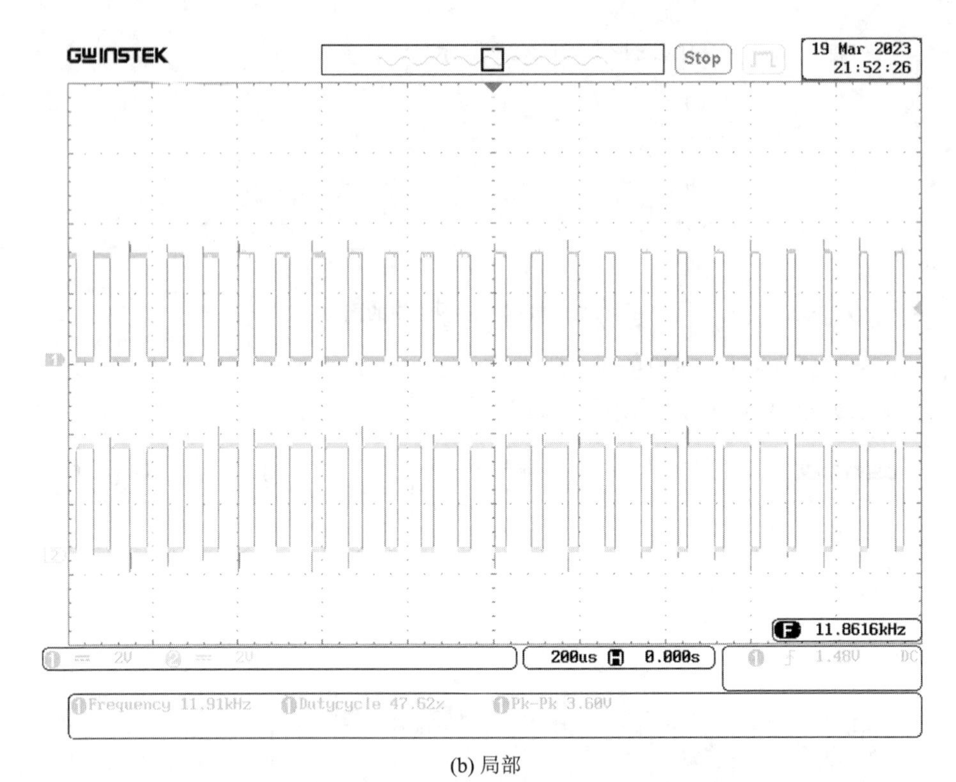

(b) 局部

图 2-28 CH2 和 CH2N 通道的示波器采集的波形图

为减少计算量,可以在算法上做一些改进。在使用 STM32F407 高级定时器生成互补 SPWM 波的步骤中第④步,修改如下:

步骤 1 计算占空比,$D_i=\sin(i\times\pi/N)$,$i=1,2,3,\cdots,N$。

步骤 2 确定最大最小占空比,例如最小占空比 $D_{\min}=0$,最大占空比 $D_{\max}=100\%$。

步骤 3 计算并修改定时器的比较值。当占空比为 0 时,将定时器的比较值设置为 $C_{\min}=0$。当占空比为 100%时,将定时器的比较值设为 $C_{\max}=5\,399$。每中断一次,占空比的值设为 $C_{\max}D_i$,直接在中断程序里完成计算。

3 信号滤波

3.1 滤波器原理

3.1.1 电信号采集检测

在电力电子电路中,需要采集大量的电流、电压、功率、频率等信号。输入无干扰的采集信号是完成系统判断、处理、执行动作的前提。

低成本电信号测量是将测量线路直接与电源线相连,典型的接法是在电流输入通道安装电流感应分流电阻,在电压输入通道安装电阻分压器,电流与电压采样原理图如图 3-1 所示。用 U_i 表示输入电压,U_o 为输出电压,则分压电路输出电压 $U_o=\dfrac{R_2}{R_1+R_2}U_i$。

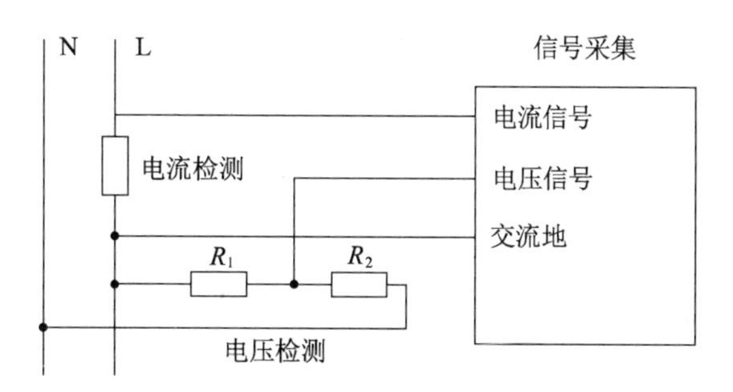

图 3-1　电流与电压采样原理图

电压互感器(PT)、电流互感器(CT)也可以用来检测电压、电流。相比于电阻分压器,分流电阻能隔离主电源通道,可以承受更高的电流和电压,自身消耗的功率更少。其弱点是具有非线性相位响应,在大功率因数或者智能电能表出现时会引起功率或能量测量错误。

电信号连入数字处理器或微控制器系统，需要将模拟信号转换为数字信号，转换过程称为模数转换，实现模数转换的电路为模数转换器(Analog to Digital Converter，简称 A/D 转换器或 ADC)。最常用的 ADC 类型是逐次逼近型和 σ-Δ 型。

1. 逐次逼近型

逐次逼近型 ADC 原理图如图 3-2 所示。可逆计数器首先将输出最高位(MSB)设置为 1，同时保持其他所有输出为 0，计数值输入“N 位 DAC”。数模转换器(Digital to Analog Converter，简称 DAC)将 MSB～LSB 转换为模拟信号，并且通过“比较器”与“模拟输入”相比。若“模拟输入”大于 DAC 输出，则可逆计数器将 MSB 置 1，同时，MSB 的下一位置 1，完成比较过程。若“模拟信号”小于 DAC 输出，则将最高位 MSB 置 0，MSB 的下一位置 1。这个过程从 MSB 开始逐次每次产生 1 位(比特，bit)比较结果，经过 N 次比较一直进行到模拟输入信号产生最低位 LSB 的比特值为止。

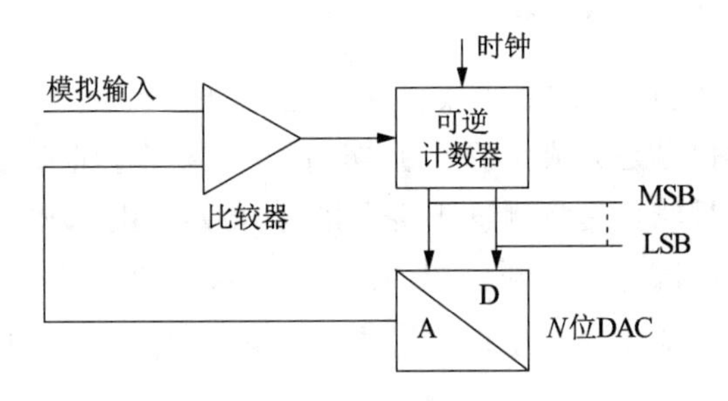

图 3-2　逐次逼近型 ADC 原理图

2. σ-Δ 型

σ-Δ 型转换器包括积分电路、锁存比较器、单位 DAC、数字滤波器，σ-Δ 型 ADC 原理图和波形图如图 3-3 所示。输入信号(A)与 DAC 的输出(E)相减，结果为信号 B，然后积分，积分电路的输出电压(信号 C)将由锁存比较器(D)转换为一位数字输出(1 或 0)。D 处的高频率 bit 流(频率 kf_s) 最终被数字滤波器处理，在每个采样频率(f_s)内得到一系列对应于模拟信号的数字值，即输入信号 A 的 ADC 值。

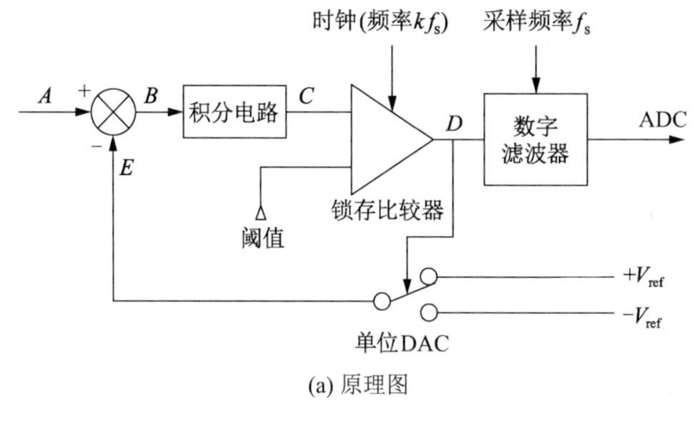

(a) 原理图

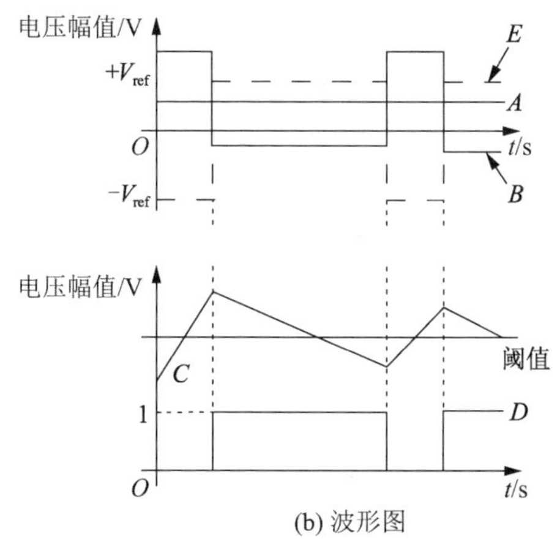

(b) 波形图

图 3-3 σ-Δ 型 ADC 原理图和波形图

目前大多数微控制器带有逐次逼近型 ADC 外设，可以很方便地为用户使用。

3.1.2 滤波器分类

滤波器是一种选频装置，可以使信号中特定的频率成分通过，而极大地衰减其他频率成分。利用滤波器的这种选频作用，可以滤除干扰噪声或进行频谱分析，因此滤波器有低通、高通、带通、带阻滤波器的区别（图 3-4），阴影部分表示滤波器导通有输出。

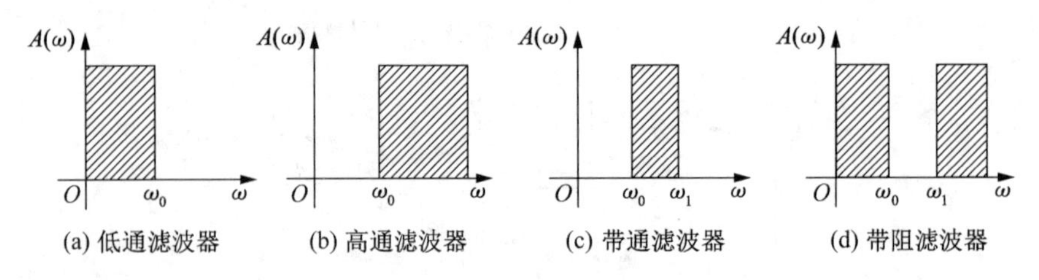

图 3-4 滤波器频率特性

按所处理的信号不同,滤波器分为模拟滤波器和数字滤波器两种。

按所采用的元器件不同,滤波器又分为无源滤波器(Passive Filter)和有源滤波器(Active Filter)两种。由电容、电感和电阻组成的滤波电路的滤波器为无源滤波器。使用有源器件,如集成运放等,构成的滤波器为有源滤波器。

按处理信号强度(功率大小)来区分,滤波器分为信号滤波器(小信号、小功率)和电力滤波器(强信号、高功率)。无源滤波器常用于大功率电源滤波,有源滤波器常用于小信号滤波。电力电子控制技术中各种采集信号含有大量噪声,适合用微控制器做信号滤波处理。

3.1.3 电力滤波

电力滤波器的设计和运行应满足以下两个基本功能:① 通过装置滤波使谐波源注入公共连接点的谐波电流在规定的限值以内。② 在负荷功率变化范围内,装置的无功补偿能满足负载对功率因数和母线电压偏差的要求。

1. 低压电力滤波器

低压电力滤波器是低通滤波器的一种,是由电容、电感等元件构成的双向网络,能抑制电源线上的干扰。其滤波范围通常在 0.015 MHz～50 MHz,对此频带范围内的干扰信号提供最高可达 100 dB 以上衰减。若低压电力滤波器完全由线性电阻 R、电感 L、电容 C 组成,则构成无源电力滤波器。

在无源电力滤波器中,Π 形滤波电路是最常使用的一种滤波电路,其中 LC-Π 型滤波电路应用最为广泛,为一级滤波电路。二级、多级电源滤波电路可以用多个一级滤波电路串联和并联实现。如图 3-5 所示是一个二级 LC-Π 型滤波器电路图。

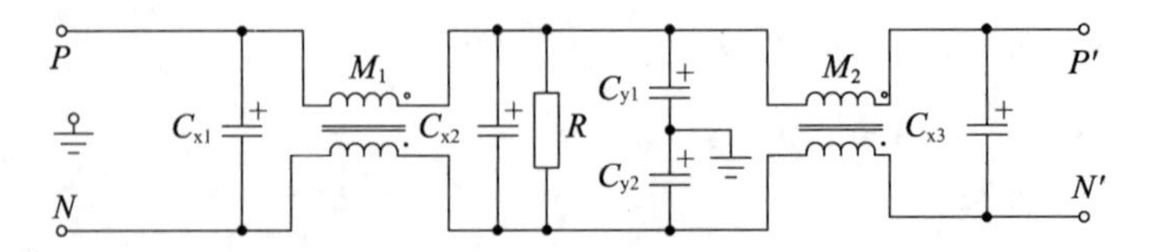

图 3-5 二级 LC-Π 型滤波器电路图

2. 高压电力滤波器

高压电力滤波器的类型很多,最常用的高压电力滤波器分为 3 种无源类型滤波器(图 3-6)。

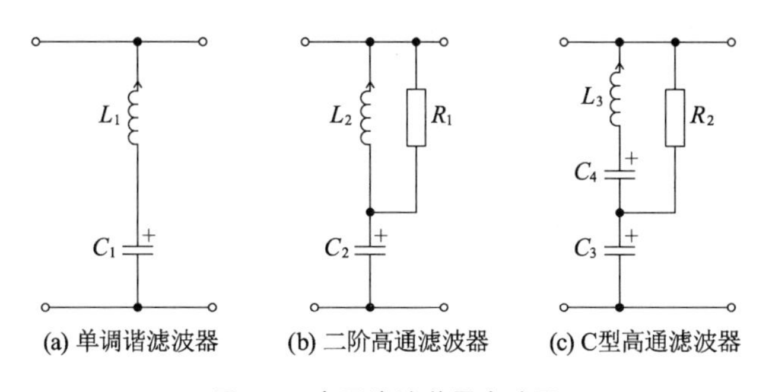

图 3-6 高压滤波装置电路图

如图 3-6(a)所示,单调谐滤波器是最简单实用的滤波电路,其优点是调谐频率点阻抗几乎为零,在此频率下滤波效果显著。缺点是低于调谐频率的某些频率与网络形成高阻抗的并联谐振,另外单调谐滤波器的基波有功功率损耗较大。

如图 3-6(b)所示为二阶高通滤波器,对于调谐频率点及高于此频率的其他频率有较好的滤波效果。它一般适合于 7 次及以上更高次谐波电流的滤波。二阶高通滤波器基波有功功率损耗较小,其并联电阻装置的谐波有功功率损耗较大。

高品质因数的单调谐滤波装置可能会使间谐波放大,低品质因数的单调谐滤波装置基波有功功率损耗大。因此在要求高阻尼且调谐频率不高于 5 次的谐波滤波装置常选用如图 3-6(c)所示的 C 型高通滤波器,并联的电阻器不消耗基波有功功率。

3.2 模拟滤波器

无源滤波器或有源滤波器的电路可以使用一个或多个电感、电容器件,形成不同阶次的滤波电路。一阶滤波器含有一个电感或电容,二阶滤波器则包含两个。

3.2.1 一阶滤波器

一阶滤波器是最简单的电路，一阶滤波器常用的类型有一阶低通滤波器、一阶高通滤波器。典型的一阶高通有源滤波器如图 3-7 所示。V_{CC}为运放 Op-Amp 的工作电压，转折频率 f_0，角频率 $\omega=2\pi f_0$。图 3-7(a)所示电路输出信号不反相，$f_0=1/(2\pi R_1C_1)$，增益 $G=1$。图 3-7(b)所示电路输出信号不反相，$f_0=1/(2\pi R_1C_1)$，增益 $G=1+R_3/R_2$。图 3-7(c)所示电路输出信号反相，$f_0=1/(2\pi R_2C_1)$，增益 $G=R_2/R_1$。图 3-7(d)所示电路输出信号不反相，$f_0=1/(2\pi R_2C_1)$，增益 $G=1+R_3/R_2$。高通滤波器与低通滤波器在电路上具备频率对偶性，通过把高通滤波器电路中的 R,C 互换位置即可得到低通滤波器，并且相应的截止频率也具备这种特性。

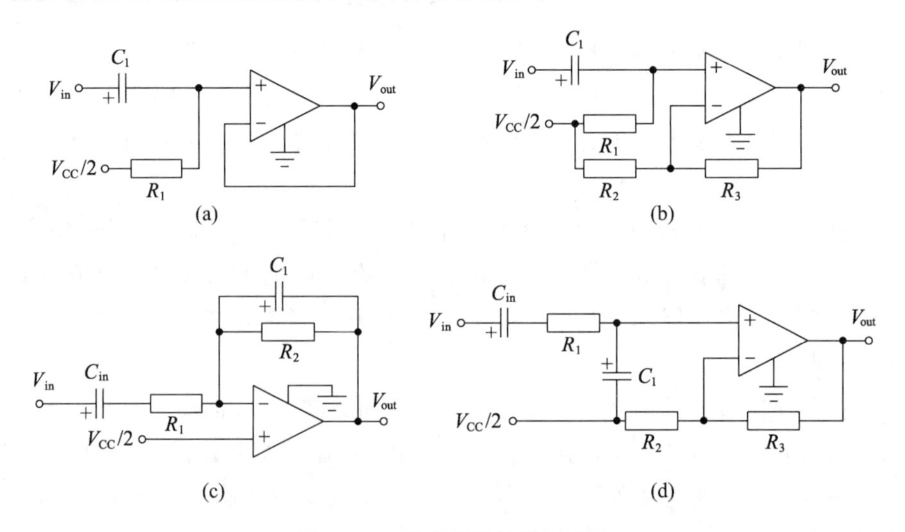

图 3-7　一阶高通滤波器原理图

如图 3-8 所示电路为文氏滤波器，该滤波器对所有频率都有相同的增益，但是可以改变信号的相角，同时也用于相角修正电路。电路对频率是 f 的信号有 90°的相移，对直流的相移是 0°，对高频的相移是 180°。取 $R_1=R_2=R_3=R$，频率 $f_0=1/(2\pi RC_1)$。

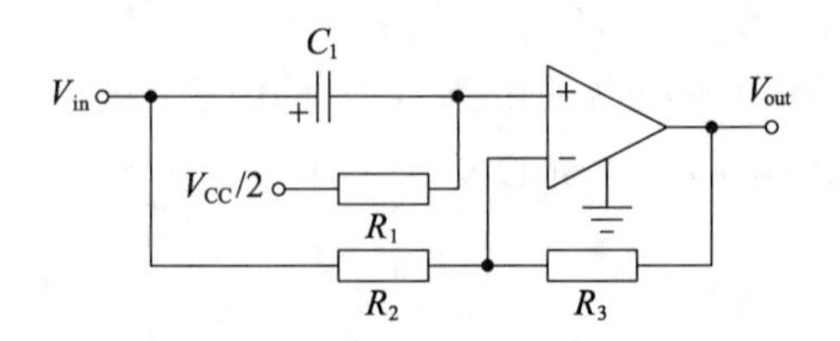

图 3-8　文氏滤波器电路图

3.2.2 二阶滤波器

二阶滤波电路一般用其发明者命名，少数几个至今仍然广泛使用，如Butterworth、Chebyshev和Bessel滤波器。这些二阶滤波器可以组成一个低通、高通、带通或带阻滤波器。

滤波器有3个重要参数：通带、阻带和过渡带。理想的滤波器是没有过渡带的。一阶和二阶滤波器最显著的差异是过渡带的不同，二阶低通滤波器的过渡带更窄，不需要的干扰信号会衰减得更快，噪声滤除得更干净。二阶滤波器有40dB/十倍频程的幅频特性，而一阶滤波器是20dB/十倍频程的幅频特性。只有Butterworth滤波器可以准确地计算出拐点频率，而Chebyshev和Bessel滤波器只能在Butterworth滤波器的计算基础上做一些微调。Butterworth滤波器幅频特性曲线平坦，Chebyshev滤波器特性曲线会出现峰值。

应用广泛的二阶模拟滤波器是二阶RC滤波电路、二阶LC滤波电路。二阶RC滤波电路对同频带外信号的抑制能力更强，滤波效果好，易实现，其截止频率和一阶截止频率相同。RC滤波电路几乎都是用有源滤波电路，因为电阻会消耗信号能量，不管是信号还是噪声，RC滤波器常用于有源滤波电路，而LC滤波器常用于无源滤波电路。

3.2.3 高阶滤波器

n阶滤波器传递函数的一般表达式为

$$G_n(s)=\frac{b_m s^m+b_{m-1}s^{m-1}+\cdots+b_1 s+b_0}{a_n s^n+a_{n-1}s^{n-1}+\cdots+a_1 s+a_0}\quad(m\leqslant n)\tag{3-1}$$

若将传递函数分解为因子式，则式(3-1)转变为

$$G_n(s)=\frac{b_m(s-s_{b0})(s-s_{b1})\cdots(s-s_{bm})}{a_n(s-s_{a0})(s-s_{a1})\cdots(s-s_{an})}\tag{3-2}$$

滤波器的一阶、二阶复频域传递函数和频域函数列于表3-1。在表3-1中，$G(s)$为滤波器的传递函数，$G(\omega)$为滤波器的幅频特性，G_0为滤波器的通带增益或零频增益，ω_c为一阶滤波器的截止角频率，ω_n为二阶滤波器的自然角频率，ω_0为带通或带阻滤波器的中心频率，ξ为二阶滤波器的阻尼系数。

在设计滤波器的电路时，直接实现三阶以上传递函数的电路是很难的。当需要设计大于或等于三阶的滤波器时，一般采取将高阶传递函数分解为几个低阶传递函数乘积的形式。

将多个低阶传递函数的滤波器级联起来,可构成高阶滤波器。由于大多低阶有源滤波器用的有源器件是集成运放,用集成运算放大器构成的低阶滤波器,其输出阻抗很低,所以不必考虑各低阶滤波器在级联时的负载效应,保证了各低阶滤波器传递函数设计的独立性。

表 3-1 复频域传递函数和频域函数

类型	$G(s)$	$G(\omega)$	类型	$G(s)$	$G(\omega)$
一阶低通	$\frac{G_0\omega_c}{s+\omega_c}$	$\frac{G_0\omega_c}{\sqrt{\omega^2+\omega_c^2}}$	二阶高通	$\frac{G_0 s^2}{s^2+\xi\omega_n s+\omega_n^2}$	$\frac{G_0\omega^2}{\sqrt{(\omega_n^2-\omega^2)^2+(\xi\omega\omega_n)^2}}$
一阶高通	$\frac{G_0 s}{s+\omega_c}$	$\frac{G_0\omega}{\sqrt{\omega^2+\omega_c^2}}$	二阶带通	$\frac{\xi G_0\omega_0 s}{s^2+\xi\omega_0 s+\omega_0^2}$	$\frac{\xi G_0\omega_0\omega}{\sqrt{(\omega_0^2-\omega^2)^2+(\xi\omega\omega_0)^2}}$
二阶低通	$\frac{G_0\omega_n^2}{s^2+\xi\omega_n s+\omega_n^2}$	$\frac{G_0\omega_n^2}{\sqrt{(\omega_n^2-\omega^2)^2+(\xi\omega\omega_n)^2}}$	二阶带阻	$\frac{G_0(s^2+\omega_0^2)}{s^2+\xi\omega_0 s+\omega_0^2}$	$\frac{G_0(\omega_0^2-\omega^2)}{\sqrt{(\omega_0^2-\omega^2)^2+(\xi\omega\omega_0)^2}}$

3.3 数字滤波器

3.3.1 数字滤波器的分类

数字滤波器按照硬件环境不同分为以下三类。

① 使用通用数字滤波器集成电路。这种电路使用简单,但是由于字长和阶数的规格较少,不易完全满足实际需要。虽然可采用多片扩展来满足要求,但会增加体积和功耗,因而在实际应用中受到限制。

② 使用可编程逻辑器件 FPGA/CPLD。FPGA/CPLD 有并行性和可扩展性好的优点,FPGA/CPLD 有多种内部逻辑块阵列和丰富的连线资源,特别适合实现高并行度结构的数字滤波器。

③ 使用数字信号处理器(DSP)或微控制器。DSP 有专用的数字信号处理函数可调用,或者根据芯片指令集的结构自行设计代码实现滤波器的功能。微控制器随着工作频率和运算性能的增长,或内部集成了 DSP 处理器,使得微控制器能完成数字滤波器的设计。由于数字滤波器设计时其系数计

算及其量化比较复杂，所以一般都采用辅助设计软件（如 MATLAB），计算出滤波器的系数，然后进行代码设计实现。通常数字信号处理器或微控制器的程序不通用，开发周期较长。

数字滤波器按照算法实现的不同可以分为两大类。有限脉冲响应滤波器（又称为非递归型滤波器，Finite Impulse Response，简称 FIR）、无限脉冲响应滤波器（Infinite Impulse Response，简称 IIR）。

脉冲响应是指滤波器在时域内的出现，滤波器通常具有较宽的频率响应，对应于时域内的短时间脉冲。FIR 滤波器的冲激响应在有限时间内衰减为 0，输出仅取决于当前和过去的输入信号值，在 z 域上其极点位置只能是原点，而 IIR 滤波器的冲激响应会无限持续，输出不仅取决于当前和过去的输入信号，还和过去的输出有关，IIR 的极点可以处于 z 域单位圆内任何地方。

IIR 和 FIR 实现之间的数学区别在于 IIR 滤波器使用一些滤波器的输出作为输入。

FIR 方程为

$$y(n)=\sum_{k=0}^{N}a(k)x(n-k) \tag{3-3}$$

IIR 方程为

$$y(n)=\sum_{k=0}^{N}a(k)x(n-k)+\sum_{j=1}^{P}b(j)y(n-j) \tag{3-4}$$

式中，$x(n)$为输入时间序列 $x(0)$，$x(1)$，$x(2)$，…，$x(n)$，n 是输入时间序列中数据点的总数；$y(n)$为输出时间序列 $y(0)$，$y(1)$，$y(2)$，…$y(n)$；FIR 滤波器系数用“a”表示，IIR 滤波器系数用“a”和“b”表示；N 和 P 分别表示滤波器中的项数（$N>P$），N 也称为滤波器的阶数。

IIR 滤波器有反馈性质，$a(k)$，$b(j)$系数采用常数项 $a_0\sim a_N$，$b_1\sim b_P$，可将差分方程写为

$$\begin{aligned}y(n)=&a_0x(n)+a_1x(n-1)+a_2x(n-2)+\cdots+a_Nx(n-N)+\\&b_1y(n-1)+b_2y(n-2)+\cdots+b_Py(n-P)\end{aligned} \tag{3-5}$$

IIR 与 FIR 比较，IIR 可以用更少的阶数实现与 FIR 相同的性能。当实现相同的指标时，FIR 的阶数可能是 IIR 阶数的几倍甚至几十倍。IIR 设计滤波器高通、低通、带通、带阻任意，借助工具软件设计简单，缺点是 IIR 滤波器运算量大，且具有非线性相位。从幅度响应看，IIR 滤波器阻带和通带都较平整。非线性相位是指对于不同的频率分量造成的相位差与频率不成比例，使得输出时不同频率分量的叠加相位值与输入信号相比有变化，从而导致了信

号的失真。

而 FIR 具有线性相位和易于设计的特点，只需选择不同的 $a_0 \sim a_N$，就会产生多种软件滤波器，在要求快速运算的场合用 FIR 滤波器即可。从幅度响应看，FIR 滤波器的阻带是等波纹振荡。

3.3.2 微控制器的常用滤波算法

在微控制器应用中，几种常用的基本软件滤波器有：限幅滤波器、平均值滤波器、一阶滞后滤波器、组合滤波器等。

假定从 ADC 中采样数据，子程序为 get_ad()，$x[n]$为本次采样值(浮点数)。

1. 限幅滤波器

根据经验判断，确定两次采样允许的最大偏差值(设为 A)。程序每次检测到新值时判断：如果 $|x[n]-x[n-1]|<A$，$y[n]=x[n]$；否则 $y[n]=x[n-1]$。

IIR 滤波器差分方程表示为

$$y[n]=a_N x[n]+(1-a_N)x[n-1] \tag{3-6}$$

式中，$a_N=\begin{cases}1, & |x[n]-x[n-1]|<A, \\ 0, & |x[n]-x[n-1]|\geqslant A。\end{cases}$

限幅滤波器的优点是能有效克服因偶然因素引起的脉冲干扰，缺点是无法抑制周期性的干扰、平滑度差。

具体程序如下：

```
1. /* value 为有效值,new_value 为当前采样值,滤波程序返回有效的实际值 */
2. #define A 10                    //A 为可调整的限幅幅值
3. float value;
4. float filter()
5. {
6.     float new_value;            //new_value 为当前采样值
7.     new_value = get_ad();
8.     if ((new_value - value>A) || (value - new_value>= A)
9.       return value;
10.    return new_value;
11. }
```

2. 平均滤波器

平均滤波器又分为算术平均滤波器(Mean-Value Filter,简称 MVF)和滑动平均滤波器(又称递推平均滤波器,Moving Average Filter,简称 MAF),两种滤波器相似。平均滤波器的优点是平滑度高,适用于对随机干扰的信号进行滤波,缺点是灵敏度低,比较浪费微控制器的存储器。

平均滤波器的差分方程,是在 FIR 方程中,取 $a_0=a_1=\cdots=a_{N-1}=1/N$,$N$ 为滤波器队列长度,为常数值。平均滤波器差分方程为

$$y(n)=\sum_{k=0}^{N}a(k)x(n-k)=\frac{1}{N}\sum_{k=0}^{N-1}x(n-k) \tag{3-7}$$

N 值越大,信号平滑度高,灵敏度较低;N 值越小,信号平滑度低,灵敏度高。

算术平均滤波器,是连续取 N 个采样值进行算术平均运算,将此平均值作为滤波输出值。算术平均滤波取数和滑动平均计算输出的函数为 float filter()。具体程序如下:

```
1. #define N 12                    //N为常数
2. float filter()
3. {
4.    float  sum = 0;
5.    for (count = 0;count<N;count ++ )
6.    {
7.      sum + = get_ad();           //N个采样值累加
8.    }
9.    return sum/N;                //返回算术平均值
10. }
```

滑动平均滤波器,把连续取 N 个采样值看成一个队列,按照先进先出原则处理数据,队列的长度固定为 N,每次采样到一个新数据放入队尾,去掉原来队首的一个数据。把队列中的 N 个数据进行算术平均运算,就可获得新的滤波结果。滑动平均计算输出的语句如下:

```
1. float value_buf[N];
2. char i = 0;
3. value_buf[i ++] = get_ad();     //将当前采样值存入数组,数组可存N个值
4. if (i == N)
5. i = 0;
```

```
6. for (count = 0; count<N; count ++ )
7.   (float)sum + = value_buf[count]; //N个采样值累加
8. return sum/N;                       //返回滑动平均值
```

3. 一阶滞后滤波器

一阶滞后环节非常普遍，如电路中的 RC 滤波电路、LR 滤波电路等。以 RC 电路为例，传递函数为 $\frac{U_{out}(s)}{U_{in}(s)}=\frac{1}{RCs+1}$。如果用一阶后向差分法 $s=\frac{1-z^{-1}}{T_s}$ 将传递函数转换为差分方程，其中 T_s 表示采样周期，$U_{out}(t)$ 的离散值取 $y(n)$，$U_{in}(t)$ 的离散值取 $x(n)$，$a=\frac{T_s}{T_s+RC}$（a 称为滤波系数，$0<a\leqslant 1$），那么传递函数可以转换成

$$y(n)=ax(n)+(1-a)y(n-1) \tag{3-8}$$

式(3-8)的含义为：滤波结果 $=a\times$ 本次采样值 $+(1-a)\times$ 上次滤波结果。滤波系数 a 越小，滤波结果越平稳，但是灵敏度越低。滤波系数越大，灵敏度越高，但是滤波结果越不稳定。一阶滞后滤波法的优点是对周期性干扰具有良好的抑制作用，适用于波动频率较高的场合。缺点是滤波结果有相位滞后，灵敏度低，滞后程度取决于 a 值大小，不能消除滤波频率高于采样频率的 1/2 的干扰信号。具体程序如下：

```
1. #define a 0.2                               //a = 0～1
2. float value;
3. float filter()
4. {
5.   float new_value;
6.   new_value = get_ad();                     //new_value 为当前采样值
7.   return a * new_value + (1 - a) * value;   //返回一阶滞后滤波器的滤波值
8. }
```

4. 组合滤波器

中位值滤波器，将幅值滤波器推广到 N 个数，连续采样 N 次（N 取奇数），把 N 次采样值按大小排列，取中间值为本次有效值。

中位值平均滤波器，相当于“中位值滤波器”+“算术平均滤波器”，连续采样 N 个数据，去掉一个最大值和一个最小值，然后计算 $N-2$ 个数据的算术平均值。

限幅平均滤波器，相当于“限幅滤波器”+“滑动平均滤波器”，每次采样到的新数据先进行限幅处理，再送入队列进行滑动平均滤波处理。

加权递推平均滤波器，是滑动平均滤波器的改进，即不同时刻的数据加以不同的权。通常是，越接近当前时刻的数据，权系数取得越大。给予新采样值的权系数越大，则灵敏度越高，但信号平滑度越低。

3.4 参数估计

在实际的电力电子系统中，由于一些随机过程的存在，常常不能直接获得系统的状态参数，需要从夹杂着随机干扰的观测信号中分离出系统的状态参数，这一过程称为参数估计。常规的分离方法有最小二乘法、自适应陷波滤波器法、卡尔曼(Kalman)滤波法、快速傅里叶变换、最小均方误差法等。

3.4.1 最小二乘法

最小二乘法拟合直线，是将 N 个采样点值 y_i 拟合为一条直线，采用最简单的线性化模型 $y=ax+b$，式中 a,b 为待求系数。

拟合直线时采用最小二乘法可使误差水平最小，采样点 y_i 与拟合直线上对应的值之间有误差

$$r_i=ax_i+b-y_i$$

将 N 个样本的误差平方相加，即为最小二乘法的目标函数

$$J=\sum_{i=1}^{N}r_i^2=\sum_{i=1}^{N}(ax_i+b-y_i)^2$$

由于 a,b 是两个未知变量，求 J 的最小值的方法是令其对 a,b 的偏导数为0，即

$$\begin{cases}\dfrac{\partial J}{\partial a}=2\sum\limits_{i=1}^{N}(ax_i+b-y_i)x_i=0\\ \dfrac{\partial J}{\partial b}=2\sum\limits_{i=1}^{N}(ax_i+b-y_i)=0\end{cases}$$

$$\begin{cases}\left(\sum\limits_{i=1}^{N}x_i^2\right)a+\left(\sum\limits_{i=1}^{N}x_i\right)b=\sum\limits_{i=1}^{N}x_iy_i\\ \left(\sum\limits_{i=1}^{N}x_i\right)a+Nb=\sum\limits_{i=1}^{N}y_i\end{cases}$$

由上式求解得线性模型的系数 a 和 b 为

$$\begin{cases} a=\dfrac{N\sum\limits_{i=1}^{N}x_iy_i-\sum\limits_{i=1}^{N}x_i\sum\limits_{i=1}^{N}y_i}{N\sum\limits_{i=1}^{N}x_i^2-\sum\limits_{i=1}^{N}x_i\sum\limits_{i=1}^{N}x_i} \\ b=\dfrac{\sum\limits_{i=1}^{N}x_i^2\sum\limits_{i=1}^{N}y_i-\sum\limits_{i=1}^{N}x_i\sum\limits_{i=1}^{N}x_iy_i}{N\sum\limits_{i=1}^{N}x_i^2-\sum\limits_{i=1}^{N}x_i\sum\limits_{i=1}^{N}x_i} \end{cases} \tag{3-9}$$

最小二乘法拟合目标为一次函数 $y=ax+b$，若降阶简化为 0 次，则 $a=0$，$y=b$，此时 b 为数据 y_i 的平均值。同样方法可以用最小二乘法拟合二次函数 $y=ax^2+bx+c$ 或更高阶的函数。

根据样本数据，采用最小二乘估计式可以得到简单线性回归模型参数的估计量。假设输入数据 float x[DATA_NUM]，y[DATA_NUM]，其中 DATA_NUM 为数据长度，a，b 为线性回归模型参数，详细的最小二乘法的计算函数程序见 3.5.2 节。函数声明语句如下：

```
1. void leastsquare (float * x,float * y,unsigned char data_num,float * a,
   float * b);
```

3.4.2 卡尔曼滤波法

卡尔曼滤波法是一种利用线性系统状态方程，通过系统输入输出观测数据，对系统状态进行最优估计的算法。卡尔曼滤波不要求信号和噪声都是平稳过程的假设条件，对于每个时刻的系统扰动和观测误差（噪声），只要对其统计性质作某些适当的假定，通过对含有噪声的观测信号进行处理，就能在平均的意义上，求得误差为最小的真实信号的估计值。

卡尔曼滤波已经有很多不同的实现，卡尔曼滤波器最初的形式一般称为基本卡尔曼滤波器。除此以外，还有扩展卡尔曼滤波器（Extend Kalman Filter，简称 EKF）、信息滤波器等。

基本卡尔曼滤波器的方程推导步骤较多，很多文献都有多种方法的详细说明，在此仅列出卡尔曼滤波器的算法结果。卡尔曼滤波器的算法基本描述有 5 个基本公式，前 2 个是时间更新方程——预测更新，后 3 个是状态更新方程——测量更新，各公式所用参数及其意义列于表 3-2。

(1) 预测方程,先验证估计方程。

$$\boldsymbol{x}'_k=\boldsymbol{A}\boldsymbol{x}_{k-1}+\boldsymbol{B}\boldsymbol{u}_k \tag{3-10}$$

(2) 先验估计协方差。

$$\boldsymbol{P}'_k=\boldsymbol{A}\boldsymbol{P}_{k-1}\boldsymbol{A}^{\mathrm{T}}+\boldsymbol{Q} \tag{3-11}$$

(3) 卡尔曼增益(或卡尔曼系数)。

$$\boldsymbol{K}_k=\boldsymbol{P}'_k\boldsymbol{C}^{\mathrm{T}}(\boldsymbol{C}\boldsymbol{P}'_k\boldsymbol{C}^{\mathrm{T}}+R)^{-1} \tag{3-12}$$

(4) 更新误差相关矩阵,后验估计协方差。

$$\boldsymbol{P}_k=\boldsymbol{P}'_k-\boldsymbol{K}_k\boldsymbol{C}\boldsymbol{P}'_k \tag{3-13}$$

(5) 更新观测方程,后验状态估计值。

$$\boldsymbol{x}_k=\boldsymbol{x}'_k+\boldsymbol{K}_k(\boldsymbol{z}_k-\boldsymbol{C}\boldsymbol{x}'_k) \tag{3-14}$$

最后输出

$$\boldsymbol{y}=\boldsymbol{C}\boldsymbol{x}_k \tag{3-15}$$

表 3-2 卡尔曼滤波器各公式所用参数及其意义

参数	意义
$\boldsymbol{A}$	状态转移矩阵
$\boldsymbol{B}$	控制输入矩阵
$\boldsymbol{Q}$	系统过程的协方差,状态转移协方差矩阵。更信任模型估计值时,$\boldsymbol{K}$ 减小,$\boldsymbol{Q}$ 越小
$\boldsymbol{R}$	测量噪声协方差,一般可以观测得到。信任观测值时,应该让 $\boldsymbol{K}$ 增大,$\boldsymbol{R}$ 越小,$\boldsymbol{Q}$ 越大
$\boldsymbol{K}_k$	滤波增益矩阵,是滤波的中间计算结果
$\boldsymbol{z}_k$	测量值(观测值),是滤波的输入
$\boldsymbol{C}$	状态观测线性关系,是状态变量到测量(观测)的转换矩阵(或用符号 $\boldsymbol{H}$ 表示)
$\boldsymbol{P}$	$\boldsymbol{P}_{k-1}$,$\boldsymbol{P}_k$ 表示 $k-1$ 时刻和 k 时刻的后验估计协方差,即 $\boldsymbol{x}_{k-1}$,$\boldsymbol{x}_k$ 的协方差;$\boldsymbol{P}'_k$ 为 k 时刻的先验协方差,是滤波的中间计算结果
$\boldsymbol{x}$	$\boldsymbol{x}_{k-1}$,$\boldsymbol{x}_k$ 表示 $k-1$ 时刻和 k 时刻的后验状态估计值,更新后的结果,最优估计;$\boldsymbol{x}'_k$ 为 k 时刻的先验状态估计值,是滤波的中间计算结果

基本卡尔曼滤波的流程为先初始化参数,然后计算估计值。初始化参数:上次估计值为 0、当前估计协方差与当前测量协方差是任意不为 0 初值。计算估计值步骤:① 获得测量值($\boldsymbol{z}_k$);② 计算卡尔曼增益($\boldsymbol{K}_k$);③ 计算当前估计值 $\boldsymbol{x}_k$;④ 下次估计协方差 $\boldsymbol{P}'_k$ 和下次测量协方差 $\boldsymbol{R}$;⑤ 更新本次迭代的估计值、本次迭代的估计协方差和测量协方差;⑥ 返回本次估计值,也就是返回本次滤波之后的值 $\boldsymbol{x}_k$。

3.5 微控制器的信号滤波实现

3.5.1 STC8 实现限幅平均滤波器

准备一组数据作为采样信号，在此产生数据的方法是使用对称规则采样法，数据加入干扰信号。设载波比 $N=100$，调制比 $M=0.8$，信号中值 10 000（载波周期为 20 000 个计数脉冲时间），幅值 10 000，则高电平数组 tpwmh[] 有 100 个值，具体语句如下：

```
1. tpwmh[] = [10000,10502,11002,11499,11989,12472,12944,13406,13854,
   14286,14702,15099,15476,15831,16164,16472,16754,17010,17238,17438,
   17608,17748,17858,17936,17984,18000,17984,17936,17858,17748,17608,
   17438,17238,17010,16754,16472,16164,15831,15476,15099,14702,14286,
   13854,13406,12944,12472,11989,11499,11002,10502,10000,9497,8997,
   8500,8010,7527,7055,6593,6145,5713,5297,4900,4523,4168,3835,3527,
   3245,2989,2761,2561,2391,2251,2141,2063,2015,2000,2015,2063,2141,
   2251,2391,2561,2761,2989,3245,3527,3835,4168,4523,4900,5297,5713,
   6145,6593,7055,7527,8010,8500,8997,9497];
```

数据加入幅值为+/−1 000 的随机数作为噪声，得到新 tpwmh[]（参考测试程序 7 行～15 行）。

正常信号含噪声在 1 000～19 000 范围内，当某个数据有超限脉冲干扰时，需要做限幅处理（程序中将 tpwmh[] 中的第 4 行第 1 个数 18 006 数据改为 19 006 时，得到新的数组 ad_value[]，就需要执行限幅处理）。然后采用滑动平均的方法处理数据，平均长度 $N=8$。具体程序如下：

```
1.  #include "stc8.h"
2.  #include <stdio.h>
3.  #include "uart.h"
4.  #define N 8                              //N 滑动平均队列长度,可修改
5.  #define MAIN_Fosc        24000000L
6.
7.  int code ad_value[] = {9050, 9976, 11446, 12004, 11187, 11908,
```

```
8. 13363, 13380, 14496, 13357, 15666, 15417, 14865, 14940, 15640, 17275,
   17558, 17932,
9. 17722, 17942, 16863, 18047, 17455, 17684, 17539, 17478, 17542, 18049,
   17756, 16791,
10. 19006, 17021, 17063, 17421, 16676, 16898, 15294, 15228, 16211, 14234,
   14823, 14330,
11. 13505, 12554, 13168, 11582, 11176, 10579, 11515, 10861, 9901, 10180,
   8047, 9066,
12. 8419, 6673, 6871, 6877, 5370, 4717, 4716, 4412, 5149, 4623, 3304,
   3507,
13. 3799, 3829, 2280, 2943, 2746, 1911, 2505, 2998, 1606, 1859, 1375,
   2783,
14. 1980, 1626, 2943, 1784, 2599, 3305, 3976, 3280, 4192, 4255, 4901,
   4724,
15. 4952, 6645, 6675, 5884, 7617, 7283, 7178, 8959, 8660, 9244};
                                              //采样值数据
16.
17. int value_buf[N];                         //滤波器缓冲区
18. unsigned char ad_index;                   //采集数指针
19. unsigned char buf_index;                  //滤波器指针
20. int ad_temp;                              //当前AD采集值
21. /*----------------------获取采样值------------------------*/
22. int get_ad()
23. {
24.     ad_temp = ad_value[ad_index++];
25.     if(ad_index == 100)
26.         ad_index = 0;
27.     return ad_temp;
28. }
29. /*--------------------限幅滑动平均滤波函数-----------------*/
30. int filter()
31. {
32.   unsigned char count = 0;
33.     long int  sum = 0;
34.
35.   value_buf[buf_index] = get_ad();
```

```
36.  if (value_buf[buf_index]>19000)          //限幅滤波
37.    value_buf[buf_index] = 19000;
38.  if (value_buf[buf_index]<1000)
39.    value_buf[buf_index] = 1000;
40.
41.  buf_index++;
42.  if (buf_index == N)
43.        buf_index = 0;
44.
45.  for (count = 0; count<N; count++)          //滑动平均滤波
46.      sum += value_buf[count];
47.
48.  return (int)(sum/N);
49. }
50. /*---------------------延时函数------------------------*/
51. void Delay100us()                          //24.000 MHz 时钟频率
52. {
53.     unsigned char i, j;
54.
55.     i = 4;
56.     j = 27;
57.     do
58.     {
59.       while (--j);
60.     }while (--i);
61. }
62. /*---------------------main 函数-----------------------*/
63. void main(void)
64. {
65.     int fvalue;
66.     UART1_Init();                          //串口初始化
67.
68.     while(1)
69.     {
70.         fvalue = filter();
71.         printf("%d,%d\n",ad_temp,fvalue);//串口返回数据
```

```
72.         Delay100us();                          //可添加应用程序
73.     }
74. }
```

使用串口示波器，获得采样信号（深色）和滤波信号（浅色）的波形图如图 3-9 所示。可以看出浅色信号滤除了随机干扰信号和超限脉冲信号，接近采样信号，但滤波信号和输入信号相比有相位延迟。

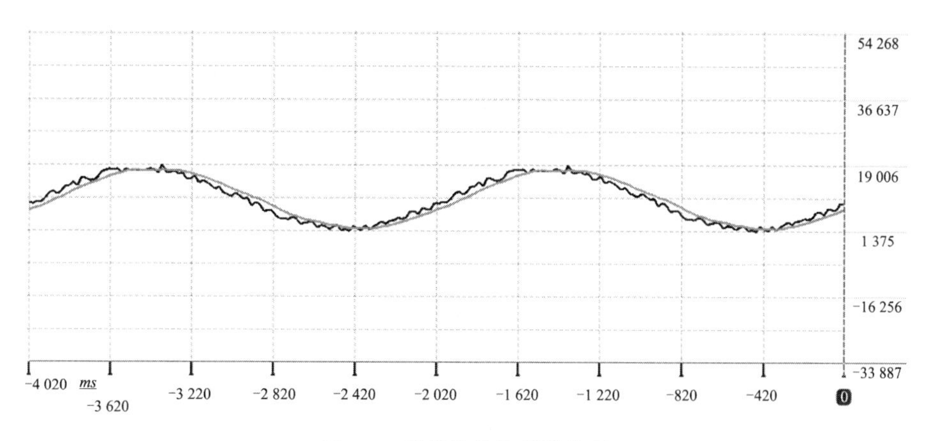

图 3-9 采样信号和滤波信号

3.5.2 STM32F4 实现最小二乘法

STM32F407 微控制器 HCLK 为 168 MHz，APB2 Peripheral Clocks 设为 84 MHz，PA9→USART1_TX，PA10→USART1_RX，波特率 115 200，8 位数据位，1 位停止位，无校验，串口 USART1 重定向。假定输入数据长度 DATA_NUM为 10，数字放在数组 x[]和数组 y[]，需要计算出拟合结果，用 LED 指示灯表示程序运行。具体程序如下：

```
1. /*********************************************/
2. /* Includes -----------------------------------------*/
3. #include "main.h"
4. #include "usart.h"
5. #include "gpio.h"
6. #include "stdio.h"
7. #define DATA_NUM  10
8. /* Private variables -----------------------------------*/
9. /* USER CODE BEGIN PV */
```

```
10. float x[10] = {208, 152, 113, 227, 137, 238, 178, 104, 191, 130};
11. float y[10] = {21.6, 15.5, 10.4, 31.0, 13.0, 32.4, 19.0, 10.4, 19.0, 11.8};
12. /* USER CODE END PV */
13. /* Private function prototypes ---------------------------------*/
14. void SystemClock_Config(void);
15. void leastsquare(float *x, float *y, unsigned char data_num, float
     *a, float *b);     //最小二乘法函数声明
16. /* USER CODE BEGIN PFP */
17. void leastsquare(float *x, float *y, unsigned char data_num, float *a,
    float *b)
18. {
19.     float t1 = 0, t2 = 0, t3 = 0, t4 = 0;
20.     for(int i = 0; i<data_num; i++)
21.       {
22.         t1 += x[i] * x[i];
23.         t2 += x[i];
24.         t3 += x[i] * y[i];
25.         t4 += y[i];
26.       }
27.     *a = (t3 * data_num - t2 * t4)/(t1 * data_num - t2 * t2);
                                                          //求系数 a
28.     *b = (t1 * t4 - t2 * t3)/(t1 * data_num - t2 * t2);
                                                          //求系数 b
29. }
30. /* USER CODE END PFP */
31. int main(void)
32. {
33.   HAL_Init();
34.   SystemClock_Config();
35.   MX_GPIO_Init();
36.   MX_USART1_UART_Init();
37.   /* USER CODE BEGIN 2 */
38.   int i = 0;
39.   float a,b;
40.   leastsquare(x, y, DATA_NUM, &a, &b);
41.   printf("%.3f, %.3f\n", a, b);                     //打印拟合系数
```

```
42.  for(i = 0; i<DATA_NUM; ++i)
43.  {
44.      printf("%.3f,%.3f,%.3f\n",x[i], y[i], a * x[i] + b);
                                                    //打印原始数和拟合值
45.  }
46.  /* USER CODE END 2 */
47.
48.  /* Infinite loop */
49.  /* USER CODE BEGIN WHILE */
50.  while (1)
51.  {
52.      HAL_GPIO_TogglePin(LED_1_GPIO_Port, LED_1_Pin);
                                                    //程序运行指示灯
53.      HAL_Delay(500);
54.  /* USER CODE END WHILE */
55.
56.    /* USER CODE BEGIN 3 */
57.  }
58.  /* USER CODE END 3 */
59. }
60. /*********************************************/
```

运行程序，在串口收到数据。

0.161，−8.645

208.000,21.600,24.892

152.000,15.500,15.862

113.000,10.400,9.574

227.000,31.000,27.955

137.000,13.000,13.444

238.000,32.400,29.729

178.000,19.000,20.055

104.000,10.400,8.123

191.000,19.000,22.151

130.000,11.800,12.315

第一行数据为系数 a 和 b，则 $y=0.161x-8.645$。根据其余数据画出散点图(图 3-10),直线为拟合结果,浅色点为输入数据 x[]和 y[]。

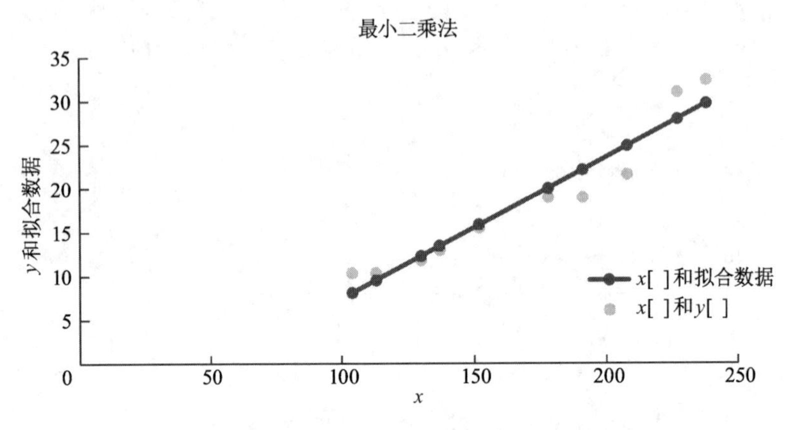

图 3-10 最小二乘法数据和拟合直线图

3.5.3 STM32F4 微控制器实现卡尔曼滤波器

STM32F407 微控制器 HCLK 为 168 MHz,将 3.5.1 节中带噪声的数组 ad_value[]作为输入信号,采用卡尔曼滤波器实现滤波,输出采样信号和滤波信号。具体程序如下:

```
1. /************************************************/
2. #include "main.h"
3. #include "usart.h"
4. #include "gpio.h"
5. #include "stdio.h"
6. void SystemClock_Config(void);
7. float ad_value[] = {9050, 9976, 11446, 12004, 11187, 11908,
8. 13363, 13380, 14496, 13357, 15666, 15417, 14865, 14940, 15640, 17275,
   17558, 17932,
9. 17722, 17942, 16863, 18047, 17455, 17684, 17539, 17478, 17542, 18049,
   17756, 16791,
10. 19006, 17021, 17063, 17421, 16676, 16898, 15294, 15228, 16211, 14234,
   14823, 14330,
11. 13505, 12554, 13168, 11582, 11176, 10579, 11515, 10861, 9901, 10180,
   8047, 9066,
12. 8419, 6673, 6871, 6877, 5370, 4717, 4716, 4412, 5149, 4623,
   3304, 3507,
```

```
13. 3799, 3829, 2280, 2943, 2746, 1911, 2505, 2998, 1606, 1859,
    1375, 2783,
14. 1980, 1626, 2943, 1784, 2599, 3305, 3976, 3280, 4192, 4255,
    4901, 4724,
15. 4952, 6645, 6675, 5884, 7617, 7283, 7178, 8959, 8660, 9244};
                                                    //采样值数据
16. /*-------------------------------------------------------*/
17. unsigned char ad_index;                             //采集数指针
18. float get_ad(){
19. float ad_temp;
20.     ad_temp = ad_value[ad_index++];
21.     if(ad_index == 100)
22.         ad_index = 0;
23.     return ad_temp;
24. }
25. float X_pre, P_pre, X_kalman_last, P_kalman_last, X_kalman = 9000,
     P_kalman = 50;                                     //赋初值
26. float H, Q = 0.3, R = 0.7;
27. float x_mea, x_est;
28. /*-------------------------------------------------------*/
29. float Kalman_Filter(float newMeaValue) {
30.
31.     x_mea = get_ad();
32.
33.     P_kalman_last = P_kalman;                       //获取上一个 P
34.     X_kalman_last = X_kalman;                       //获取上一个 X
35.
36.     X_pre = X_kalman_last;                          //A = 1, B = 0,C = 1
37.     P_pre = P_kalman_last + Q;
38.     H = P_pre/(P_pre + R);
39.     P_kalman = P_pre - H * P_pre;
40.     X_kalman = X_pre + H * (x_mea - X_pre);         //X_kalman 输出
41.
42.     return X_kalman;
43. }
44. /*-------------------------------------------------------*/
```

```
45. int main(void)
46. {
47.   HAL_Init();
48.   SystemClock_Config();
49.   MX_GPIO_Init();
50.   MX_USART1_UART_Init();
51.   /* USER CODE BEGIN 2 */
52.     for (int i = 0; i<100; i++)
53.     {
54.         x_est = Kalman_Filter(x_mea);
55.         printf("%.3f, %.3f\n", x_mea, x_est);
56.     }
57.   /* USER CODE END 2 */
58.   while (1)
59.   {
60.       HAL_GPIO_TogglePin(LED_1_GPIO_Port, LED_1_Pin);
61.       HAL_Delay(500);
62.   }
63. }
64. /*************************************************/
```

程序中，假设系统矩阵参数 $A=1$，$B=0$，$C=1$，X_kalman 初始值(9000)取 ad_value 的中值 9050 附近，P_kalman 取 50，Q 取 0.3，R 取 0.7，Q 和 R 的取值可以调节。当更信任模型估计值时(模型估计基本没有误差)，需要 H(同滤波增益 $\boldsymbol{K}_k$)小一点，因此将 R 取大一点、Q 取小一点。当更信任观测值时(模型估计误差较大)，需要 H 大一点，因此将 R 取小一点、Q 取大一点。

以程序中所设参数运行，程序执行结果如图 3-11 所示。

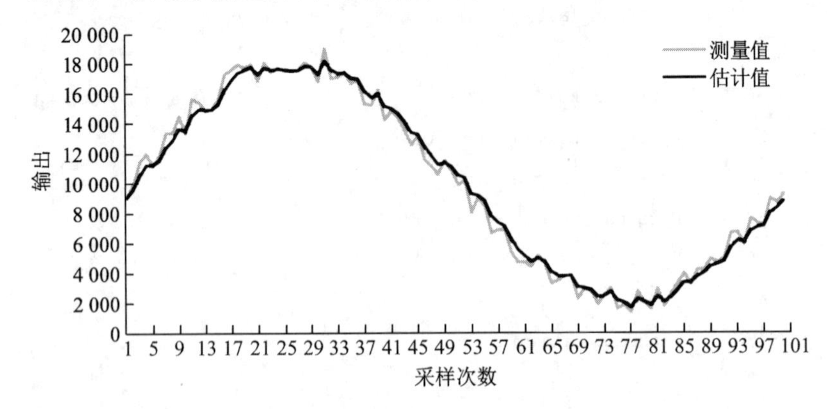

图 3-11 卡尔曼滤波程序执行结果

3.5.4 STM32F4 实现卡尔曼估计值输出

卡尔曼滤波器输出估计值，不计算方差，可以简化计算。四个参数为 x_mea 测量值，x_est 估计值，e_est 估计误差，e_mea 测量误差。根据卡尔曼公式(3-14)($C=1$)更新观测方程的后验状态估计值：

$$x\_est_k = x\_est_{k-1} + K_k(x\_mea_k - x\_est_{k-1})$$

$$K_k = \frac{x\_est_k - x\_est_{k-1}}{x\_mea_k - x\_est_{k-1}} = \frac{e\_est_{k-1}}{e\_est_{k-1} + e\_mea_k}。$$

float RandomNumGenerator (int base, int range)函数产生随机值，作为验证程序的测量输入。具体程序如下：

```
1. /**********************************************/
2. #include "main.h"
3. #include "usart.h"
4. #include "gpio.h"
5. #include "stdio.h"
6. #include <stdlib.h>
7. #include <time.h>
8. #define Kk_calc(x,y)   (x)/(x+y)
9. typedef struct KalmanFilter {
10.     float x_mea;                              //测量值
11.     float x_est;                              //估计值
12.     float e_mea;                              //测量误差
13.     float e_est;                              //估计误差
14.     float Kk;                                 //Kalman 增益
15. }KalmanFilter;
16. void SystemClock_Config(void);
17. KalmanFilter ktest;
18. /*--------------------产生测量值------------------------*/
19. float RandomNumGenerator(int base, int range)
20. {
21.     float k = 0.0;
22.     float randomNum = 0.0;
23.     k = 2 * range * 10;
24.     randomNum = rand() % (int)k;
25.     k = base - range + (randomNum/10);
```

```
26.     return k;
27. }
28. void BoostRandomNumGenerator() {
29.     srand((unsigned)time(NULL));
30. }
31. /*-------------------Kalman 初始化和更新--------------------*/
32. void Kalman_Init(KalmanFilter *kalmanFilter, float FirstMeaValue,
     float E_mea, float FirstEstValue, float E_est) {
33.     kalmanFilter->x_est = FirstEstValue;
34.     kalmanFilter->x_mea = FirstMeaValue;
35.     kalmanFilter->e_est = E_est;
36.     kalmanFilter->e_mea = E_mea;
37.     kalmanFilter->Kk = Kk_calc(kalmanFilter->e_est, kalman Filter->
        e_mea);
38. }
39. void Kalman_Update(KalmanFilter *kalmanFilter, float newMeaValue) {
40.     float temp = kalmanFilter->e_est;
41.     kalmanFilter->x_est = kalmanFilter->x_est + kalmanFilter->
        Kk * (newMeaValue - kalmanFilter->x_est);
42.     kalmanFilter->x_mea = newMeaValue;
43.     kalmanFilter->Kk = Kk_calc(kalmanFilter->e_est, kalmanFilter->
        e_mea);
44.     kalmanFilter->e_est = (1 - kalmanFilter->Kk) * temp;
45. }
46. /*-------------------------------------------------------*/
47. int main(void)
48. {
49.   HAL_Init();
50.   SystemClock_Config();
51.   MX_GPIO_Init();
52.   MX_USART1_UART_Init();
53.     BoostRandomNumGenerator();
54.     Kalman_Init(&ktest, 51.0, 3.0, 40, 5);
55.     for (int i = 0; i<10; i++)
56.     {
57.         Kalman_Update(&ktest, RandomNumGenerator(40, 4));
```

```
58.            printf("%.3f, %.3f\n", ktest.x_mea, ktest.x_est);
59.        }
60.    while (1)
61.    {
62.        HAL_GPIO_TogglePin(LED_1_GPIO_Port, LED_1_Pin);
63.        HAL_Delay(500);
64.    }
65. }
66. /**********************************************/
```

运行程序,收到数据如下,画出波形如图 3-12 所示。

39.100, 39.438

42.800, 41.539

43.700, 42.370

36.300, 40.684

42.000, 40.970

43.700, 41.458

41.200, 41.419

43.400, 41.679

36.400, 41.065

42.700, 41.236

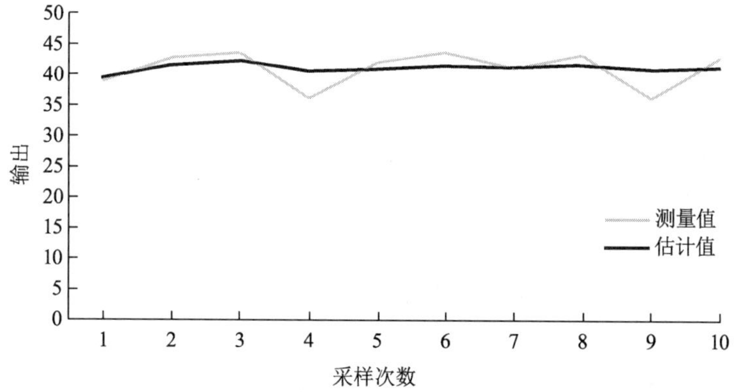

图 3-12 卡尔曼滤波器测量值和估计值波形图

4 反馈控制

4.1 闭环系统

4.1.1 基本概念和方法

控制系统可分为开环控制系统和闭环控制系统。闭环控制系统的特点是系统被控对象的输出(被控制量)会反送至输入端,形成一个或多个闭合环路,并且影响控制器的输出,如图 4-1 所示。闭环控制系统有正反馈和负反馈,若反馈信号与系统给定值信号相反,则称为负反馈,一般闭环控制系统均采用负反馈。

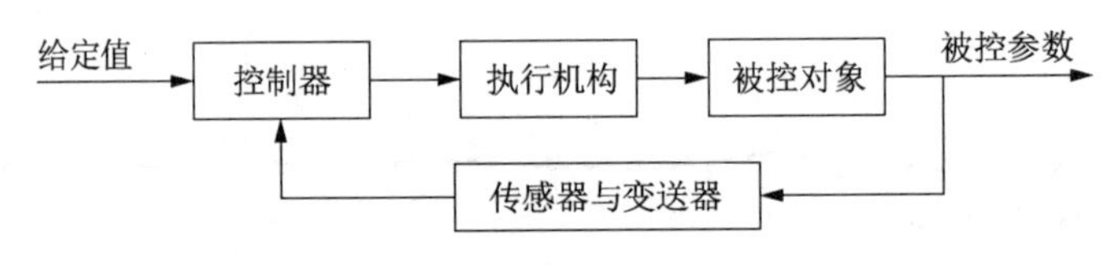

图 4-1 闭环控制系统

闭环控制系统有稳定性、精确性、快速性三个基本要求,可以用稳、准、快三个字来描述。由于控制对象的具体情况不同,各种系统对稳定、精确、快速这三方面的要求是各有侧重的。例如,调速系统对稳定性要求较严格,而随动系统则对快速性提出较高的要求。

系统的响应指输入某种信号后系统输出信号。典型的系统输入信号(给定值)有脉冲信号、阶跃信号、斜坡信号、加速度信号、正弦信号等。阶跃信号是一个常用的输入信号,阶跃响应是阶跃信号输入系统时系统输出信号。

分析信号时会用到不同的“域”,如时域、频域、复频域、z 域。时域描述数学函数或物理信号对时间的关系,频域是描述信号在频率方面的特性。例如，对于一个信号来说，时域波形可以表达信号随着时间的变化，频域信号表达由哪些单一频率的信号合成。复频域是把时域函数通过拉普拉斯变换（Laplace Transformation，拉氏变换）获得的，也就是 s 域（复频域）。s 平面可以表示复频域。引入 $s=\sigma+j\omega$（σ，ω 均为实数），以 s 为基本信号，任意信号可分解为众多不同复频率的复指数分量，而线性系统的零状态响应是输入信号所引起响应的积分（拉普拉斯变换）。拉普拉斯变换可以计算微分方程，微分方程反映的是连续时间信号作用于线性时不变系统的时域响应关系。

时域的离散化，是指 n 倍的采样时间代替连续时间，n 为整数值。z 域是对离散时间系统的描述，其来源于连续系统的拉氏变换。z 变换是对采样函数拉氏变换的变形，$z=re^{j\omega}$，z 分成模和角度两部分。对连续时间系统进行采样，并对采样信号进行处理的空间域就称为 z 域。它能将 s 域的无限面映射到 z 域的圆内，变无限为有限。z 变换则可以算作离散的拉普拉斯变换，主要用于计算差分方程。

时域和频域之间使用傅里叶变换和反变换进行转换，时域和复频域之间用拉普拉斯变换和反变换进行转换，时域和 z 域之间用 z 变换和反变换进行转换。相对傅立叶变换来说，收敛域 s 域是带状的，z 域是圆环。

传递函数是指零初始条件下线性系统响应（输出）量的拉氏变换（或 z 变换）与激励（输入）量的拉普拉斯变换之比，有连续函数和离散函数两种表达方式。如 $G(s)=\dfrac{U(s)}{R(s)}$，其中 $U(s)$，$R(s)$ 分别为输出量和输入量的拉普拉斯变换。系统的传递函数与描述其运动规律的微分方程是对应的，可根据组成系统各单元的传递函数和它们之间的联结关系导出整体系统的传递函数，也可通过引入已知输入量并研究系统输出量的实验方法，确定系统的传递函数。

4.1.2 PID 原理

在工程实际中，应用最为广泛的调节器控制规律为比例（Proportional）、积分（Integral）、微分（Differential）控制及其线性组合，称为比例-积分-微分控制，简称 PID 控制或 PID 调节。

采用 PID 控制规律制作的调节器称为 PID 控制器。PID 控制器因结构简单、稳定性好、工作可靠、调整方便而成为一种主要的工业控制器。当被控对象的结构和参数不能被完全掌握，或得不到精确的数学模型时，系统控制器的结构和参数必须依靠经验和现场调试来确定，这时应用 PID 控制技术最为方便。

设系统给定值 $r(t)$，实际输出值 $c(t)$，则误差

$$e(t)=r(t)-c(t) \tag{4-1}$$

1. 比例(P)控制

比例控制是一种最简单的控制方式。比例作用P只与偏差成正比，其控制器的输出与输入误差信号成比例关系。

$$u(t)=K_P e(t) \tag{4-2}$$

式中，K_P 为比例控制系数。

比例控制能迅速反应误差，从而减少稳态误差。误差信号作为输入，经过比例控制环节后其响应为阶跃信号（幅值 K_P 倍），K_P 取常数。根据经典控制理论的分析（同期望输出的响应），误差 $e(t)$ 和比例控制 $u(t)$ 的波形如图4-2所示。除了系统控制输入为0和系统过程值等于期望值这两种情况，比例控制都有稳态误差。当期望值变化时，系统过程值将产生不同的稳态误差。但是，比例控制不能消除稳态误差。加大比例放大系数 K_P，会引起系统不稳定。

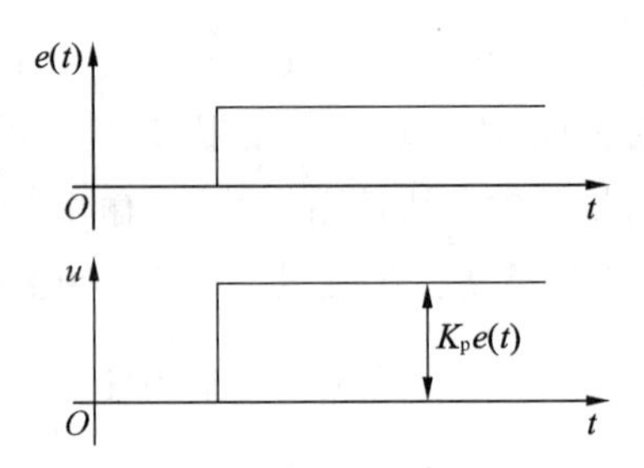

图4-2 P控制系统信号与响应

2. 积分(I)控制

在积分控制中，控制器的输出与输入误差信号的积分成正比关系。

$$u(t)=\frac{1}{T_I}\int_0^t e(\tau)\mathrm{d}\tau \tag{4-3}$$

式中，T_I 为积分时间常数。经过积分控制环节后其相应的输出，如图4-3(a)所示。

比例+积分(PI)控制，可以使系统在进入稳态后无稳态误差。经过PI控制后其相应的输出 $u(t)$，如图4-3(b)所示。

$$u(t)=K_P\left[e(t)+\frac{1}{T_I}\int_0^t e(\tau)\mathrm{d}\tau\right] \tag{4-4}$$

对一个自动控制系统，如果在进入稳态后存在稳态误差，则称这个控制系统是有稳态误差的或简称有差系统(System with Steady-State Error)。为

了消除稳态误差，在控制器中引入积分环节 I。积分环节对误差作用取决于时间的积分，随着时间的增加，积分项增大，消除静差，提高系统的无差度。即便误差很小，积分项也会随着时间的增加而加大，推动控制器的输出增大使稳态误差进一步减小，直到等于零。积分作用的强弱取决于积分时间常数 T_I，T_I 越大，积分作用越弱，反之则越强。

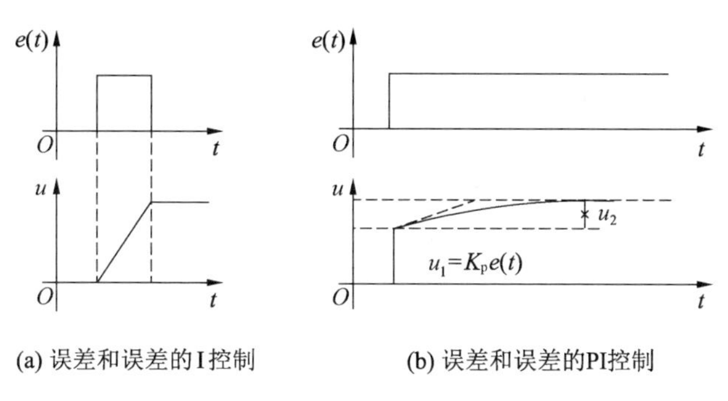

(a) 误差和误差的I控制　　(b) 误差和误差的PI控制

图 4-3　I 控制和 PI 控制的阶跃响应

3. 微分(D)控制

在微分控制中，控制器的输出与输入误差信号的微分（误差的变化率）成正比关系。

$$u(t)=T_D\frac{de(t)}{dt} \tag{4-5}$$

式中，T_D 为微分时间常数。

经过微分控制环节后其相应输出 u 的波形图如图 4-4(a)所示。微分环节能反应偏差信号的变化趋势（变化速率），并能在偏差信号的值变得太大之前，在系统中引入一个有效的早期修正信号，从而加快系统的动作速度，减少调节时间。

闭环微分控制系统，在克服误差的调节过程中，可能会出现振荡甚至失稳。其原因是存在较大惯性组件（环节）或滞后组件，具有抑制误差的作用，其变化总是落后于误差的变化。解决的办法是使抑制误差作用的变化“超前”，即在误差接近零时，抑制误差的作用就是零。

在控制器中既引入“比例”项，放大误差的幅值，又需要增加“微分项”，它能预测误差变化的趋势。具有比例＋微分的控制器，就能够提前使抑制误差的控制作用等于零，甚至为负值，从而避免了被控量的严重超调。所以，对有较大惯性或滞后组件的被控对象，比例＋微分(PD)控制器能改善系统在调节过程中的动态特性。

$$u(t)=K_P\left[e(t)+T_D\frac{de(t)}{dt}\right] \tag{4-6}$$

经过PD控制环节后其相应为输出 u，如图4-4(b)所示。

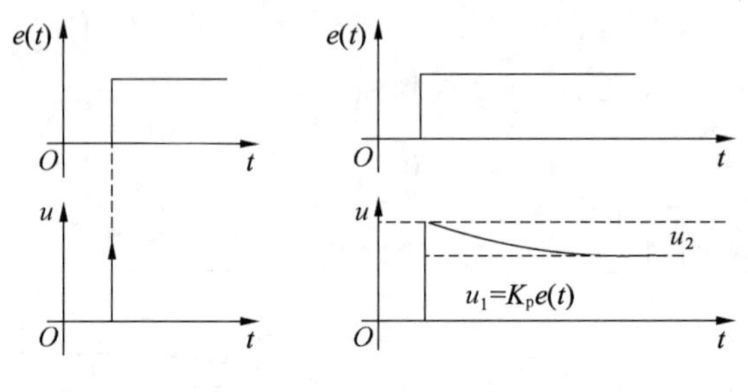

图4-4 D控制和PD控制系统响应图

4. PID控制

PID控制器是一种线性控制器，它将给定值 $r(t)$ 与实际输出值 $c(t)$ 的偏差 $e(t)$ 的比例、积分、微分通过线性组合，对控制对象进行控制。图4-5是PID控制系统的基本框图。

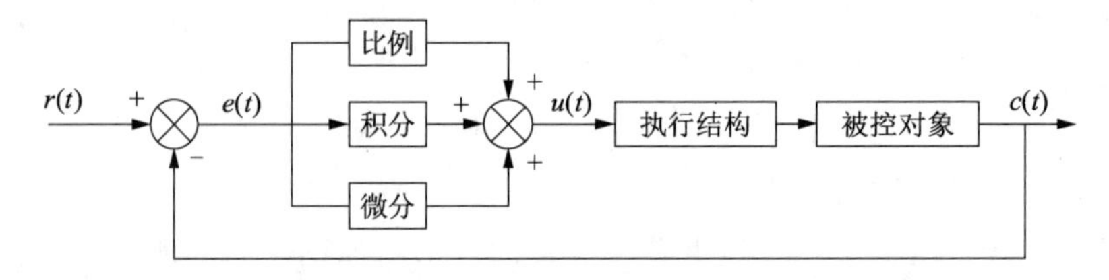

图4-5 PID控制系统的基本框图

PID控制器的输出

$$u(t)=K_P\left[e(t)+\frac{1}{T_I}\int_0^t e(\tau)d\tau+T_D\frac{de(t)}{dt}\right] \tag{4-7}$$

或

$$u(t)=K_Pe(t)+K_I\int_0^t e(\tau)d\tau+K_D\frac{de(t)}{dt} \tag{4-8}$$

式中，误差 $e(t)=r(t)-c(t)$；积分系数 $K_I=K_P/T_I$，微分系数 $K_D=K_PT_D$。

根据式(4-7)，PID的传输函数为

$$D(s)=\frac{U(s)}{E(s)}=K_P\left(1+\frac{1}{T_Is}+T_Ds\right) \tag{4-9}$$

PID控制系统的阶跃响应比较如图4-6所示。

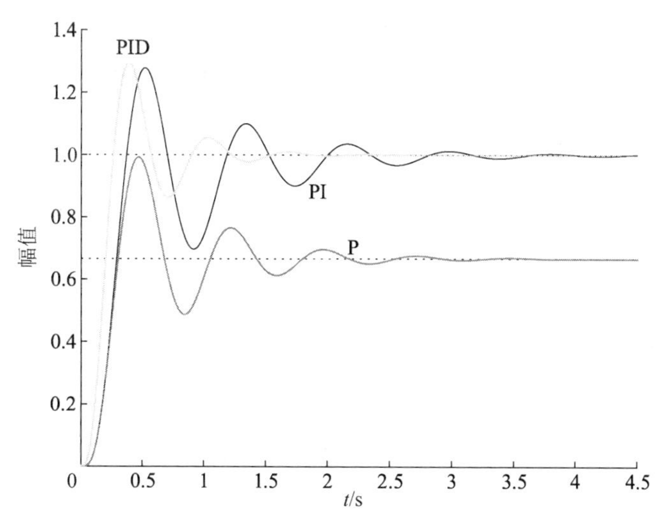

图 4-6 PID 控制系统的阶跃响应比较

因为在 PID 控制中引入了微分项和积分项，系统增加了零点和极点，使之成为一阶或一阶以上的系统。通过调节 PID 的参数，系统阶跃响应的稳态误差可达到零。PID 控制解决了过程控制系统的稳、准、快的基本要求，在系统稳定的前提下，兼顾了系统的带载能力和抗干扰能力。

由于自动控制系统的被控对象千差万别，PID 的参数也必须随之变化，以满足系统的性能要求，使得调整 PID 的参数存在很多困难。

4.1.3 各个校正环节的作用

PID 控制器是一种线性控制器，它根据给定 $r(t)$ 与实际输出值 $c(t)$ 构成控制偏差 $e(t)$ 控制。PID 控制器各个校正环节的作用如下。

1. 比例环节

成比例的反映控制系统的偏差信号 $e(t)$ 出现时，控制器立即产生控制作用，使被 PID 控制的对象朝着使偏差减小的方向变化。其控制作用的强弱取决于比例系数 K_P 的大小，K_P 值越大，则过渡过程越短，控制结果的静态偏差也越小。加大 K_P 虽然可以减小偏差，但是 K_P 过大会导致系统的超调量增大或产生振荡现象，最终使系统的动态性能变差。

2. 积分环节

主要用于消除静差，提高系统的无差度。从积分环节的数学表达式可以看出，只要存在偏差，误差积分值就会不断增加。积分作用的强弱取决于积分时间常数 T_I 的大小，T_I 越大，则积分作用越弱，反之则越强。当 T_I 较大

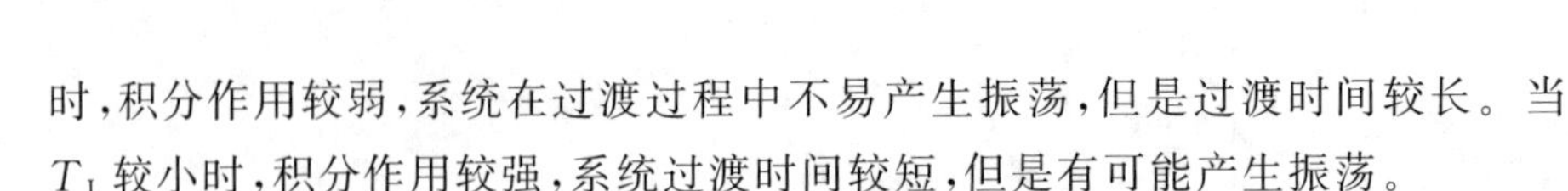

时，积分作用较弱，系统在过渡过程中不易产生振荡，但是过渡时间较长。当 T_I 较小时，积分作用较强，系统过渡时间较短，但是有可能产生振荡。

3. 微分环节

微分环节反映偏差信号的变化趋势（变化速度），能在偏差信号变得太大之前，在系统中引入一个有效的早期修正信号，从而加快系统的动作速度，减少调节时间。微分部分作用的强弱由微分时间常数 T_D 的大小决定，T_D 越大，则抑制偏差变化的作用越强，反之则越小。同时 T_D 的大小对系统的稳定性也有很大的影响。

4.2 PID 控制技术

4.2.1 数字 PID 控制

为了微控制器能够实现式(4-9)的 PID 控制算法，必须将其离散化，用离散的差分方程来代替连续系统的微分方程。T_s 为采样周期，k 为采样序号，$k=0,1,2,\cdots,n$ 将连续的时间离散化，即

$$t=kT_s \quad (k=0,1,2,\cdots,n) \tag{4-10}$$

积分用累加求和近似得

$$\int_0^t e(\tau)\mathrm{d}\tau \approx \sum_{j=0}^{k} e(j)T_s = T_s\sum_{j=0}^{k} e(j) \tag{4-11}$$

式中，$e(j)$为采样时刻 j 时的偏差值。

微分用一阶后向差分近似，得

$$\frac{\mathrm{d}e(t)}{\mathrm{d}t} \approx \frac{e(k)-e(k-1)}{T_s} \tag{4-12}$$

式中，$e(k)$为系统第 k 次采样时刻的偏差值，$e(k-1)$为系统第$(k-1)$次采样时刻的偏差值。

将式(4-11)和式(4-12)代入式(4-7)中可以得到离散的 PID 表达式：

$$u(k)=K_P\left\{e(k)+\frac{T_s}{T_I}\sum_{j=0}^{k} e(j)+\frac{T_D}{T_s}[e(k)-e(k-1)]\right\} \tag{4-13}$$

式中，输出量为完整的全量值输出，对应于被控对象的执行机构每次采样时刻应达到的位置，因此式(4-13)描述的控制算法被称为位置式 PID 控制算法。位置式 PID 控制算法计算时要对 $e(j)$量进行累加，同时微控制器输出控制量

$u(k)$对应于执行机构的实际位置偏差。因为在计算 $u(k)$时需要对 $e(j)$进行累加,所以 $u(k)$可能出现较大的变化,进而引起执行机构位置的大幅变化,这种情况在需要高控制精度的倒立摆控制系统中是绝对不允许的。为避免这种情况的出现,可采用增量式 PID 控制算法。

对于式(4-13)利用递推公式可以得到

$$u(k-1)=K_{\mathrm{P}}\left\{e(k-1)+\frac{T_{\mathrm{s}}}{T_{\mathrm{I}}}\sum_{j=0}^{k-1}e(j)+\frac{T_{\mathrm{D}}}{T_{\mathrm{s}}}[e(k-1)-e(k-2)]\right\} \tag{4-14}$$

将式(4-13)和式(4-14)相减可以得到

$$\Delta u(k)=u(k)-u(k-1) \tag{4-15}$$

式中,$u(k-1)$为控制开始前的控制初值,$\Delta u(k)$为控制增量,$u(k)$为实际的控制量。

$$\Delta u(k)=K_{\mathrm{P}}[e(k)-e(k-1)]+K_{\mathrm{I}}e(k)+K_{\mathrm{D}}[e(k)-2e(k-1)+e(k-2)] \tag{4-16}$$

或

$$\Delta u(k)=a_0e(k)+a_1e(k-1)+a_2e(k-2) \tag{4-17}$$

式中,$a_0=K_{\mathrm{P}}\left(1+\frac{T_{\mathrm{s}}}{T_{\mathrm{I}}}+\frac{T_{\mathrm{D}}}{T_{\mathrm{s}}}\right)$,$a_1=-K_{\mathrm{P}}\left(1+\frac{2T_{\mathrm{D}}}{T_{\mathrm{s}}}\right)$,$a_2=-K_{\mathrm{P}}\frac{T_{\mathrm{D}}}{T_{\mathrm{s}}}$,$e(k)$为当前实际的误差值,$e(k-1)$和 $e(k-2)$为前一时刻和再前一时刻的误差值。

4.2.2 PID 控制算法改进

1. 比例先行控制算法

为了消除比例冲击而对基本 PID 控制器模型进行了一些改变,使其可以用数字方法对设定值进行快速和准确的设定,微分动作和比例动作对设定值均不起作用。比例先行 PID 控制算法框图如图 4-7 所示。

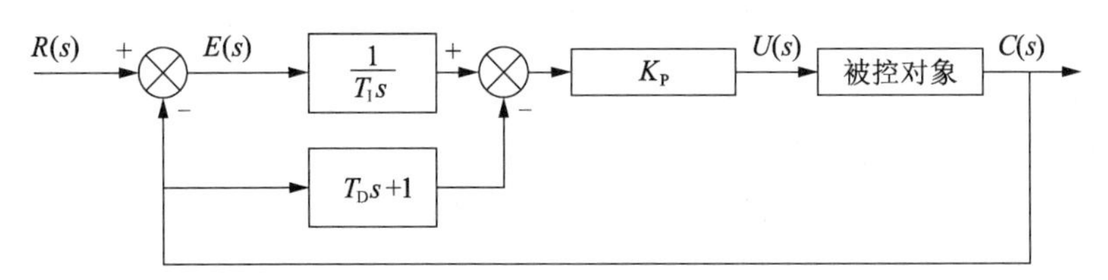

图 4-7 比例先行 PID 控制算法框图

比例先行 PID 算法:

$$u(t)=u_0+K_{\mathrm{P}}\left[-c(t)+\frac{1}{T_{\mathrm{I}}}\int_0^t e(\tau)\mathrm{d}\tau-T_{\mathrm{D}}\frac{\mathrm{d}c(t)}{\mathrm{d}t}\right] \tag{4-18}$$

比例项与输出的测量值有关，微分项与输出的测量值增量有关。算法的实现，可以将式(4-18)中的积分用累加求和，微分用一阶后向差分，获得差分方程，然后用差分方程编程计算。

2. 微分先行算法

微分动作是建立在对未来时刻误差大小的估计基础之上的。当设定值不变时，微分不起作用。而当数字调节器的设定值调整时，属于阶跃突变，因而微分也不具有预测作用，而且还会给过程造成冲击。微分先行算法用于设定值会频繁改变的过程对象，防止设定值的频繁波动造成系统的不稳定。这种控制对于改善系统的动态特性是有好处的，但势必影响输出响应的速度。微分先行控制算法框图如图 4-8 所示，微分项与输出的测量值增量有关。

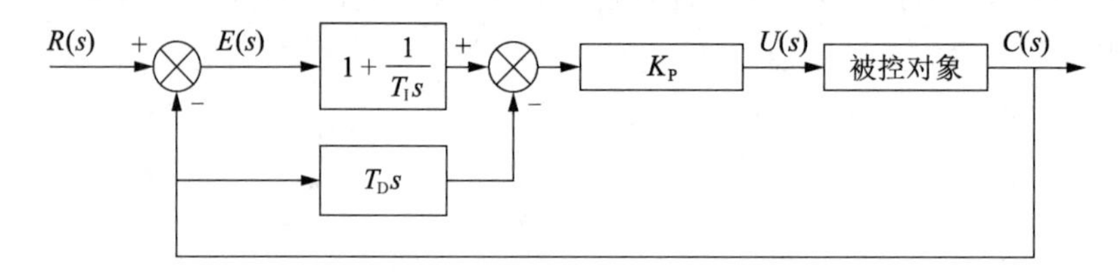

图 4-8　PI-D 控制算法框图

对纯滞后对象，微分效果不理想也是同样的道理。

$$u(t)=u_0+K_P\left[e(t)+\frac{1}{T_I}\int_0^t e(\tau)\mathrm{d}\tau-T_D\frac{\mathrm{d}c(t)}{\mathrm{d}t}\right] \tag{4-19}$$

商品化的 PID 控制器大都是以微分先行(PI-D)控制算法为基础的。

3. 积分分离 PID 算法

若积分作用太强，会使系统产生过大的超调量，振荡剧烈，且调节时间过长。在启动、结束或大幅度增减设定时，短时间内系统输出有很大的偏差，会造成 PID 运算的积分积累，导致控制量超过执行机构可能允许的最大动作范围对应极限控制量，从而引起较大的超调，甚至是振荡，对某些系统来说这是不允许的。为了克服这个缺点，可以采用积分分离的方法，即在系统误差较大时，取消积分作用，在误差减小到一定值后，再加上积分作用。这样就可以既减小超调量，改善动态特性，又保持积分作用。

其具体实现步骤：① 根据具体系统，人为设定阈值 $\Delta>0$。② 当 $|e(k)|>\Delta$ 时，采用 PD 控制。③ 当 $|e(k)|\leqslant\Delta$ 时，采用 PID 控制。

积分分离控制算法可表示为

$$u(k)=K_Pe(k)+\alpha K_I\sum_{j=0}^{k}e(j)T_s+\frac{K_D}{T_s}[e(k)-e(k-1)] \tag{4-20}$$

式中，T_s 为采样时间，α 为积分项的开关系数：

$$\alpha=\begin{cases}1, & |e(k)|\leqslant\Delta \\ 0, & |e(k)|>\Delta\end{cases}$$

C 语言实现比较简单，只需要将判断程序语句添加到 PID 计算之前。设阈值 $\Delta=200$，err 为当前误差，err_last 为前一次误差，index 为积分分离标志。具体程序如下：

```
1. if(abs(err)>200)
2. {
3.       index = 0;
4. }else
5. {
6.       index = 1;
7.       integral + = err;
8. }
9. pidvoltage = Kp * err + index * Ki * integral + Kd * (err - err_last);
                                                              //PID 运算
```

4. 不完全微分 PID 控制算法

在 PID 控制中，微分信号的引入可改善系统的动态特性，但也易引进高频干扰，在误差扰动突变时尤其显出微分项的不足。若在控制算法中加入低通滤波器，则可使系统性能得到改善。不完全微分 PID 的结构，将低通滤波器直接加在微分环节上，或者将低通滤波器加在整个 PID 控制器之后。

5. 带死区的 PID 控制算法

$e(k)$为位置跟踪偏差，当$|e(k)|\leqslant|e_0|$时，$e(k)=0$；当$|e(k)|>|e_0|$时，$e(k)=e(k)$。其中，e_0 是一个可调参数，其具体数值可根据实际控制对象由实验确定。若 e_0 太小，会使控制动作过于频繁，达不到稳定被控对象的目的；若 e_0 太大，则系统将产生较大的滞后。

还有其他改进方法，也会在系统中使用。

4.2.3 PID 整定

比例系数加大，使系统的动作灵敏，速度加快，振荡次数增多，调节时间变长。当比例系数太大时，系统会趋于不稳定。加大比例系数，在系统稳定的情况下，可以减小余差，提高控制精度，却不能完全消除余差。

PI控制是在P控制基础上增加了积分环节，相当于在系统中增加了一个位于原点的开环极点，同时也增加了一个位于 s 左半平面的开环零点。位于原点的极点可以提高系统的阶次，以消除系统的余差，改善系统的稳态性能。增加的负实零点用来提高系统的阻尼程度，PI控制器极点对系统稳定性产生不利影响。但是只要积分时间 T_I 足够大，PI控制器对系统稳定性的不利影响可大为减弱。

相较PI控制，PID控制增加的微分有利于加快系统的响应速度，使系统的超调量减小，稳定性增加，同时增大比例可以进一步加快系统的响应速度，使系统更快速。

大多数工业过程只需使用PID控制器的两个参数（比例和积分）即可有效控制。微分调节在噪声信号中的反应很差，会导致最终控制元件的损耗加大。由于大多数生产过程都有噪声，所以通常PID不使用微分调节。

1. Lambda 整定方法

Ziegler-Nichols 整定方法对防止激活减灾系统或启动停车条件非常重要，但是由于鲁棒性不足，所以不适合处理实际问题或实现其他控制目标。整定结果存在增益大、积分时间短的问题，不可避免地在系统中引起振荡，难以使系统达到整体性能最佳的控制目标，不适合大多数化工应用。

Lambda 整定以所需的闭环响应速度实现回路的非振荡响应，通过选择一个闭环时间常数（通常称为Lambda）来设置响应速度。通过选择该闭环时间常数，可以在一个单元过程中协调一组回路的协调整定，从而使它们的共同作用有助于建立整个过程的理想动态。

2. 试凑法 PID 整定

试凑法是通过仿真或实际运行，观察系统对典型输入作用的响应曲线，根据各控制参数对系统的影响，反复调节试凑，直到满意为止，从而确定PID参数。在试凑系数时，实行先比例、后积分、再微分的反复调整，其步骤如下。

步骤1 整定比例部分。先置PID控制器中的 $T_I=\infty$，$T_D=0$，使之成为比例控制器，再将比例系数 K_P 由小变大，观察相应的响应，使系统的过渡过程达到4∶1的衰减振荡和较小的静差。如果系统静态误差已小到允许范围内，并且已达到4∶1衰减的响应曲线，那么只需用比例控制器即可，最优比例度就由此确定。

步骤2 加入积分环节。如果只用比例控制，系统的静态误差不能满足要求，则需加入积分环节。整定时，先将比例系数减小10%～20%，以补偿因加入积分作用而引起的系统稳定性下降，然后由大到小调节 T_I，在保持系统良好动态性能的情况下消除静差。这一步可以反复进行，以期得到满意的效果。

步骤 3 加入微分环节。在整定时，先置 T_D 为零，然后，在步骤 2 整定的基础上再增大 T_D，同时相应地微调比例系数 K_P 和积分时间 T_I，逐步试凑获得控制效果和控制参数。

4.3 PID 调节器的实现

4.3.1 PID 调节器的模拟电路实现

根据 PID 调节器的传输函数式(4-8)，模拟 PID 调节器电路主要由集成运放构成。P，I，D 电路，可参考图 4-9。

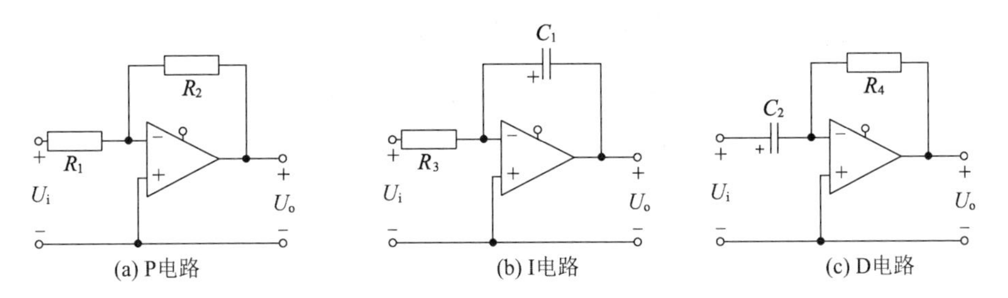

图 4-9 由模拟运放构成的 P，I，D 电路

用模拟电路实现 PID 控制，一种实现电路原理图如图 4-10 所示，电路中 P，I，D 分别用运放 OP1，OP2，OP3 实现，OP4 实现 P，I，D 的求和。$u_i(t)$为 PID_V_{in}端的电压，$u_0(t)$为 PID_V_{out}端的电压。输出电压 $u_0(t)$的表达式为

$$u_0(t)=K_P+K_I\int u_i(t)\mathrm{d}t+K_D\frac{\mathrm{d}u_i(t)}{\mathrm{d}t} \tag{4-21}$$

比例电路 P 与环路增益有关，用可变电阻 R_{P1} 使用反相放大器的增益 OP1 在 0.5～+∞范围内变化。积分电路 I 是普通的反相积分器，C_1 用 220 μF 的电容时，积分时间常数可在 22～426 s 范围内变化。微分电路 D 是反相微分电路，时间常数由 $C_2(R_{16}+R_{P3})$确定，C_2 用 10 μF 的电容时，为 0.1～20.1 s。

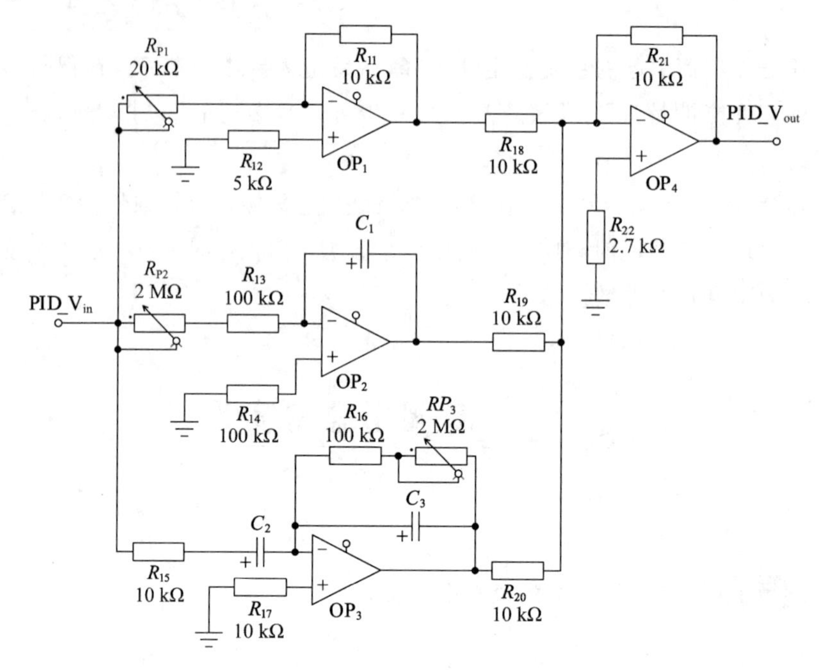

图 4-10 模拟 PID 控制电路原理图

4.3.2 微控制器的 PID 位置型算法实现

位置型 PID 算法的流程：计算 $e(n)$，计算累积误差 $sum\_e(n)$，计算 $K_Pe(n)$、$K_Isum\_e(n)$、$K_D[e(n)-e(n-1)]$，计算 $K_Pe(n)+K_Isum\_e(n)+K_D[e(n)-e(n-1)]$，更新 $e(n-1)$，返回。

微控制器实现程序，首先定义结构体 PID，然后调用位置式 PID 计算函数。具体程序如下：

```
1. #ifndef __PID_H__
2. #define __PID_H__
3.
4. /* ========================== pid.h ========================== */
5. typedef struct PID {
6. double SetPoint;            //目标值
7. double Proportion;          //比例系数 Kp
8. double Integral;            //积分系数 KI
9. double Derivative;          //微分系数 Kd
10. double LastError;          //误差 Error[-1]
11. double PrevError;          //误差 Error[-2]
12. double SumError;           //误差和
```

```
13. }PID;
14. /* ======================== 位置式 PID ======================= */
15. double PIDCalc(PID *pp, double NextPoint);
16. /* ======================== 增量式 PID ======================= */
17. double IncPIDCalc(PID *pp, double NextPoint);
18.
19. #endif
```

```
1.  /* ========================= pid.c ========================= */
2.  #include "pid.h"
3.  /* ===================== 位置式 PID 计算===================== */
4.  double PIDCalc(PID *pp, double NextPoint)
5.  {
6.      double dError, Error;
7.      Error = pp->SetPoint - NextPoint;                    //误差
8.      pp->SumError += Error;                               //累加,积分
9.      dError = Error - pp->LastError;                      //差分
10.     pp->PrevError = pp->LastError;
11.     pp->LastError = Error;                               //更新
12.     return (pp->Proportion * Error + pp->Integral * pp->SumError +
          pp->Derivative * dError);
13. }
14. /* ====================== 增量式 PID 计算===================== */
15. double IncPIDCalc(PID *pp, double NextPoint)
16. {
17.     register double iError, iIncpid;                     //参数
18.     iError = pp->SetPoint - NextPoint;                   //误差
19.     iIncpid = (pp->Proportion + pp->Integral + pp->Derivative) *
          iError                                             //E[k]
20.             - (pp->Proportion + 2 * pp->Derivative) * pp->LastError
                                                             //E[k-1]
21.             + pp->Derivative * pp->PrevError;            //E[k-2]
22.     pp->PrevError = pp->LastError;                       //更新
23.     pp->LastError = iError;
24.     return(iIncpid);                                     //计算结果
25. }
```

用STC8A8K64S4微控制器验证如下(用STM32F微控制器验证也可以)。在主程序中,结构体PID初始化函数PIDInit(PID *pp),根据需要设置比例系数、积分系数、微分系数,设置设定目标值SetPoint。函数filter和printf,仅用于验证程序的正确性编写的测试函数,在实际使用中替换为真实的输入和输出函数。PID控制系统框图如图4-11所示。

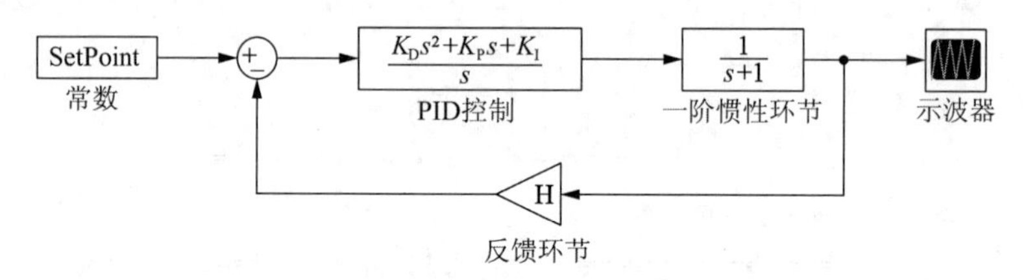

图4-11 PID控制系统框图

反馈环节为常数0.2,如果需要输出值110,则设置SetPoint的值为110×0.2=22。执行结构假定为一个一阶惯性环节,用一个一阶低通滤波器实现传递函数Fcn1。具体程序如下:

```
1. /****************** Main Program ********************/
2. #include "stc8.h"
3. #include <stdio.h>
4. #include "uart.h"
5. #include <intrins.h>
6. #define H 0.2
7. #include "pid.h"
8. /* ======================= PID初始化 ======================= */
9. void PIDInit(PID *pp)
10. {
11.       pp->Proportion = 0.9;                    //PID比例系数
12.       pp->Integral = 5;                        //PID积分系数
13.       pp->Derivative = 0.1;                    //PID微分系数
14.       pp->SetPoint = 22.0;                     //预置参考值
15. }
16. /*---------------------------------------------------------*/
17. double filter (double filter_in, double last_filter_o)
18. {
19.    static float a = 0.8;          //参数a可以修改,a大则输入值影响大
20.    return (1 - a) * last_filter_out + a * filter_in;
```

```
21. }
22. void Delay100ms()                //24.000MHz 时钟周期
23. {
24.     unsigned char i, j, k;
25. 
26.     _nop_();
27.     _nop_();
28.     i = 13;
29.     j = 45;
30.     k = 214;
31.     do
32.     {
33.         do
34.         {
35.           while (--k);
36.         }while (--j);
37.     }while (--i);
38. }
39. /*-----------------------------------------------------------*/
40. void main(void)
41. {
42.     unsigned char counter;
43.     PID sPID;                    //PID 结构体
44.     double pidOut = 0;           //PID 输出
45.     double fOut = 0;
46.     PIDInit (&sPID);             //PID 初始化
47.     UART1_Init();
48.         Delay100ms();            //等待串口就绪
49.         Delay100ms();
50.     while(1) {
51.         fOut = filter (pidOut, fOut);
52.         pidOut = PIDCalc (&sPID, fOut * H);  //H 反馈传递函数
53. 
54.         printf("%.2f\n", fOut);
55.         Delay100ms();
56.     }
```

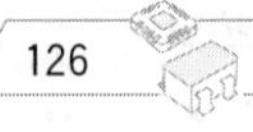

```
57. }
58. /**********************************************/
```

以上程序为位置型 PID 计算，调节 K_P，K_I，K_D 参数，按照程序中的设定值串口显示的位置法 PID 调节的系统输出响应如图 4-12 所示。程序中的延时函数仅用于调试显示方便而加入，运行正常后可删去。从图中可以看出，系统输出最后约稳定在 110，上升时间、调节时间、超调量都较小。

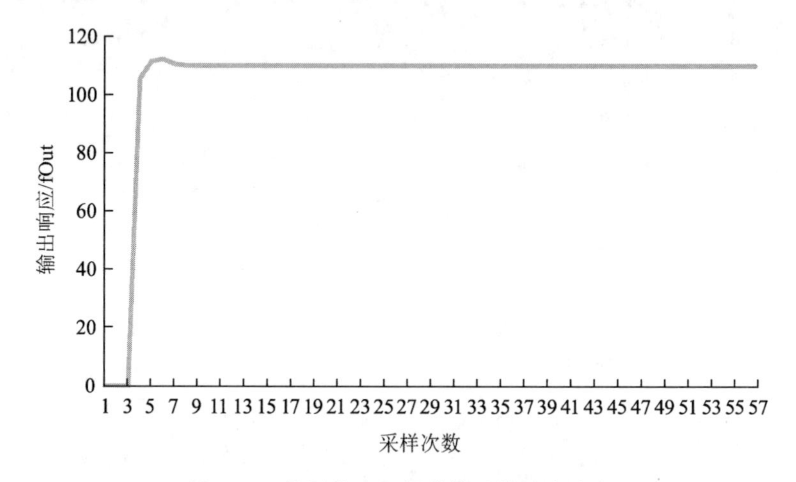

图 4-12 位置法 PID 调节的系统输出响应

4.3.3 微控制器的 PID 增量型算法实现

增量型 PID 算法与位置式 PID 算法相比，计算量小得多，因此在实际中得到广泛的应用。目前在计算机控制中广泛应用增量型 PID 算法。验证程序同样使用 STC8A8K 微控制器。具体程序如下：

```
1.  /**************** Main Program 主程序 ****************/
2.  #include "stc8.h"
3.  #include <stdio.h>
4.  #include "uart.h"
5.  #include <intrins.h>
6.  #define H 0.2
7.  #include "pid.h"
8.  /* ======================= PID 初始化 ======================= */
9.  void PIDInit(PID *pp)
10. {
11.     pp->Proportion = 0.9;      //PID 比例系数
```

```
12.      pp->Integral = 5;
13.      pp->Derivative = 0.1;
14.      pp->SetPoint = 22.0;        //参考值
15. }
16. /*-------------------------------------------------------*/
17. double filter (double filter_in, double last_filter_out);
                                      //一阶低通滤波器
18. void Delay100ms();                //24.000MHz 时钟频率
19. /*-------------------------------------------------------*/
20. double filter (double filter_in, double last_filter_out)
                                      //滤波器函数
21. {
22.   static float a = 0.8;           //参数 a 可以修改,a 大输入值影响大
23.   return (1 - a) * last_filter_out + a * filter_in;
24. }
25. void Delay100ms()                 //24.000MHz 时钟频率
26. {
27.     unsigned char i, j, k;
28.
29.     _nop_();
30.     _nop_();
31.     i = 13;
32.     j = 45;
33.     k = 214;
34.     do
35.     {
36.         do
37.         {
38.             while (--k);
39.         }while (--j);
40.     }while (--i);
41. }
42.
43. void main(void)
44. {
45.     PID sPID;                     //PID 结构体
```

```
46.
47.    double pidOut = 0;          //PID 输出
48.    double fOut = 0;
49.    PIDInit (&sPID);            //PID 初始化
50.    UART1_Init();               //串口初始化
51.    Delay100ms();               //等待串口就绪
52.    Delay100ms();
53.    while(1)
54.    {
55.        fOut = filter (pidOut, fOut);
56.    //  pidOut = PIDCalc (&sPID, fOut * H);
                                   //H 反馈传递函数,位置型
57.        pidOut = IncPIDCalc (&sPID, fOut * H) + pidOut;
                                   //增量型
58.
59.        printf("%.2f\n", fOut);
60.        Delay100ms();
61.    }
62. }
63. /***********************************************/
```

滤波函数 double filter (double filter_in, double last_filter_out) 中的参数 a,取值在 0～1,a 取值越大,则输入数据影响越大;a 取值越小,则滤波输出的前一时刻值影响越大。若 $a=1$,则输入和输出直通;若 $a=0$,则输出常数。程序中假定 a 为变值,可以更明显地看出 PID 的调节效果。取 $a=1$ 和 $a=0.8$,PID 增量法系统输出数据如图 4-13 所示,可以看出信号滤波使用一阶滞后滤波法数字滤波器的输出较平缓。

位置型 PID 算法可以在增量型 PID 算法的程序流程基础上增加一次加运算,在 main 函数中改变位置值计算为前一刻位置与增量的和。具体语句如下:

```
pidOut = PIDCalc (&sPID, fOut * H);      //H 反馈传递函数,位置型
```

改变为:

```
pidOut = IncPIDCalc (&sPID, fOut * H) + pidOut;//实际位置计算
```

在主程序开始位置,要设置 PID 浮点数输出变量 pidOut。

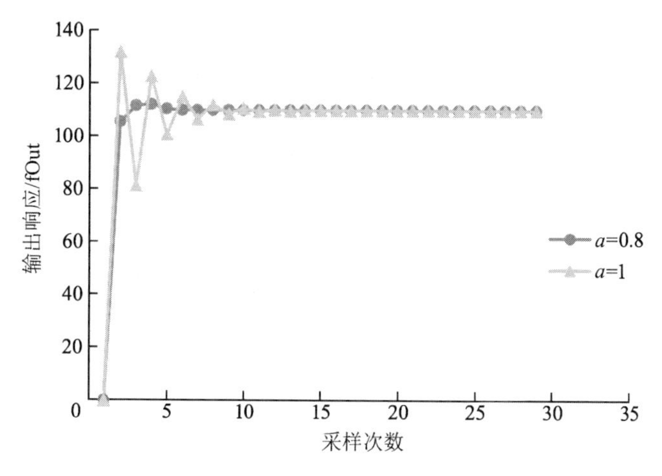

图 4-13 PID 增量法系统输出数据

位置法和增量法程序只是对公式的一种直接的实现，没有考虑死区问题，没有设定上下限，实际使用时需要改进。以下主程序设置了超调量调节精度和 Overshoot，超限时直接限幅退出调节，达到设定的精度时(振荡衰减信号，认为已达成调节指标)退出调节。

在程序头首先定义 ＃define Overshoot 50。置参数 $a=1$，main() 函数替换如下：

```
1.  void main(void)
2.  {
3.      PID sPID;                    //PID 结构体变量
4.      int count = 0;
5.      double pidOut = 0;           //PID 输出
6.      double fOut = 0;
7.      PIDInit (&sPID);             //结构体变量初始化
8.      UART1_Init();
9.          Delay100ms();            //等待串口就绪
10.         Delay100ms();
11.     while(count<1000) {
12.         count + + ;
13.         printf(" % .2f\n", fOut);
14.         Delay100ms();
15.         fOut = filter (pidOut, fOut);
16.         pidOut = IncPIDCalc (&sPID, fOut * H) + pidOut;          //增量型
```

```
17.
18.      if (pidOut>sPID.SetPoint/H + Overshoot) {
                                    //判断是否超限,超调量设为 Overshoot = 50
19.        pidOut = sPID.SetPoint/H + Overshoot;
20.        break;
21.      }
22.      if ((pidOut<= sPID.SetPoint/H) && ((sPID.SetPoint/H - pidOut)<0.01 *
           sPID.SetPoint/H))
23.      //调节精度设为 1%
24.        break;
25.      if ((pidOut>sPID.SetPoint/H) && ((pidOut - sPID.SetPoint/H)<0.01 *
           sPID.SetPoint/H))
26.          break;
27.        }
28.          count = 1;
29.          PIDInit (&sPID);
30. }
```

有输出精度限制的 PID 控制系统输出波形图如图 4-14 所示。当调节精度达到设定值 SetPoint 的 1%(可自行设置),结束本轮调节,PID 程序重新执行,出现多个波形的重复。从波形图可以分析调节器的上升时间、调节时间、超调量是否符合要求,如果不符合要求,可以尝试修改 PID 参数。

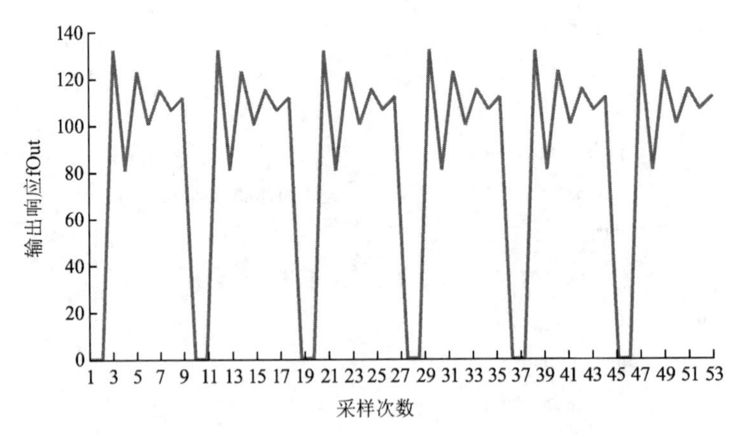

图 4-14 有输出精度限制的 PID 控制系统输出波形图

PID 控制器及其变形、改进种类很多。另外,控制器参数的调节、整定、自整定等更多地需要结合实际项目针对性地完成,在此不做细化分析。

5 坐标变换

5.1 坐标变换原理

在电力电子控制系统中，单相、三相交流电为主要处理对象。电力电子电路、变压器、发动机、滤波器、无功补偿装置等设备为执行对象。为了信号处理、控制方便等原因，需要将交流电分解，使用数学模型做深入分析。在此通过坐标变换和锁相环，分析交流电信号的重点参数，包括幅值、功率、频率、相位、相序。

5.1.1 交流电特性

1. 正弦交流电

正弦交流电是指电信号（电压、电流等）在一个周期内的大小呈正弦量变化，方向出现交替反向变化。以电流的正弦信号为例表示交流电为

$$i=I_m\sin(\omega t+\theta)$$

以上为三角表达形式，总结起来交流电有 5 种表示（矢量法、代数式、三角式、复数式、极坐标形式）：

$$A=a+\mathrm{j}b=c(\cos\theta+\mathrm{j}\sin\theta)=c\,\mathrm{e}^{\mathrm{j}\theta}=c\angle\theta^{\circ} \tag{5-1}$$

各种表示之间可以转换。矢量电压与代数关系如图 5-1 所示。

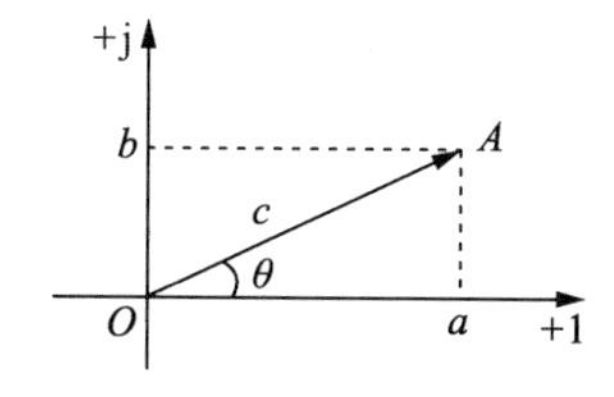

图 5-1 矢量电压与代数关系图

各参数之间的关系如下：

$$a=c\cos\theta\ ,\quad b=c\sin\theta,\quad c=\sqrt{a^2+b^2},\quad \theta=\arctan\frac{b}{a} \tag{5-2}$$

2. 三相交流电

对称三相交流电电压波形和矢量图如图 5-2 所示。对称三相交流电电压之间的关系：各相电压幅值、频率相等，相位差为 120°。

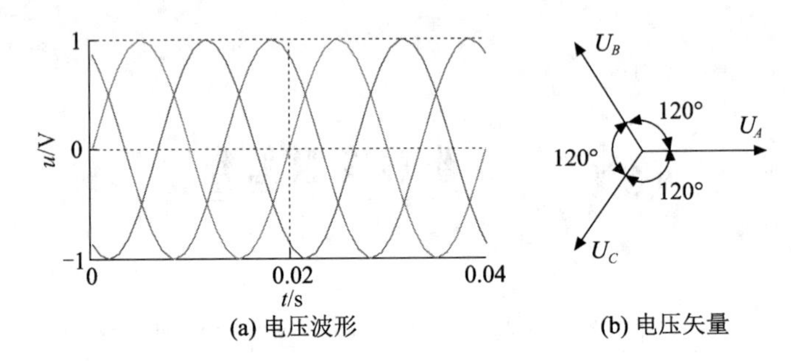

图 5-2 三相交流电电压波形与电压矢量

三相交流电源和负载的连接都有两种：星形 Y 连接、三角形△连接。

三相四线制 Y-Y 电路如图 5-3 所示，电源 v_A，v_B，v_C 和负载 Z_1，Z_2，Z_3 都是 Y 连接。平衡条件是指三相交流电对称，传输线路阻抗 $Z_{L1}=Z_{L2}=Z_{L3}=Z_L$，各相负载相等 $Z_1=Z_2=Z_3=Z$ 时，地线 NN' 之间的电流为零，阻抗 Z_N 的电压为 0，此线路可以去掉，变成三相三线电路。u_a，u_b，u_c 或 u_A，u_B，u_C 表示三相交流电电压。

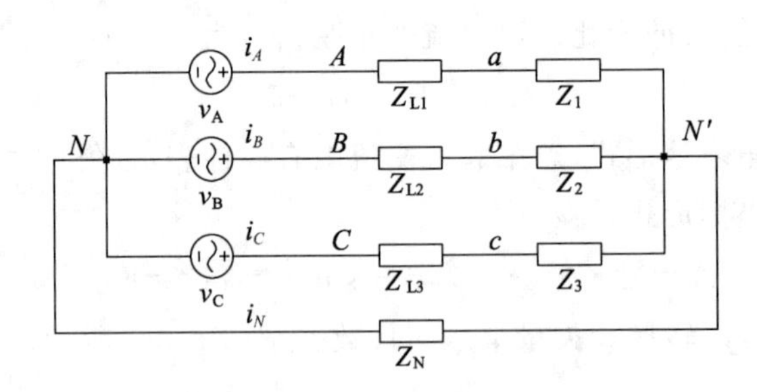

图 5-3 三相四线制 Y-Y 电路

3. 功率传输

电能传输线路和相位延迟如图 5-4 所示，电流滞后电压的相角 $\varphi<90°$，则传输线的视在功率 S 有两种表示方法。其中，$\boldsymbol{U}_M$、$\boldsymbol{I}$ 为电压 U_M、电流 I 的共轭向量。

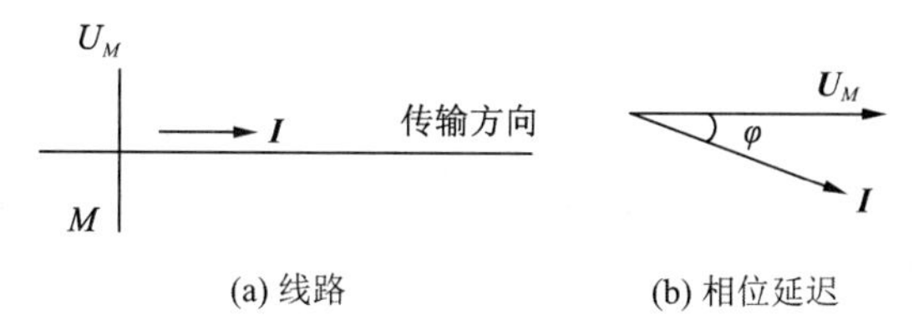

(a) 线路　　(b) 相位延迟

图 5-4　电能传输

$$\boldsymbol{S}=U_M\boldsymbol{I}=P+\mathrm{j}Q \tag{5-3}$$

$$\boldsymbol{S}=\boldsymbol{U}_M I=P-\mathrm{j}Q \tag{5-4}$$

式(5-3)以电压为基准电压与共轭的电流相乘,式(5-4)以电流为基准电流与共轭电压相乘。无功功率的正负是线路中电流与电压的关系,负载为容性时,电流超前电压,无功功率为正值;负载为感性时,电流滞后电压,无功功率为负值。基准信号的选择会影响信号的计算,所以分析时要以同一个参考信号为基准,比较信号才有意义。

5.1.2 Clark 变换和 Park 变换

由于三相交流电在静止坐标系下的数学模型中包含时变的交流量,输出之间存在耦合,可以将三相静止坐标系转换到同步旋转坐标系,将交流量变换为直流量,实现控制上的解耦。如果用于电机,就是将交流电机的物理模型等效为直流电机的模型。模型通常用矩阵形式表示。

如果在不同坐标系下产生的磁动势相同,那么称该变换为等幅值变换。如果在不同坐标系下保持变换前后功率不变,那么称该变换为等功率变换。

电流坐标变换如图 5-5 所示,电压、电动势、磁链的坐标变换与电流坐标变换相同。

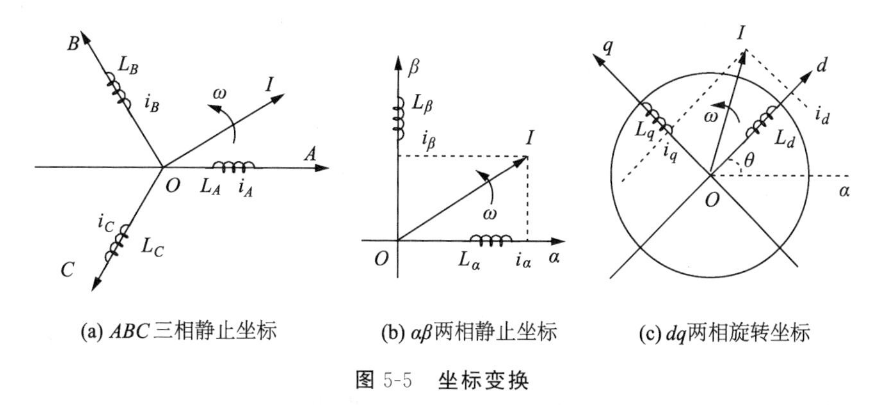

(a) ABC 三相静止坐标　　(b) $\alpha\beta$ 两相静止坐标　　(c) dq 两相旋转坐标

图 5-5　坐标变换

1. 三相静止坐标与两相静止坐标变换

ABC 三相静止坐标到 $\alpha\beta$ 两相静止坐标的变换(也称为 Clark 变换),记为 3s/2s 变换(或 $ABC/\alpha\beta$ 变换),其将三相绕组等效为互相垂直的两相绕组,消除了三相绕组间的相互耦合。

等功率变换系数矩阵为

$$\boldsymbol{C}_{3s/2s}=\boldsymbol{C}_{2s/3s}^{-1}=\sqrt{\frac{2}{3}}\begin{bmatrix}1 & -\frac{1}{2} & -\frac{1}{2}\\ 0 & \frac{\sqrt{3}}{2} & -\frac{\sqrt{3}}{2}\end{bmatrix} \tag{5-5}$$

等幅值变换系数矩阵为

$$\boldsymbol{C}_{3s/2s}=\boldsymbol{C}_{2s/3s}^{-1}=\frac{2}{3}\begin{bmatrix}1 & -\frac{1}{2} & -\frac{1}{2}\\ 0 & \frac{\sqrt{3}}{2} & -\frac{\sqrt{3}}{2}\end{bmatrix} \tag{5-6}$$

$\boldsymbol{C}_{2s/3s}$ 为两相静止坐标变换三相静止坐标的系数矩阵。

2. 两相静止坐标与两相旋转坐标变换

对 $\alpha\beta$ 两相静止坐标系做旋转得到 dq 两相旋转坐标系的变换,记为 2s/2r 变换(或 $\alpha\beta/dq$ 变换)。θ 为两相静止坐标系 α 轴与两相旋转坐标系 d 轴之间的夹角。

变换系数矩阵为

$$\boldsymbol{C}_{2s/2r}=\boldsymbol{C}_{2r/2s}^{-1}=\begin{bmatrix}\cos\theta & \sin\theta\\ -\sin\theta & \cos\theta\end{bmatrix} \tag{5-7}$$

例如,电压 u 的坐标变换为

$$\begin{bmatrix}u_d\\ u_q\end{bmatrix}=\begin{bmatrix}\cos\theta & \sin\theta\\ -\sin\theta & \cos\theta\end{bmatrix}\begin{bmatrix}u_\alpha\\ u_\beta\end{bmatrix} \tag{5-8}$$

$$\begin{bmatrix}u_\alpha\\ u_\beta\end{bmatrix}=\begin{bmatrix}\cos\theta & -\sin\theta\\ \sin\theta & \cos\theta\end{bmatrix}\begin{bmatrix}u_d\\ u_q\end{bmatrix} \tag{5-9}$$

根据图 5-5(b)、图 5-5(c),在极坐标系中,又可以得式(5-10)、(5-11)。

$$\begin{bmatrix}i_\alpha\\ i_\beta\end{bmatrix}=I\begin{bmatrix}\cos\omega t\\ \sin\omega t\end{bmatrix} \tag{5-10}$$

$$\begin{bmatrix}i_d\\ i_q\end{bmatrix}=I\begin{bmatrix}\cos(\omega t-\theta)\\ \sin(\omega t-\theta)\end{bmatrix} \tag{5-11}$$

另外,关于坐标变换的参考量需要做特别说明。

以上坐标变换是以 α 轴的物理量为参考获得的旋转变换系数矩阵。以电压量 u 为例说明，u_α 为基准，旋转角度 $\omega t=0$，这种方法称为电压定向，是一种常用的方法。本书中变换若无特别说明都是电压定向的。将定向电压 u_α 的峰值设为 U_M，则旋转变换后，$u_d=U_M$，$u_q=0$。调节 i_d，i_q 的大小就是调节有功功率 P、无功功率 Q 的大小。当 $u_q=0$ 时，对应 $Q=0$，功率因数为 1。

而坐标变换以 β 轴的物理量 u_β 为参考量做旋转变换时，仍然用 u_a，u_b，u_c 表示三相交流电电压，表达式不变，则旋转角度 $\omega t=-90°$，这种方法称为磁场定向。磁场方向和电压方向相差 90°，u_α 超前 u_β 的角度为 90°，这是另外一种三相交流电的转换方法，常用于永磁电机、无刷直流电机等控制。对磁场定向的系数矩阵进行改变，式(5-8)可改变为

$$\begin{bmatrix} u_d \\ u_q \end{bmatrix}=\begin{bmatrix} \sin\theta & -\cos\theta \\ \cos\theta & \sin\theta \end{bmatrix}\begin{bmatrix} u_\alpha \\ u_\beta \end{bmatrix} \tag{5-12}$$

将定向电压的峰值 u_β 设为 U_M，则旋转变换后 $u_d=0$，$u_q=U_M$。调节 i_d，i_q 的大小就是对应调节电机转矩、转速的大小。

3. 三相静止坐标与两相旋转坐标的变换

ABC 三相静止坐标系到 dq 两相旋转坐标系的变换(也称为 Park 变换)，记为 3s/2r 变换(或 ABC/dq 变换)，可以通过 ABC 三相静止坐标系到 $\alpha\beta$ 两相静止坐标系、$\alpha\beta$ 两相静止坐标系到 dq 两相旋转坐标系的两次变换合成。

$$\boldsymbol{C}_{3s/2r}=\boldsymbol{C}_{2s/2r}\cdot\boldsymbol{C}_{3s/2s} \tag{5-13}$$

等功率变换系数矩阵为

$$\boldsymbol{C}_{3s/2r}=\boldsymbol{C}_{2r/3s}^{-1}=\sqrt{\frac{2}{3}}\begin{bmatrix} \cos\theta & \cos(\theta-120°) & \cos(\theta+120°) \\ -\sin\theta & -\sin(\theta-120°) & -\sin(\theta+120°) \end{bmatrix} \tag{5-14}$$

等幅值变换系数矩阵为

$$\boldsymbol{C}_{3s/2r}=\boldsymbol{C}_{2r/3s}^{-1}=\frac{2}{3}\begin{bmatrix} \cos\theta & \cos(\theta-120°) & \cos(\theta+120°) \\ -\sin\theta & -\sin(\theta-120°) & -\sin(\theta+120°) \end{bmatrix} \tag{5-15}$$

Clark 变换，将静止的 ABC 坐标系变换到静止的 $\alpha\beta$ 坐标系，系数矩阵为 $\boldsymbol{C}_{3s/2s}$。

Clark 反变换，将静止的 $\alpha\beta$ 坐标系变换到静止的 ABC 坐标系，系数矩阵为 $\boldsymbol{C}_{2s/3s}$。

Park 变换，将静止的 ABC 坐标系变换到旋转的 dq 坐标系，系数矩阵为 $\boldsymbol{C}_{3s/2r}=\boldsymbol{C}_{2s/2r}\cdot\boldsymbol{C}_{3s/2s}$。

Park 反变换，将旋转的 dq 坐标系变换到静止的 ABC 坐标系，系数矩阵为 $\boldsymbol{C}_{2r/3s}=\boldsymbol{C}_{2s/3s}\cdot\boldsymbol{C}_{2r/2s}$。

5.1.3 坐标变换和反变换的仿真

坐标变换和反变换的仿真模型如图 5-6 所示，可以观测多种坐标变换和多个信号波形。三相交流电以 a 相电压为基准定向，幅值最大时为 0°，而 V_3ph 输出为正弦信号，需要改为余弦信号，所以相移 90°可以获得余弦信号。

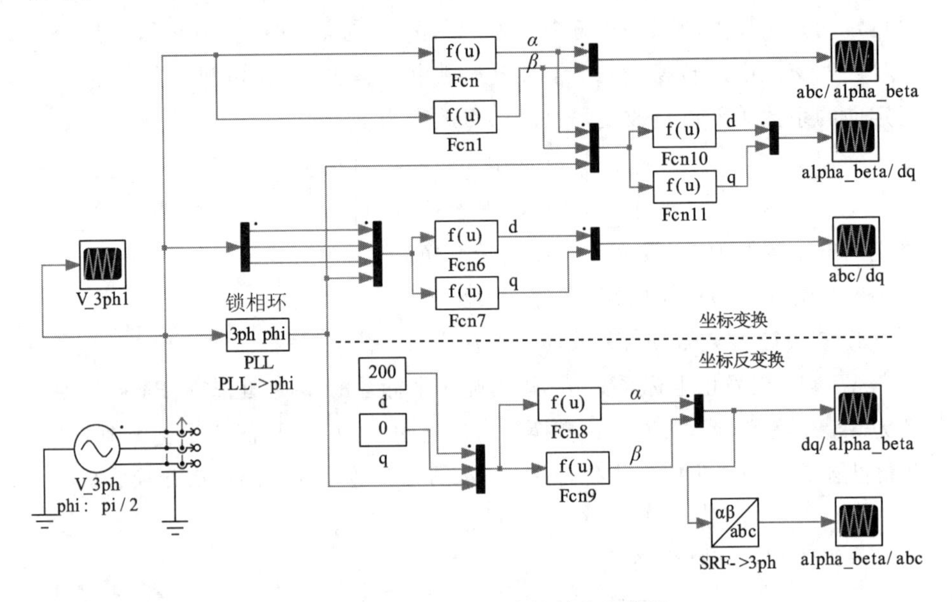

图 5-6 坐标变换和反变换的仿真模型

根据式(5-6)，得 Clark 变换电压信号：

$$\begin{bmatrix} u_\alpha \\ u_\beta \end{bmatrix}=\frac{2}{3}\begin{bmatrix} 1 & -\frac{1}{2} & -\frac{1}{2} \\ 0 & \frac{\sqrt{3}}{2} & -\frac{\sqrt{3}}{2} \end{bmatrix}\begin{bmatrix} u_a \\ u_b \\ u_c \end{bmatrix} \tag{5-16}$$

写成方程形式：

$$\begin{cases} u_\alpha=\frac{2}{3}\left(u_a-\frac{1}{2}u_b-\frac{1}{2}u_c\right)=\frac{1}{3}(2u_a-u_b-u_c) \\ u_\beta=\frac{2}{3}\left(\frac{\sqrt{3}}{2}u_b-\frac{\sqrt{3}}{2}u_c\right)=\frac{1}{\sqrt{3}}(u_b-u_c) \end{cases} \tag{5-17}$$

式中，u_a，u_b，u_c 对应 V_3ph 输出的 u[1]，u[2]，u[3]，则得到 u_α，u_β 的计算函

数 Fcn 和 Fcn1。

$$\text{Fcn}=(2*\text{u}[1]-\text{u}[2]-\text{u}[3])/3 \tag{5-18}$$

$$\text{Fcn1}=(\text{u}[2]-\text{u}[3])/\text{sqrt}(3) \tag{5-19}$$

如果将 u[1]+u[2]+u[3]=0 代入式(5-18),则 Fcn=u[1],即 u_α 与 u_a 相同,与两相坐标 α 与 a 相电压重合的假设一致,参考图 5-5 的两个轴位置。

图 5-6 仿真模型仿真结果波形如图 5-7 所示,其中图 5-7(a)为三相交流电的电压信号 u_a,u_b,u_c,图 5-7(b)为 Clark 变换后的两相电压信号 u_α 和 u_β,图 5-7(c)为 Park 变换后的电压信号 u_d 和 u_q。

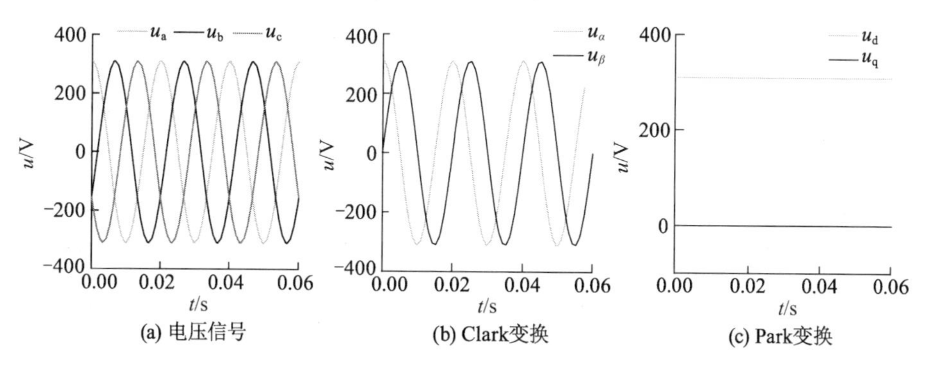

(a) 电压信号 (b) Clark变换 (c) Park变换

图 5-7 三相交流电信号波形图

用相同的方法,可以得到其他计算函数的公式。

Park 变换的计算函数(输入 u_a,u_b,u_c,θ)Fcn6,Fcn7 为

Fcn6 = u_d = 2/3 * (u[1] * cos(u[4]) + u[2] * cos(u[4] − 2 * pi/3) + u[3] * cos(u[4] + 2 * pi/3))

Fcn7 = u_q = 2/3 * (− u[1] * sin(u[4]) − u[2] * sin(u[4] − 2 * pi/3) − u[3] * sin(u[4] + 2 * pi/3))

旋转变换的计算函数(输入 u_α,u_β,θ)Fcn10,Fcn11 为

Fcn10 = u_d = u[1] * cos(u[3]) + u[2] * sin(u[3])

Fcn11 = u_q = − u[1] * sin(u[3]) + u[2] * cos(u[3])

反 Park 变换的计算函数(输入 u_d,u_q,θ)Fcn8,Fcn9 为

Fcn8 = u_α = u[1] * cos(u[3]) − u[2] * sin(u[3])

Fcn9 = u_β = u[1] * sin(u[3]) + u[2] * cos(u[3])

5.2 PR控制与传递函数离散化

5.2.1 PR控制原理

逆变器控制中常使用的是PID控制技术，而PI控制只能对恒定值实现无静态误差的跟踪。为此控制中需要进行旋转变换将三相电压、电流旋转到 dq 坐标系下进行控制。dq 坐标系下电压、电流均为恒定值，利于PI控制的跟踪。

但是，当输出信号为交流分量时，系统输出将产生幅值与相位的偏移，且频率越大，幅值与相位的偏移越大。即PI控制无法实现对交流信号进行无损跟踪，需要使用PR控制器实现对交流信号的控制。根据内膜原理，要实现对信号的无静态误差跟踪，控制器必须包含信号的模型，PI的积分环节的传递函数为 $G(s)=\frac{1}{s}$，所以PI只能对阶跃信号进行无静态误差跟踪。余弦信号的传递函数为 $G(s)=\frac{s}{s^2+\omega_0^2}$。如果不用Clark、Park变换将交流量变化为直流，而需要实现无静态误差跟踪，可以用PR控制器，PR控制器即为“比例”+“谐振”控制器。取 ω_0 为谐振频率，传统PR控制器表达式为

$$G_c(s)=K_P+K_R\frac{s}{s^2+\omega_0^2} \tag{5-20}$$

选频 $\omega_0=2\pi\times50$ rad/s，$K_P=1$，$K_R=100$ 时，仿真模型、参数设置、bode图如图5-8所示。在选频点附近，幅值放大、相位不变。

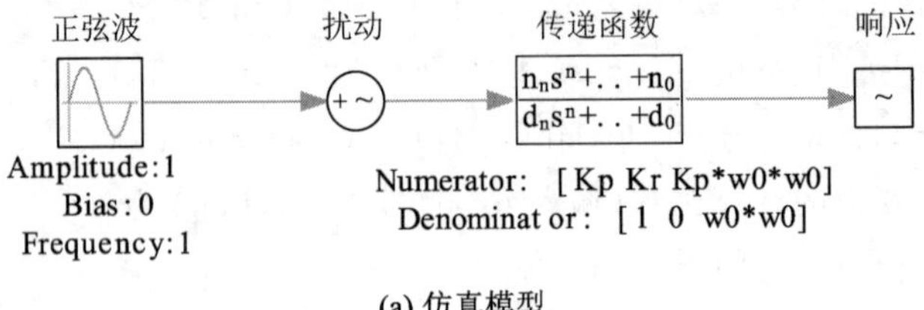

(a) 仿真模型

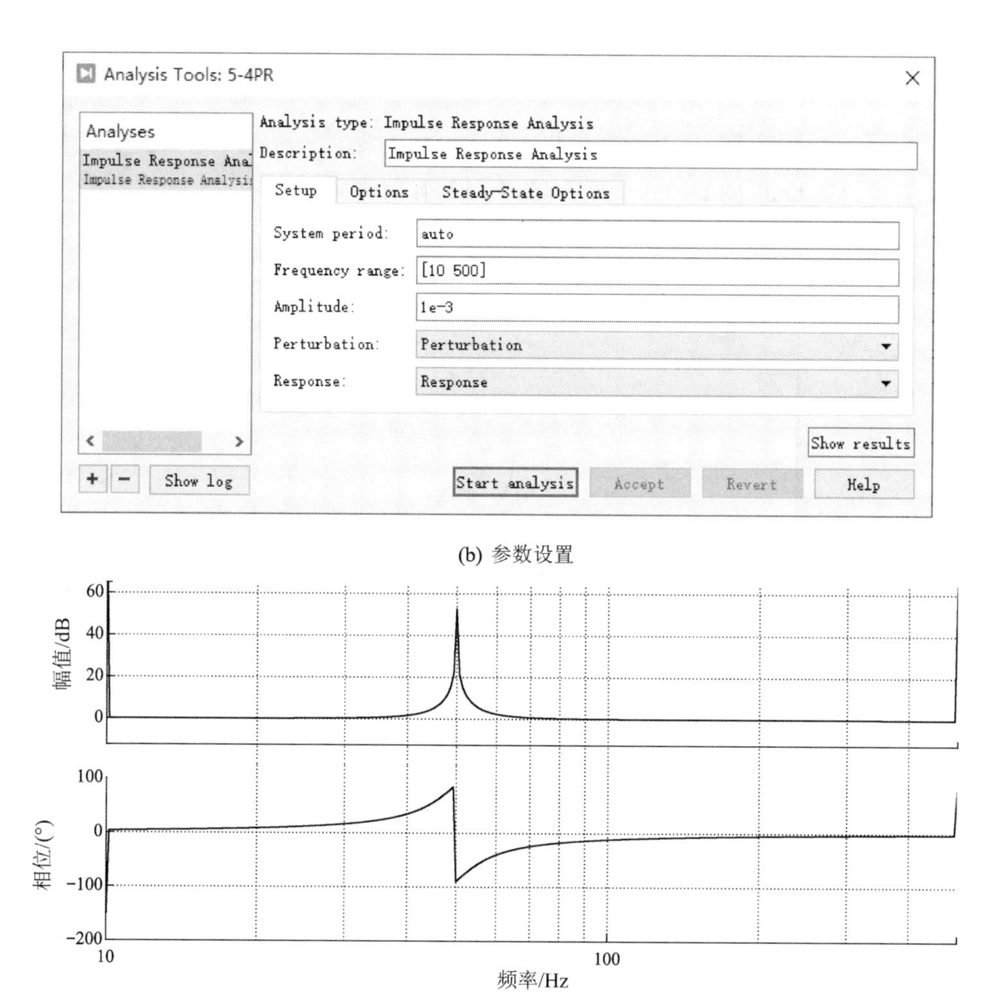

(b) 参数设置

(c) bode图

图 5-8 选频 50 Hz 时 PR 控制器仿真

为了提高控制精度，还可选用准谐振控制 QPR 等表达方式。不同 PR 控制器的表达方式都是为了实现良好的选频特性，即实现各种复杂情况下的输入信号跟踪。

现以简单的 QPR 控制器为例说明原理。通过对 ω_0 取值，可在 ω_0 处获得无穷大的增益，因此可以实现对交流信号的无静态误差跟踪。对并网逆变器而言，ω_0 取 $2\pi\times50$ 即可。但实际应用中，如逆变器，增加了一定频率响应的宽度 ω_c，或者由于测量采样的不确定性，会用变形式(5-21)替代式(5-20)的传递函数：

$$G_{PR}(s)=K_P+\frac{2K_R\omega_c s}{s^2+2\omega_c s+\omega_0^2} \tag{5-21}$$

如参考波形可能频率的变化范围为±1 Hz，当 $\omega_c=2\times\pi\times 1$ 时，QPR 准谐振控制器 bode 图如图 5-9 所示，在工程上可以选择更大的 ω_c。

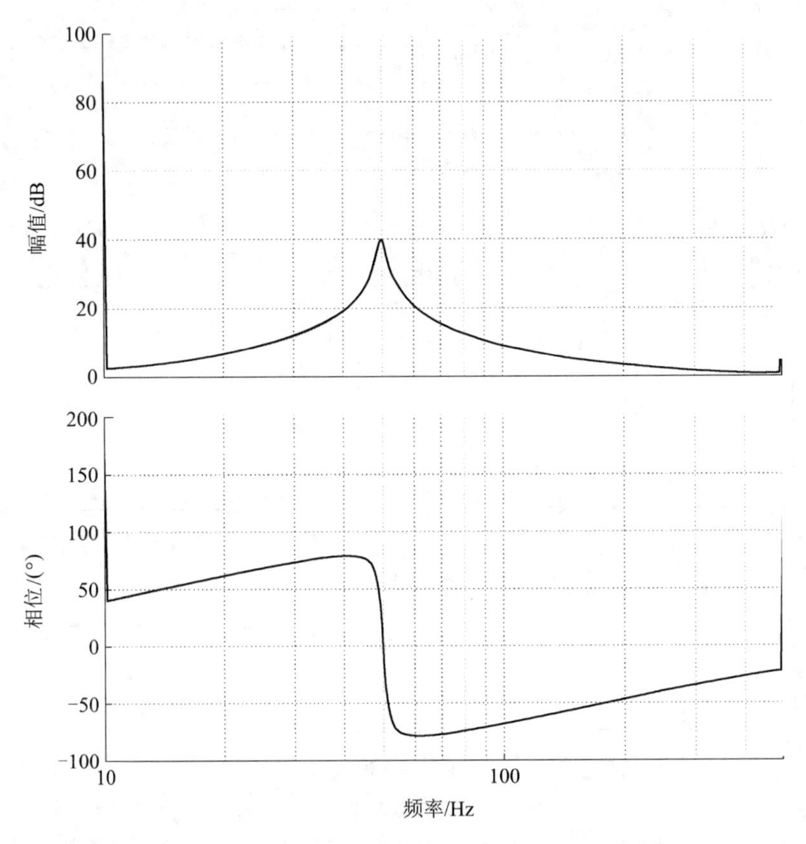

图 5-9　QPR 准谐振控制器 bode 图

PI 和 PR 的 K_P 作用类似，都是增大开环增益，增加控制精度。K_I 和 K_R 作用类似，都是为了降低系统的稳态误差。

在微控制器实现时需要离散化处理。设置取样时间 0.001s，式(5-21)双线性变换离散化后传递函数为

$$G_{PR}(z)=\frac{1.297z^2-1.847z+0.643}{z^2-1.847z+0.940\,5} \tag{5-22}$$

转换为输出信号的差分表达式为

$y\_k=1.297u\_k-1.847u\_k1+0.643u\_k2+1.847y\_k1-0.940\,5y\_k2$

5.2.2 传递函数离散化

对于一个线性时不变系统，微分方程是时域描述，传递函数是复频域描述。相互转化时，微分方程两侧取拉普拉斯变换，再经过整理就可以得到传递函数。

对于一般的线性系统，由微分方程描述系统，得

$$\begin{aligned}&\frac{d^n y(t)}{dt^n}+a_{n-1}\frac{d^{n-1}y(t)}{dt^{n-1}}+\cdots+a_1\frac{dy(t)}{dt}+a_0 y(t)=\\&b_m\frac{d^m x(t)}{dt^m}+b_{m-1}\frac{d^{m-1}x(t)}{dt^{m-1}}+\cdots+b_1\frac{dx(t)}{dt}+b_0 x(t)\end{aligned}\tag{5-23}$$

初始状态为0，其中 $m<n$。在进行拉普拉斯变换后，其传递函数为

$$G(s)=\frac{Y(s)}{X(s)}=\frac{b_m s^m+b_{m-1}s^{m-1}+\cdots+b_1 s+b_0}{s^n+a_{n-1}s^{n-1}+\cdots+a_1 s+a_0}\tag{5-24}$$

要想在微控制器构成的硬件系统中实现各种控制器和滤波器，就必须进行传递函数的离散化。从输入和输出的角度看，整个系统可以看作一个数字滤波器。离散化的实质就是求原连续传递函数 $G(s)$ 的等效离散传递函数 $G(z)$。下面简单介绍几种复频域（s 域）的传递函数转换到离散域（z 域）传递函数的离散化方法。

常用的控制系统离散化方法有8种，列于表5-1。其中，前向差分法、后向差分法、双线性变换法三种方法简单易用。简单地理解，如果已知系统的 s 域传递函数，可以通过简单的代数变换求得对应的 z 变换，s 对应连续域的求导操作，前向差分就是 $y(t)=\dfrac{x(t+1)-x(t)}{T_s}$，后向差分是 $y(t)=\dfrac{x(t)-x(t-1)}{T_s}$。

表5-1 控制系统离散化方法（T_s 为系统采样时间）

名称	方法	名称	方法
前向差分法	$s=\frac{z-1}{T_s}$	零阶保持	$G(z)=(1-z^{-1})Z\left\{L^{-1}\left[\frac{G(s)}{s}\right]\right\}$
后向差分法	$s=\frac{z-1}{zT_s}$	一阶保持	$G(z)=\frac{(z-1)^2}{zT_s}Z\left\{L^{-1}\left[\frac{G(s)}{s^2}\right]\right\}$

续表

名称	方法	名称	方法
双线性变换(Tustin)	$s=\frac{2}{T_s}\frac{z-1}{z+1}$	采用频率预畸变的Tustin逼近法	$s=\frac{\omega_0}{\tan\left(\frac{\omega_0 T_s}{2}\right)}\frac{z-1}{z+1}$
零极点匹配	$z=e^{sT_s}$	脉冲相应不变法	$G(z)=Z\{L^{-1}[G(s)]\}$

传递函数离散化举例。假设一个一阶惯性系统(如 RC 滤波器)传递函数模型 $G(s)=\frac{Y(s)}{X(s)}=\frac{1}{s+1}$,使用一阶前向差分离散的差分方程。

一阶前向差分离散化传递函数,得

$$G(z)=\frac{Y(z)}{X(z)}=\frac{1}{\frac{z-1}{T_s}+1} \tag{5-25}$$

$$zY(z)+(T_s-1)Y(z)=T_sX(z)$$

$$zY(z)=(1-T_s)Y(z)+T_sX(z) \tag{5-26}$$

根据转换关系 $z^{-n}Y(z)=y(k-n)$ 转换到离散域,式(5-26)转化为

$$y(k+1)=(1-T_s)y(k)+T_sx(k) \tag{5-27}$$

下面以 PID 控制器为例,说明离散化方法的使用。用双线性变换法(Tustin)离散 PID 控制器 $\frac{Y(s)}{X(s)}=K_P+\frac{K_I}{s}+K_Ds$,其中 $K_P=0.9$,$K_I=10$,$K_D=0$,$T_s=1/1\ 000$。

把 $s=\frac{2(z-1)}{T_s(z+1)}$ 代入 PI 传递函数 $\frac{Y(s)}{X(s)}=K_P+\frac{K_I}{s}$,得到

$$\frac{Y(z)}{X(z)}=\frac{(2K_P+T_sK_I)+(2T_sK_I)z^{-1}+(-2K_P+T_sK_I)z^{-2}}{2(1-z^{-2})} \tag{5-28}$$

代入 $K_P=0.9$,$K_I=10$,化简得 $\frac{Y(z)}{X(z)}=\frac{0.905+0.01z^{-1}-0.895z^{-2}}{1-z^{-2}}$。

5.3 软锁相环

5.3.1 锁相环工作原理

锁相环(Phase-Locked Loop,简称 PLL)是一个相位反馈自动控制系统,

由以下三个基本模块组成：鉴相器（PD）、低通滤波器和压控振荡器（VCO）。传统 PLL 原理方框图如图 5-10 所示。

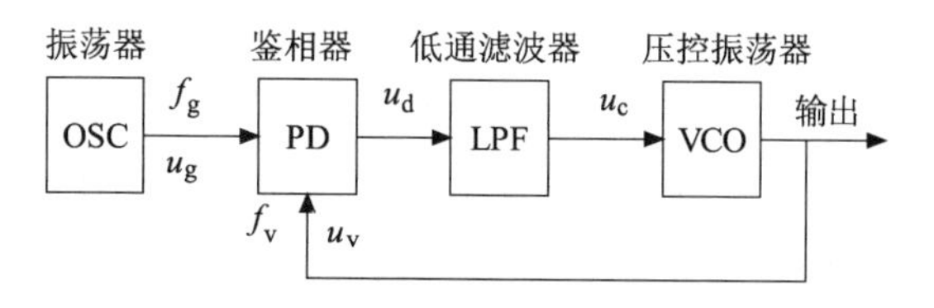

图 5-10 PLL 原理方框图

锁相环 PLL 的工作原理：压控振荡器的输出频率经过采集（或采集分频值），和基准频率信号同时输入鉴相器，鉴相器通过比较上述两个信号的频率差，并将差值 u_d 输入低通滤波器转化为直流电压 u_c，直流电压 u_c 控制压控振荡器 VCO 改变输出频率，使 VCO 的输出频率稳定于某一期望值。

软件程序能实现 PLL 相同的功能，称软锁相环 SPLL（Soft Phase-Locked Loop），其原理图如图 5-11 所示。软锁相环 SPLL 的工作原理与 PLL 工作原理相同，只是通过程序实现各模块的功能。

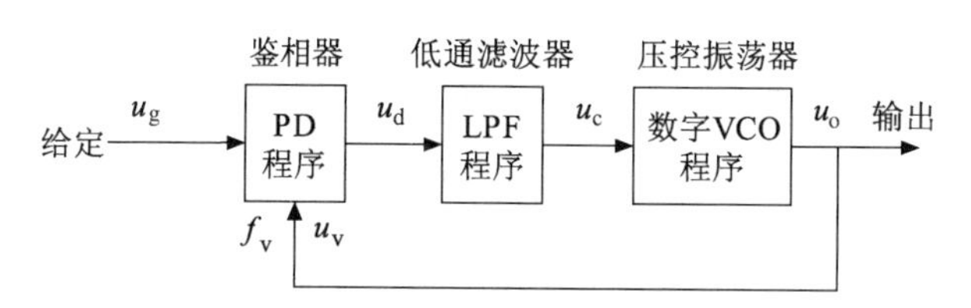

图 5-11 软锁相环 SPLL 原理图

5.3.2 三相 PLL

通常三相电网电压是平衡的，交流电压只存在正序分量。此时，$\alpha\beta$ 两相静止坐标系和 dq 两相旋转坐标系中的实际电压矢量 $\boldsymbol{U}$ 和锁相环对应电压矢量 $\boldsymbol{U}_{pll}$ 位置如图 5-12 所示，其中 dq 坐标以 ω 的角速度逆时针旋转。

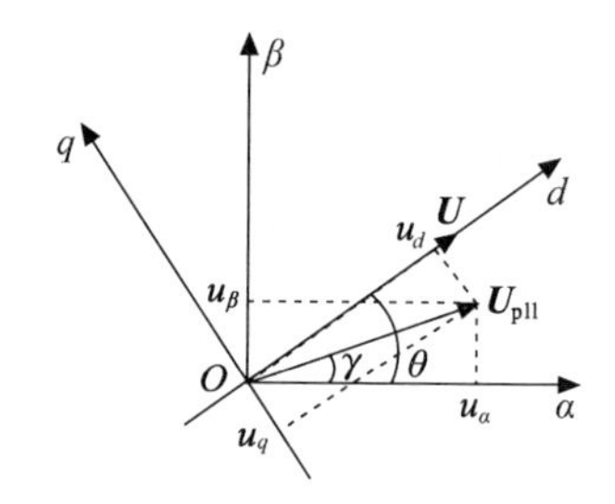

图 5-12 实际电压矢量和 PLL 对应电压矢量位置图

设定：$\boldsymbol{U}$ 为实际电压矢量，θ 为实际电压矢量 $\boldsymbol{U}$ 的角度（与 A/α 轴的夹角，A 轴、α 轴重合），$\boldsymbol{U}_{\mathrm{pll}}$ 为锁相环对应电压矢量，γ 为锁相环对应电压矢量 $\boldsymbol{U}_{\mathrm{pll}}$ 的角度。

以 dq 两相旋转坐标系中 d 轴定向实际电压矢量 $\boldsymbol{U}$ 方向，当锁相环处于准确锁相时，$\boldsymbol{U}_{\mathrm{pll}}$ 和 $\boldsymbol{U}$ 应该是完全重合的，即 $\gamma=\theta$。而当电网电压相位突变瞬间，电压矢量 $\boldsymbol{U}_{\mathrm{pll}}$ 和 $\boldsymbol{U}$ 位置必将产生差异（γ 与 θ 不等），必须采取适当的闭环控制措施使锁相环的输出满足 $\gamma=\theta$。

$\boldsymbol{U}_{\mathrm{pll}}$ 锁相环的输出电压矢量经 3s/2s 变换后，可以解耦为 u_α 和 u_β 分量。由图 5-12 得

$$\begin{cases}\cos\gamma=\dfrac{u_\alpha}{\sqrt{u_\alpha^2+u_\beta^2}}\\ \sin\gamma=\dfrac{u_\beta}{\sqrt{u_\alpha^2+u_\beta^2}}\end{cases}\tag{5-29}$$

电压矢量 $\boldsymbol{U}$ 的相位角 θ 和 PLL 输出相位角 γ 之差的正弦值是通过下式得到的：

$$\sin(\theta-\gamma)=\sin\theta\cos\gamma-\cos\theta\sin\gamma\tag{5-30}$$

$$\theta=\omega t\tag{5-31}$$

图 5-13 为单同步坐标系软锁相环（SSRF-SPLL）控制图，u_a，u_b，u_c 为输入的三相交流相电压，u_α，u_β 表示经三相静止坐标转两相静止坐标变换后的 α，β 轴的分量，由 u_α，u_β 可以计算出 γ 的正弦值、余弦值，由式(5-30)计算得 $\sin(\theta-\gamma)$，作为 PI 控制器的输入。当 $\theta-\gamma$ 比较小时，$\theta-\gamma$ 与 $\sin(\theta-\gamma)$ 近似。为了改进起始阶段跟踪效果，加入基准角频率 ω_0（电网的额定频率为 50 Hz），最后通过积分环节得到逆变器输出相位角 θ，积分环节的传递函数为 $\dfrac{1}{s}$。

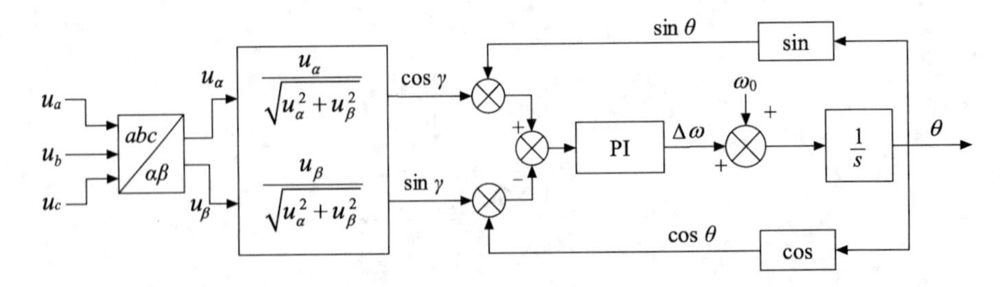

图 5-13 单同步坐标系软件锁相环(SSRF-SPLL)控制图

u_a,u_b,u_c 经 3s/2r 变换后可以直接得到 dq 轴分量,另外从图 5-12 中得以下关系:

$$\begin{bmatrix} u_d \\ u_q \end{bmatrix} = \boldsymbol{U}_{\text{pll}} \begin{bmatrix} \cos(\theta-\gamma) \\ \sin(\theta-\gamma) \end{bmatrix} \tag{5-32}$$

电压矢量 $\boldsymbol{U}$ 定向到 d 轴,$\boldsymbol{U}_{\text{pll}}$ 和 $\boldsymbol{U}$ 重合,则 $u_q=0$,得到图 5-14 的 SSRF-SPLL 锁相环结构图,这是一种应用最广泛的结构。给定 $u_q^*=0$,确定 PI 调节器的 K_{pll} 和 T_{pll} 参数,就可以获得相位角 θ。

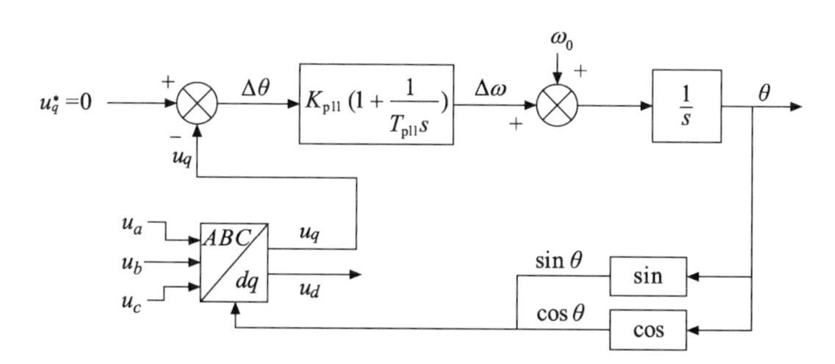

图 5-14 SSRF-SPLL 锁相环简化结构图

5.3.3 单相 OSG PLL

基于正交信号发生器(Orthogonal Signal Generator,简称 OSG)的锁相环(OSG PLL)是在电力电子和电力系统领域最受欢迎的单相 PLL 之一,主要是因为它们通常易于实现并能提供抗电网扰动的性能。

OSG PLL 有多种,包括 Delay-PLL(延迟)、Derive-PLL(生成)、Park-PLL(基于 Park 变换)、SOGI-PLL(SOGI,二阶广义积分器)、DOEC-PLL(DC Offset Error Compensation,直流偏置补偿)、VTD-PLL(Variable Time-Delay,可变延迟))、CCF-PLL(Complex-Coefficient Filter,复系数滤波器)和 TPFA-PLL(Three-Phase Frequency-Adaptive,三相频率自适应)。

图 5-15(a)是传统的 OSG-PLL 方法,也是基本方法,与 SSRF-SPLL 原理一致,只是实现有所不同。三相交流输入通过三相静止坐标系至两相静止坐标系的变换,产生 v_α,v_β 正交信号,然后输出相位 θ 信号,属于 3s-2s 变换的应用,因此可以认为,只要能产生 v_α,v_β 正交信号,就可以实现锁相环的功能。图 5-15(b)、图 5-15(c)、图 5-15(d)直接给出不同的 OSG 原理图,图 5-15(b)直接将输入延迟 90°,图 5-15(c)通过衍生时钟或通过信号差分运行产生相位差,图 5-15(d)基于 Park 变换产生 OSG,图 5-15(e)是基于二阶广义积分器

(SOGI)的 OSG 原理图。

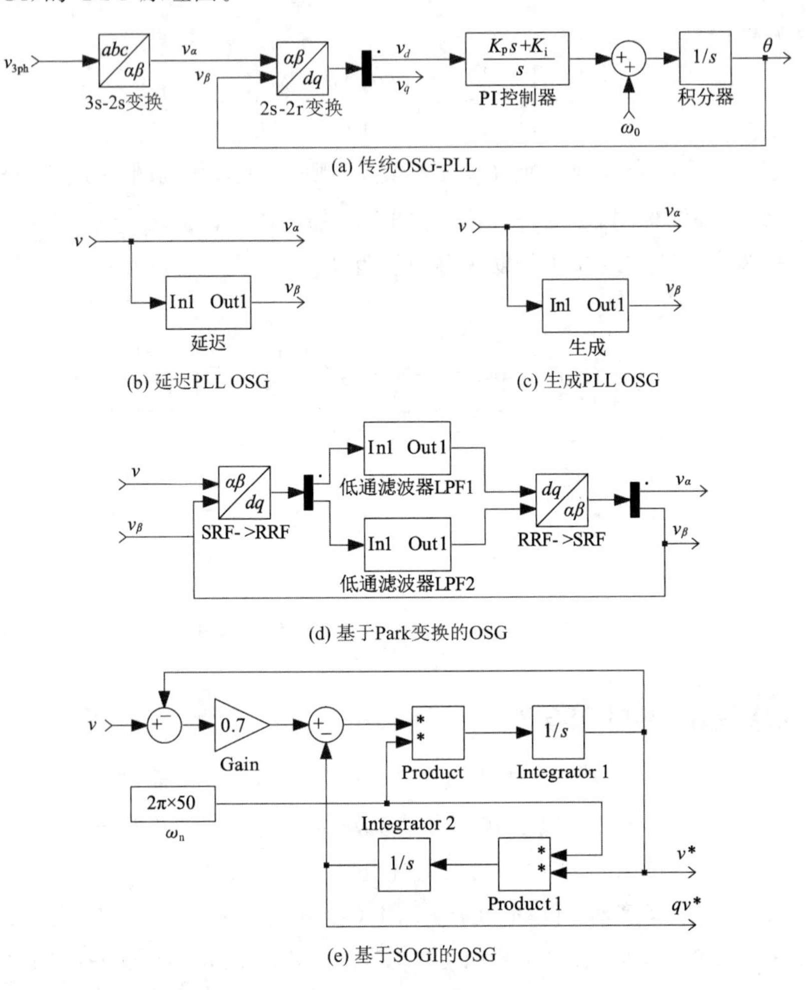

图 5-15 单相 PLL 和 OSG 产生方法原理图

当电网电压受到随机噪声污染时，所有 PLL 都具有一定的抗噪能力。在不同的电网干扰下，如电网电压骤降、相位和频率跳变，以及直流失调、谐波分量和白噪声等，这些 PLL 各有其优缺点。Delay-PLL，Derive-PLL 和 VTD-PLL 在电压骤降和相角跳变情况下，具有相对理想的动态性能。当电网电压有频率跳变时，Park-PLL 和 SOGI-PLL 有优势。当电网电压遭受谐波污染时，由于使用了滑动平均滤波器，TPFA-PLL 可以实现零稳态误差。对于直流失调情况下，DOEC-PLL 和 VTD-PLL 表现出最佳的性能。

基于 SOGI 算法的 OSG PLL 仿真模型和波形图如图 5-16 所示。模型中的 vin 元件为扰动信号。v_i 为输入信号，产生的正交信号 v' 和 qv'，二者相差 90°。SOGI 中有一个调节参数 K，增加 K 会使变换器的带通变宽，滤波效果变差，但是可以让滤波器的阶跃响应加快。

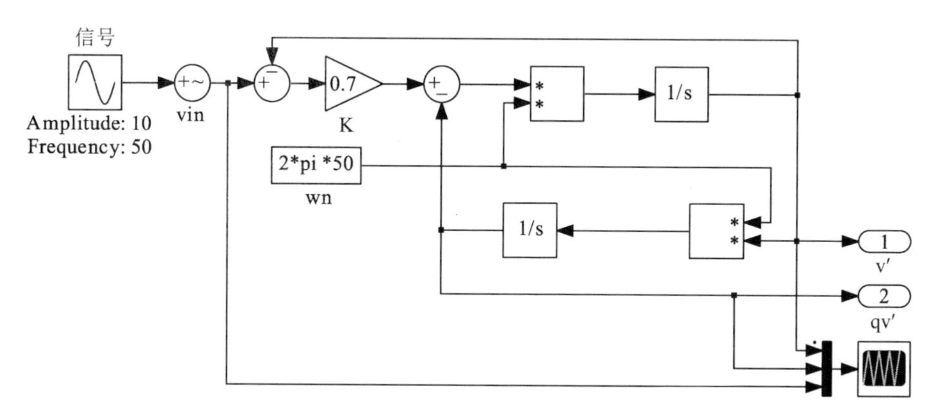

(a) 仿真模型

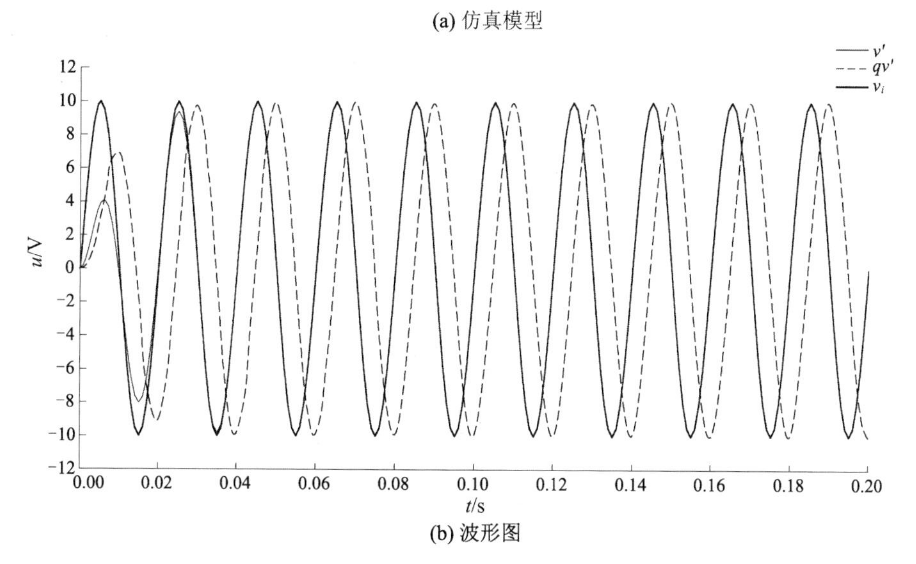

(b) 波形图

图 5-16　基于 SOGI 算法的 OSG PLL 仿真模型和波形图

延迟 OSG 产生方法思路很简单，直接将输入信号延迟 90°。有多种延迟办法延迟 90°，这里介绍一种通过低通滤波器实现的方法。单相电压使用两个一阶低通滤波器延迟相位产生正交电压 qv'（与输入信号组合就是 v_α 和 v_β），如图 5-17(a)所示。低通滤波器的标准传递函数为 $\frac{1}{1+Ts}=\frac{\omega_0}{s+\omega_0}$，$T$ 为时间常数，ω_0 为转折频率。当设置 $\omega=\omega_0$ 时，传递函数为

$$\frac{\omega_0}{\sqrt{\omega_0^2+\omega^2}}\angle -\arctan\frac{\omega}{\omega_0}=\frac{1}{\sqrt{2}}\angle -45^\circ \tag{5-33}$$

两个低通滤波器串联，则传递函数为

$$\frac{1}{\sqrt{2}}\angle -45^\circ \cdot \frac{1}{\sqrt{2}}\angle -45^\circ=\frac{1}{2}\angle -90^\circ \tag{5-34}$$

即输出信号幅值降为输入的一半，相移滞后 90°。

仿真目标 $f_0=50$ Hz，$\omega_0=2\pi f_0$，$T=1/\omega_0$。在仿真模块参数设置中，低通滤波器的时间常数 T 设为 $1/(2\pi\times 50)$，增益(Gain)为 2，低通滤波器 Fcn1 和 Fcn2 的传递函数相同，都是 $\dfrac{1}{\dfrac{1}{2\pi\times 50}s+1}$，波形图如图 5-17(b)所示。

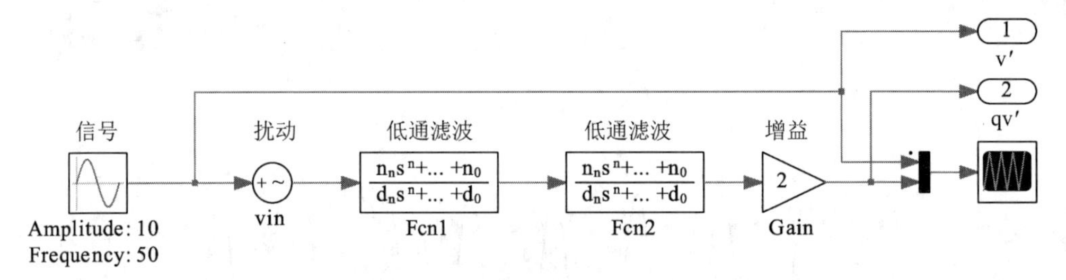

(a) 仿真模型

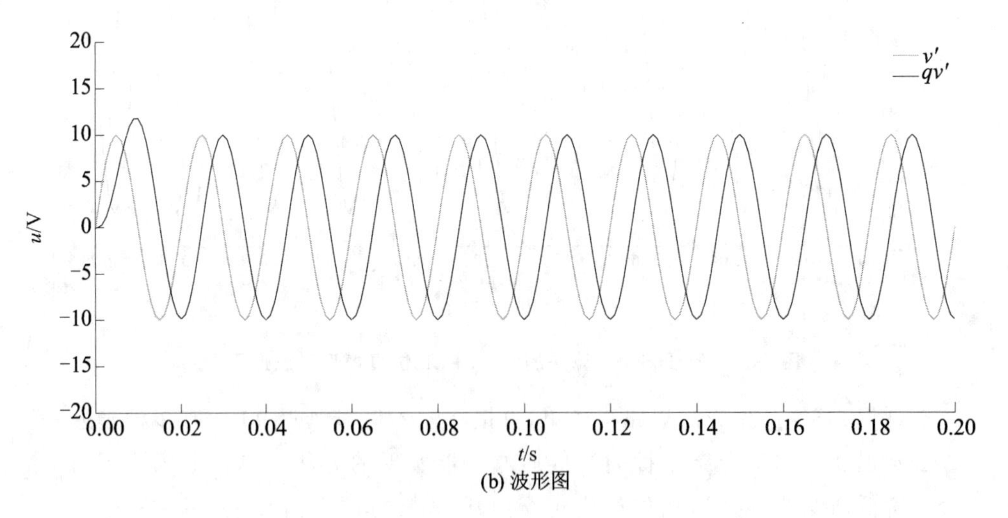

(b) 波形图

图 5-17 延迟法 OSG

微控制器的坐标变换实现

5.4.1 STC8A 微控制器实现坐标变换

准备一组数据作为采样信号，产生数据的方法是直接用 sin 函数产生，信号幅值为 1，设一个周期内采样 120 次（角度步长为 3°），由正弦函数产生数组 sintable[]存 120 个值，每个数值取小数点后 4 位有效数字。函数 get_vabc()取数，v_a，v_b，v_c 三个信号相差 120°。函数 clark_park()完成 Clark 和 Park 变换，v_a 的幅值为最大值时，定义为相位角 0°（v_a 定向）。具体程序如下：

```
1. /* ============ Main Program 主程序 ================== */
2. # include "stc8.h"
3. # include <stdio.h>
4. # include "uart.h"
5. # include <math.h>
6.
7. codefloat sintable [] = {
8. 0.0000, 0.0523, 0.1045, 0.1564, 0.2079, 0.2588, 0.3090, 0.3584, 0.4067,
   0.4540,
9. 0.5000, 0.5446, 0.5878, 0.6293, 0.6691, 0.7071, 0.7431, 0.7771, 0.8090,
   0.8387,
10. 0.8660, 0.8910, 0.9135, 0.9336, 0.9511, 0.9659, 0.9781, 0.9877, 0.9945,
   0.9986,
11. 1.0000, 0.9986, 0.9945, 0.9877, 0.9781, 0.9659, 0.9511, 0.9336, 0.9135,
   0.8910,
12. 0.8660, 0.8387, 0.8090, 0.7771, 0.7431, 0.7071, 0.6691, 0.6293, 0.5878,
   0.5446,
13. 0.5000, 0.4540, 0.4067, 0.3584, 0.3090, 0.2588, 0.2079, 0.1564, 0.1045,
   0.0523,
14. 0.0000, - 0.0523, - 0.1045, - 0.1564, - 0.2079, - 0.2588, - 0.3090,
   - 0.3584, - 0.4067, - 0.4540,
15. - 0.5000, - 0.5446, - 0.5878, - 0.6293, - 0.6691, - 0.7071, - 0.7431,
```

```
    -0.7771, -0.8090, -0.8387,
16. -0.8660, -0.8910, -0.9135, -0.9336, -0.9511, -0.9659, -0.9781,
    -0.9877, -0.9945, -0.9986,
17. -1.0000, -0.9986, -0.9945, -0.9877, -0.9781, -0.9659, -0.9511,
    -0.9336, -0.9135, -0.8910,
18. -0.8660, -0.8387, -0.8090, -0.7771, -0.7431, -0.7071, -0.6691,
    -0.6293, -0.5878, -0.5446,
19. -0.5000, -0.4540, -0.4067, -0.3584, -0.3090, -0.2588, -0.2079,
    -0.1564, -0.1045, -0.0523
20. };
21.
22. unsigned char va_index = 30, vb_index = 30 + 80, vc_index = 30 + 40;
                                                        //数据指针
23. float va, vb, vc, phi = 0.0, valpha, vbeta, vd, vq, v0;
                                                        //定义变量
24.
25. void clark_park (void);
26. void get_vabc (void);
27. /*-------------------------------------------------------------*/
28. void main(void)
29. {
30.     UART1_Init();
31.     while(1)
32.     {
33.         get_vabc ();
34.         clark_park ();
35.         printf("%.4f, %.4f, %.4f, %.4f, %.4f, %.4f, %.4f\n", va,vb,
              vc, valpha,vbeta,vd,vq);
36.     }
37. }
38. /*-------------------------------------------------------------*/
39. void get_vabc (void)                                    //获取va、vb、vc数据
40. {
41.     va = sintable[va_index++];
42.     vb = sintable[vb_index++];
43.     vc = sintable[vc_index++];
```

```
44.     if(va_index == 120)                                //从头重新取数
45.         va_index = 0;
46.     if(vb_index == 120)
47.         vb_index = 0;
48.     if(vc_index == 120)
49.         vc_index = 0;
50. }
51. /*-------------------------------------------------------*/
52. void clark_park (void)
53. {
54.     valpha = va;                                       //Clark 变换
55.     vbeta = 5.773502E-1f * vb - 5.773502E-1f * vc;
56.
57.     phi = phi + 3 * 3.14159f/180;                      //sin_table 步长 3 度
58.     phi = fmod(phi,6.283185f);
59.
60.     vd = cos(phi) * valpha + sin(phi) * vbeta;              //式(5-8)
61.     vq = - sin(phi) * valpha + cos(phi) * vbeta;
62.     v0 = 3.333333E-1f * (va + vb + vc);
63. }
64. /*****************************************************/
```

(v_a,v_b,v_c)为 sintable[]信号，作为电网的采集信号，可以通过 Clark 和 Park 变换将三相交流电转换为两相正弦信号和直流信号，Park 变换使用 Clark 变换和旋转坐标系变换获得。(v_a,v_b,v_c)信号如图 5-18(a)所示，(v_a,v_b,v_c)三个信号相位相差 120°，相序是 v_a,v_b,v_c。经过 Clark 变换(v_α,v_β)信号如图 5-18(b)所示，(v_α,v_β)信号相位相差 90°，v_α，v_α 超前 v_β。经过 Park 变换(v_d,v_q)如图 5-18(c)所示，(v_d,v_q)信号都是直流信号，因电压定向至 v_a，所以 $v_d=1$,$v_q=0$。

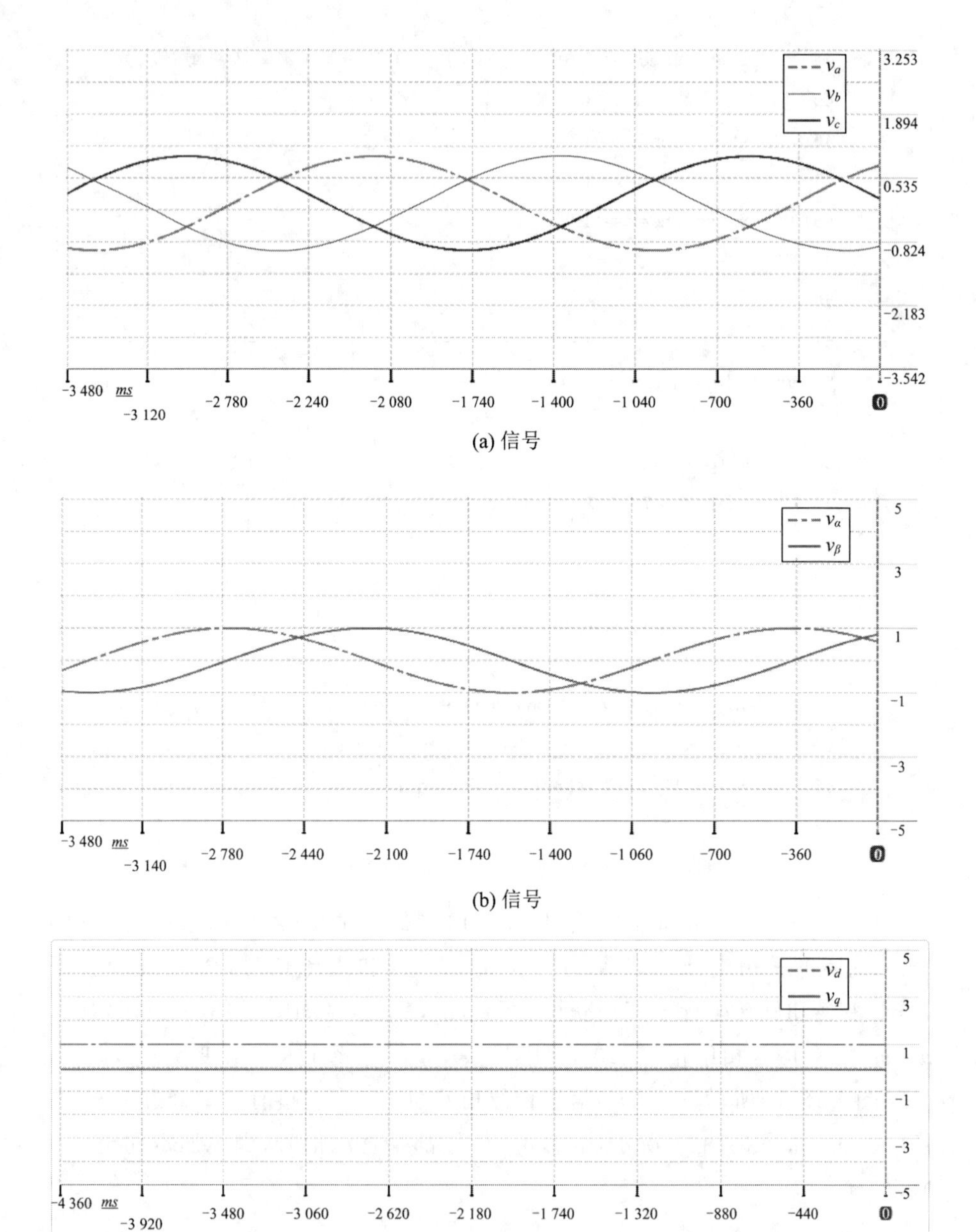

(a) 信号

(b) 信号

(c) 信号

图 5-18　坐标变换 Clark 和 Park 变换波形

5.4.2　STC8A 微控制器实现坐标反变换

以 5.4.1 为基础，编写坐标反变换函数 revese_park_clark()，输入（v_d，

v_q, φ)，输出($v_{\alpha r}, v_{\beta r}$)。

```
1.  float va_r, vb_r, vc_r, valpha_r, vbeta_r;
2.  void revese_park_clark (void)
3.  {
4.      //Ualpha_r = u[1] * cos(u[3]) - u[2] * sin(u[3]),
5.      //Ubeta_r = u[1] * sin(u[3]) + u[2] * cos(u[3])
6.      valpha_r = vd * cos(phi) - vq * sin(phi);          //电压定向
7.      vbeta_r = vd * sin(phi) + vq * cos(phi);
8.  
9.      va_r = valpha_r;
10.     vb_r = - valpha_r/2 + 0.866 * vbeta_r;
11.     vc_r = - valpha_r/2 - 0.866 * vbeta_r;
12. }
```

在主程序中，增加 revese_park_clark()函数调用。具体程序如下：

```
1.  void main(void)
2.  {
3.      UART1_Init();
4.      while(1)
5.      {
6.          get_vabc ();
7.          clark_park ();
8.          revese_park_clark ();
9.          printf(" % .4f, % .4f\n",valpha_r,vbeta_r);
10. 
11.     }
12. }
```

($v_{\alpha r}, v_{\beta r}$)波形如图 5-19 所示，两信号相差 90°。

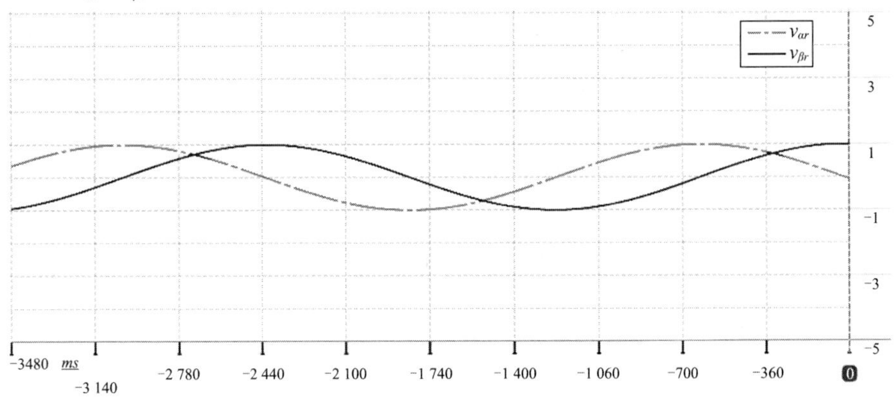

图 5-19 反变换($v_{\alpha r}$, $v_{\beta r}$)波形

通过串口打印(v_{ar},v_{br}, v_{cr}),语句如下:

```
1. printf("%.4f,%.4f,%.4f\n", va_r,vb_r,vc_r);
```

获得波形图 5-20,三信号相差 120°。

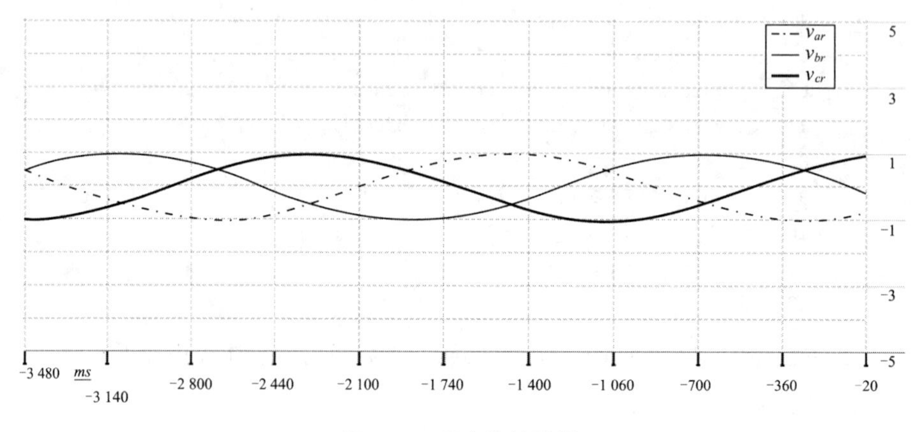

图 5-20 反变换波形图

5.4.3 STM32F4 微控制器实现延迟法 OSG

使用 STM32F407 型号微控制器,系统时钟频率 168 MHz,目标信号参考频率 f_{in}。

TIM2 作为定时器,总线频率 84 MHz,选预分频 4,产生 1 μs/21 脉冲,计数值(对应载波周期)21 000 000/1 000=21 000,自动重装载,则 TIM2 中断频率 1 kHz,采样周期 $T_s=1$ ms,即信号时间步长 1 ms。TIM2 设置全局中断允许。对于 50 Hz 信号可以采样 20 个点,即一个信号周期内计算 20 个正交信号输出值。

假定采样信号由 $\sin(\omega t+\varphi_0)$提供,$\omega=2\pi f_{in}$(Hz),f_{in} 为输入信号频率,φ_0 初相位在 0~6.28 之间。

使用直接移相产生正交信号,原理是延迟 OSG 产生法,低通滤波器传递函数是$\dfrac{1}{\dfrac{1}{2\pi f_{in}}s+1}$。用一阶后向差分法 $s=\dfrac{1-z^{-1}}{T_s}$将传递函数转换为差分方程,T_s 为采样周期,输出离散值用 $y(n)$表示,输入的离散值用 $x(n)$表示,$a=\dfrac{T_s}{T_s+\dfrac{1}{2\pi f_{in}}}$,得滤波器方程为 $y(n)=ax(n)+(1-a)y(n-1)$。

具体程序如下:

```
1.  /*************************************************/
2.  /* Includes -------------------------------------------------*/
3.  #include "main.h"
4.  #include "tim.h"
5.  #include "usart.h"
6.  #include "gpio.h"
7.
8.  /* Private includes -----------------------------------------*/
9.  /* USER CODE BEGIN Includes */
10. #include "stdio.h"
11. #include "math.h"
12. /* USER CODE END Includes */
13. /* USER CODE BEGIN PV */
14. float fin = 30.0, phi = 0.2;                    //频率、相位可变
15. float v, vq;
16. float filter1_out, filter2_out;
17. uint16_t tsample_counter = 0, t2flag;
18. /* USER CODE END PV */
19.
20. /* Private function prototypes -------------------------------*/
21. void SystemClock_Config(void);
22. /* Private user code ----------------------------------------*/
23. /* USER CODE BEGIN 0 */
24. void HAL_TIM_PeriodElapsedCallback(TIM_HandleTypeDef *htim)
25. {
26. if(htim == (&htim2))
27.     {
28.         t2flag = 1;
29.     }
30. }
31.
32. /* USER CODE END 0 */
33. /*-----------------------------------------------------------*/
34. int main(void)
35. {
36.   float a = 0.001/(0.001 + 1/(2 * 3.1415926 * fin));
```

```
37.  //滤波系数    a = tsample/(tsample + T)
38.  HAL_Init();
39.  SystemClock_Config();
40.  /* Initialize all configured peripherals */
41.  MX_GPIO_Init();
42.  MX_USART1_UART_Init();
43.  MX_TIM2_Init();
44.  /* USER CODE BEGIN 2 */
45.  HAL_TIM_Base_Start_IT(&htim2);                  //允许中断
46.  /* USER CODE END 2 */
47.
48.  /* Infinite loop */
49.  /* USER CODE BEGIN WHILE */
50.  while (1)
51.  {
52.      if(t2flag == 1)                             //发生中断
53.      {
54.          t2flag = 0;
55.          tsample_counter ++ ;
56.          if(tsample_counter == 1000)
57.              tsample_counter = 0;
58.          v = sin(tsample_counter * 2 * 3.14159 * fin/1000 + phi);
59.          //OSG 正交信号产生
60.          filter1_out = a * v + (1 - a) * filter1_out;
61.          filter2_out = a * filter1_out + (1 - a) * filter2_out;
62.          vq = 2 *  filter2_out;
63.
64.          printf("%.3f, %.3f\n", v, vq);
65.      }
66.  }
67. }
68. /*********************************************/
```

输入 $f_{in}=30$ Hz 交流电信号，初相位 $\varphi=0.2$，输出波形和频谱图如图 5-21(a)所示，输入 $f_{in}=50$ Hz 交流电信号，$\varphi=0$，输出波形和频谱图如图 5-21(b)所示，超前的信号为交流电输入，滞后的信号为产生的正交信号。

两图的下半部分是信号的频谱图，正交信号与输入信号频率一致。

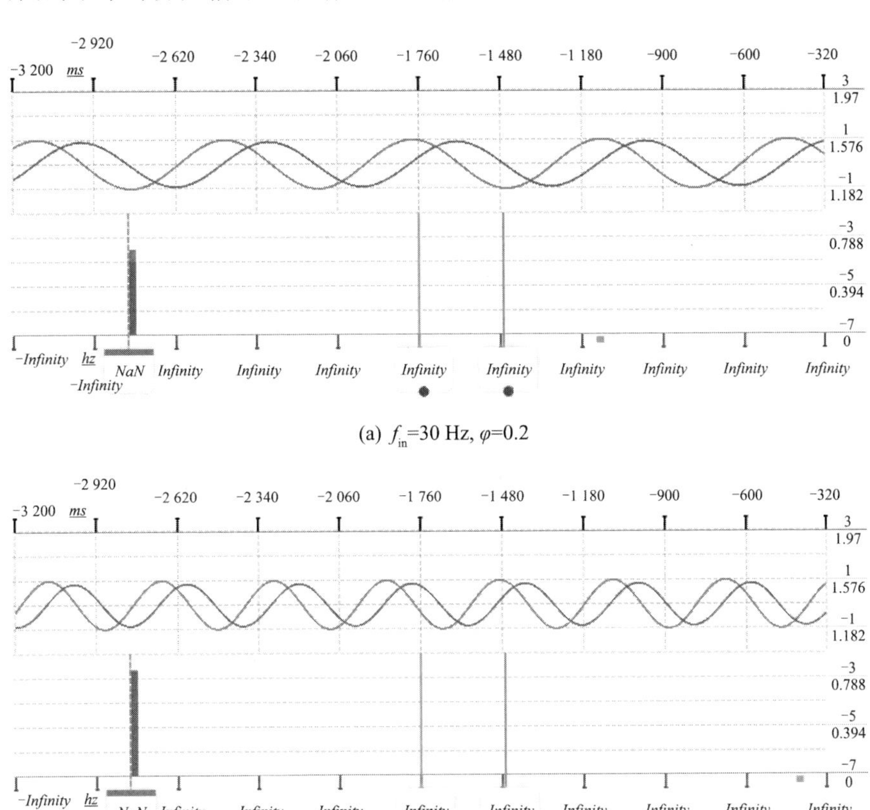

(a) f_{in}=30 Hz, φ=0.2

(b) f_{in}=50 Hz, φ=0

图 5-21 PLL 输出波形和频谱图

5.4.4 STM32F4 微控制器实现锁相环

使用 STM32F407 型号的微控制器，系统频率 168MHz，可以利用自带的 DSP 模块和 math 库，增强程序的运算速度，计数正弦、余弦值，PLL 通过 PI 控制器调节输出锁相信号。APB1 预分频 4，APB1 Timer clocks 84 MHz，TIM2 计数值 4 200－1，TIM2 产生 5 kHz 中断，采样时间 0.000 2 s。采样信号由 sin 函数模拟，幅值设为 1，按照 SSRF-SPLL 锁相环简化结构编制程序。具体程序如下：

```
1. /*************************************************/
2. /* Includes -----------------------------------------------*/
```

```
3.  # include "main.h"
4.  # include "tim.h"
5.  # include "usart.h"
6.  # include "gpio.h"
7.  # include "stdio.h"
8.  # include "math.h"
9.  /* USER CODE BEGIN PV */
10. unsigned char t2flag, t2counter;       //TIM2 中断 5kHz,取样时间 0.0002s
11. float PI = 3.14159, PWM_F = 9000 ;     //输入信号频率 PWM_F 参数可变
12. float theta1 = 0, theta2 = 120, theta3 = 240;
13. float delta_theta;                      //输入信号角度步长
14.
15. float va, vb, vc, valpha, vbeta, vd, vq, v0;
16. float wt = 0.31415925, theta = 0, spc_angle;                //初始值
17. //PLL VARIABLES          //5kHz, Tsample = 0.0002s
18. float _K_p = 180, _K_i = 720, error_sum;                     //PI 系数
19. /* USER CODE END PV */
20. /* Private function prototypes -------------------------------*/
21. void SystemClock_Config(void);
22. /* USER CODE BEGIN PFP */
23. void bound_check(float *var);                                 //边界检测
24. void PLL_DQ (void);                                           //锁相
25. void get_adc(void);                                           //采集数据
26. float PI_control (float ref, float real);
27. /* USER CODE END PFP */
28. /* Private user code ----------------------------------------*/
29. /* USER CODE BEGIN 0 */
30. void HAL_TIM_PeriodElapsedCallback (TIM_HandleTypeDef *htim) //中断
31. {
32.   if(htim == (&htim2))
33.     {
34.       t2flag = 1;
35.       t2counter ++ ;
36.       if(t2counter <= 2000)              //产生周期性频率扰动,用于调试
37.       {
38.           delta_theta = 360/(9000/50);
```

```
39.         }
40.         else if(t2counter <= 4000)
41.         {
42.             t2counter = 0;
43.             delta_theta = 360/(2000/50);
44.         }
45.     }
46. }
47. /*------------------------------------------------------------*/
48. /* USER CODE END 0 */
49. int main(void)
50. {
51.   HAL_Init();
52.   SystemClock_Config();
53.   MX_GPIO_Init();
54.   MX_USART1_UART_Init();
55.   MX_TIM2_Init();
56.   /* USER CODE BEGIN 2 */
57.   delta_theta = 360/(PWM_F/50);      //角度步长计算
58.   HAL_TIM_Base_Start_IT(&htim2);
59.   /* USER CODE END 2 */
60.
61.   /* Infinite loop */
62.   /* USER CODE BEGIN WHILE */
63.   while (1)
64.   {
65.         if(t2flag == 1)
66.         {
67.             t2flag = 0;
68.             get_adc();
69.             PLL_DQ();
70.             printf("%.3f,%.3f,%.3f\n", theta, valpha, spc_angle);
71.         }
72.     /* USER CODE END WHILE */
73.   }
74. }
```

```
75. /* USER CODE BEGIN 4 -----------------------------------------*/
76. void bound_check(float *var)          //边界检测,循环取数
77. {
78.     if( *var>= 360)
79.     {
80.         *var = 0;
81.     }
82. }
83. void get_adc(void)                    //用 sin 函数模拟 ADC 数据
84. {
85.         theta1 + = delta_theta;
86.         bound_check(&theta1);
87.         theta2 + = delta_theta;
88.         bound_check(&theta2);
89.         theta3 + = delta_theta;
90.         bound_check(&theta3);
91.
92.         va = sinf(theta1 * PI/180);
93.         vb = sinf(theta3 * PI/180);
94.         vc = sinf(theta2 * PI/180);
95. }
96. void PLL_DQ (void) {
97.         //STEP 0   获得 va、vb、vc 的值
98.         //STEP 1          计算相位
99.         theta = theta + wt * 0.0002;      //取样时间 0.0002s
100.        theta = fmodf(theta, 6.283185f);
101.        //STEP 2          坐标变换 Clark Park
102.            valpha = 6.666667E - 1f * va - 3.333333E - 1f * vb - 3.333333E -
              1f * vc;
103.            vbeta = 5.773502E - 1f * vb - 5.773502E - 1f * vc;
104.            vd = sinf(theta) * valpha - cosf(theta) * vbeta;
105.            vq = cosf(theta) * valpha + sinf(theta) * vbeta;
106.            v0 = 3.333333E - 1f * (va + vb + vc);
107.            //STEP 3          PI 控制器锁相
108.            wt = PI_control(0, - vq);
109.
```

```
110.         spc_angle = atan2(vbeta, valpha);
111.         //直接用 vbeta, valpha 计算相角,与 PLL 值比较
112.         if(spc_angle<0)
113.         {
114.             spc_angle = 2 * PI + spc_angle;
115.         }
116. }
117. float PI_control(float ref, float real)    //位置型 PI 控制器
118. {
119.     float out, pi_error;
120.     pi_error = ref - real;
121.     error_sum += pi_error;
122.     out = _K_p * pi_error + _K_i * error_sum;
123.     return (out);
124. }
125. /*-------------------------------------------------------*/
```

程序运行结果如图 5-22 所示。v_a(与 v_α 相同,正弦信号),PLL 输出的相位信号 wt(浅色锯齿波信号)与 v_a 保持同步,幅值 0～6.28,深色锯齿波信号为 $\alpha\beta$ 坐标系的合成电压相角 spc_angle(滞后于 wt)。spc_angle 通过直接计算反三角函数获得,直接计算三相交流电信号的相角,仅用于信号验证。因 spc_angle 相角是以 v_α 的最大值为起始 0°,所以该相角与 PLL 相输出相角 wt 相差 90°。

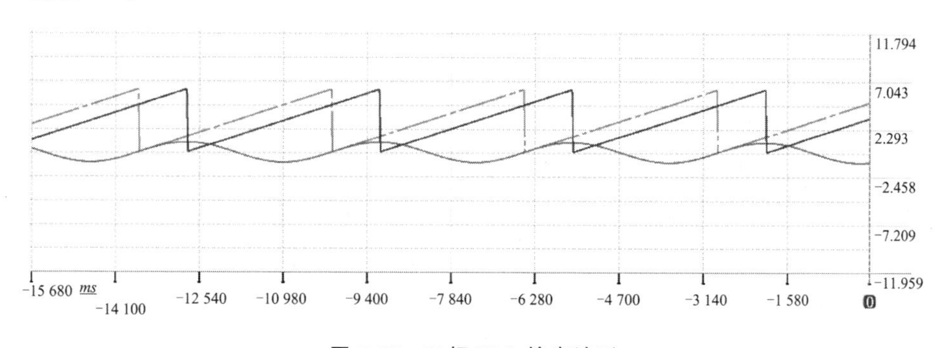

图 5-22 三相 PLL 输出波形

中断程序中,周期性改变输入信号的相角作为频率扰动,修改 PI 控制器的比例系数 K_P、积分系数 K_I 改变 PLL 相位跟踪速度,PI 控制器使用位置型计算方法。

6 空间电压矢量脉宽调制

6.1 空间电压矢量 PWM 信号

空间电压矢量 PWM(Space Voltage Vector PWM,SVPWM)与传统的 SPWM 不一样,它是从三相输出电压的总体效果出发,着眼于如何使逆变器输出理想圆形磁链轨迹,等效于一个发动机的工作。

SVPWM 的理论基础是平均值等效原理,即在一个开关周期内通过对基本电压矢量加以组合,使其平均值与给定电压矢量相等。在某个时刻,电压矢量旋转到某个区域中,可由组成这个区域的两个相邻的非零的基本电压矢量和零电压矢量在时间上的不同组合得到。两个基本电压矢量的作用时间在一个采样周期内分多次施加,从而控制各个基本电压矢量的作用时间,使空间电压矢量接近圆轨迹旋转,通过桥式逆变电路的不同开关状态所产生的实际磁通去逼近理想磁通圆,并由两者的比较结果来决定逆变器的开关状态,从而形成 PWM 波形。

SVPWM 技术与 SPWM 相比较,有很多优势,如使直流母线电压的利用率有了很大提升,且更易于实现数字化等,应用于电机系统时,电机的绕组电流波形的谐波成分小,使得电机转矩脉动下降,旋转磁场更逼近圆形。

设直流母线电压为 U_{dc},逆变器输出的三相相电压为 u_{AO},u_{BO},u_{CO},其分别加在空间上互差 120°的三相平面静止坐标系上,可以定义三个空间电压矢量 $\boldsymbol{U}_{AO}$,$\boldsymbol{U}_{BO}$,$\boldsymbol{U}_{CO}$,它们的方向始终在各相的轴线上,而大小则随时间按正弦规律变化,相位互差 120°。用 U_m 表示相电压基波峰值,ω 表示电源角频率,则有

$$\begin{cases} u_{AO}(t)=U_{\mathrm{m}}\cos\omega t=\dfrac{U_{\mathrm{m}}}{2}(\mathrm{e}^{\mathrm{j}\omega t}+\mathrm{e}^{-\mathrm{j}\omega t}) \\ u_{BO}(t)=U_{\mathrm{m}}\cos\left(\omega t-\dfrac{2\pi}{3}\right)=\dfrac{U_{\mathrm{m}}}{2}[\mathrm{e}^{\mathrm{j}(\omega t-2\pi/3)}+\mathrm{e}^{-\mathrm{j}(\omega t-2\pi/3)}] \\ u_{CO}(t)=U_{\mathrm{m}}\cos\left(\omega t+\dfrac{2\pi}{3}\right)=\dfrac{U_{\mathrm{m}}}{2}[\mathrm{e}^{\mathrm{j}(\omega t+2\pi/3)}+\mathrm{e}^{-\mathrm{j}(\omega t+2\pi/3)}] \end{cases} \tag{6-1}$$

三相电压波形和合成空间电压矢量 $\boldsymbol{U}_{\mathrm{ref}}(t)$ 如图 6-1 所示，图中包括合成的空间电压矢量和三相交流电的波形。

$$\begin{aligned} \boldsymbol{U}_{\mathrm{ref}}(t) &= \boldsymbol{U}_{AO}(t)+\boldsymbol{U}_{BO}(t)+\boldsymbol{U}_{CO}(t) \\ &= u_{AO}(t)\mathrm{e}^{\mathrm{j}0}+u_{BO}(t)\mathrm{e}^{\mathrm{j}2\pi/3}+u_{CO}(t)\mathrm{e}^{-\mathrm{j}2\pi/3} \end{aligned} \tag{6-2}$$

将式(6-1)中 $u_{AO}(t)$，$u_{BO}(t)$，$u_{CO}(t)$ 代入式(6-2)，化简后得

$$\boldsymbol{U}_{\mathrm{ref}}(t)=\frac{3}{2}U_{\mathrm{m}}\mathrm{e}^{\mathrm{j}\omega t} \tag{6-3}$$

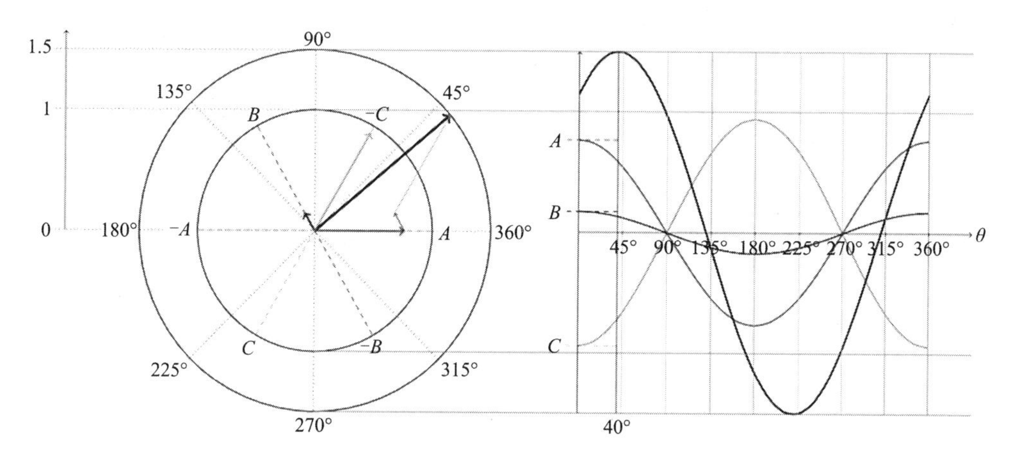

图 6-1 三相电压波形和合成空间电压矢量图

这就是将三相空间电压矢量合成一个幅值为 $3U_{\mathrm{m}}/2$ 的同频电压矢量；同样，也可以将一个空间电压矢量分解到两相坐标系和三相坐标系。这种分解和合成有 Clark 变换、Park 变换、Clark 反变换、Park 反变换、极坐标变换，而且变换有等功率和等幅值的区分，系统在做功率处理时通常用等功率变换，系统做电压信号处理时通常用等幅值变换。

假设一个电机的三相交流电压，其幅值为 U_{m}，角频率为 ω，各相电压相差 120°，可以通过 Clark 变换，将其分解成两相坐标系的电压 u_α，u_β。

Clark 等幅值变换：

$$\begin{bmatrix} u_\alpha \\ u_\beta \end{bmatrix} = \frac{2}{3}\begin{bmatrix} 1 & -\frac{1}{2} & -\frac{1}{2} \\ 0 & \frac{\sqrt{3}}{2} & -\frac{\sqrt{3}}{2} \end{bmatrix}\begin{bmatrix} U_\mathrm{m}\sin\omega t \\ U_\mathrm{m}\sin\left(\omega t-\frac{2}{3}\pi\right) \\ U_\mathrm{m}\sin\left(\omega t+\frac{2}{3}\pi\right) \end{bmatrix} = U_\mathrm{m}\begin{bmatrix} \sin\omega t \\ \cos\omega t \end{bmatrix} \tag{6-4}$$

Clark 等功率变换：

$$\begin{bmatrix} u_\alpha \\ u_\beta \end{bmatrix} = \sqrt{\frac{2}{3}}\begin{bmatrix} 1 & -\frac{1}{2} & -\frac{1}{2} \\ 0 & \frac{\sqrt{3}}{2} & -\frac{\sqrt{3}}{2} \end{bmatrix}\begin{bmatrix} U_\mathrm{m}\sin\omega t \\ U_\mathrm{m}\sin\left(\omega t-\frac{2}{3}\pi\right) \\ U_\mathrm{m}\sin\left(\omega t+\frac{2}{3}\pi\right) \end{bmatrix} = \sqrt{\frac{3}{2}}U_\mathrm{m}\begin{bmatrix} \sin\omega t \\ \cos\omega t \end{bmatrix} \tag{6-5}$$

三相桥式电路(图 6-2)有 6 个电力电子开关管，使用 MOSFET、GTR、IGBT 都可以，构成 3 个桥臂。控制 6 个开关需要 6 个控制信号，用高电平控制开关管导通，低电平关断。因为每个桥臂的上下两个开关管不能同时导通，所以每个桥臂的两个开关管控制信号不能同时为 1，但可以同时为 0。

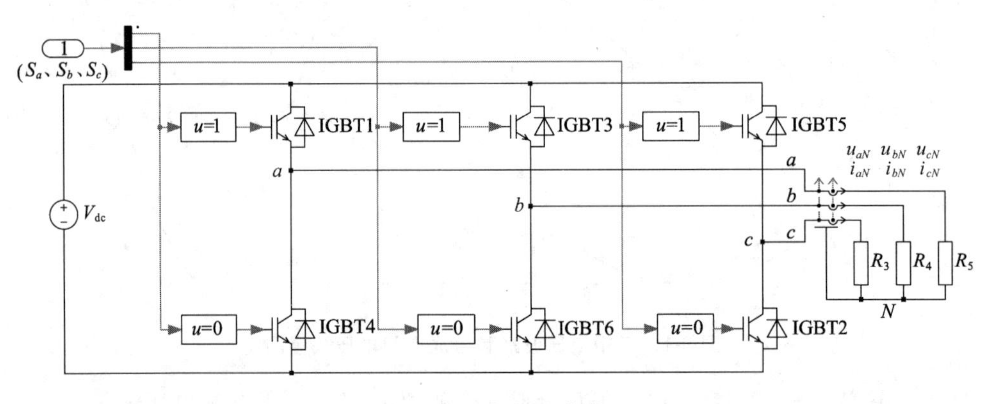

图 6-2 三相桥式电路

定义开关函数

$$S_x = \begin{cases} 1, & \text{上桥臂导通} \\ 0, & \text{下桥臂导通} \end{cases} \tag{6-6}$$

式中，$x=a,b,c$，分别代表三个桥臂。

三个桥臂的开关函数(S_a,S_b,S_c)的全部可能组合共有 8 个，开关静态时对应 6 个非零的基本电压矢量 $\boldsymbol{U}_1 \sim \boldsymbol{U}_6$ 和两个零电压矢量 $\boldsymbol{U}_0,\boldsymbol{U}_7$。用 U_{dc} 表示直流母线电压，开关状态与相电压(u_{aN},u_{bN},u_{cN})、线电压(u_{ab},u_{bc},u_{ca})对应关系列于表 6-1。

表 6-1 开关状态与相电压、线电压对应关系

S_a	S_b	S_c	电压矢量	u_{ab}	u_{bc}	u_{ca}	u_{aN}	u_{bN}	u_{cN}
0	0	0	$\boldsymbol{U}_0$	0	0	0	0	0	0
1	0	0	$\boldsymbol{U}_4$	U_{dc}	0	$-U_{dc}$	$\frac{2}{3}U_{dc}$	$-\frac{1}{3}U_{dc}$	$-\frac{1}{3}U_{dc}$
1	1	0	$\boldsymbol{U}_6$	0	U_{dc}	$-U_{dc}$	$\frac{1}{3}U_{dc}$	$\frac{1}{3}U_{dc}$	$-\frac{2}{3}U_{dc}$
0	1	0	$\boldsymbol{U}_2$	$-U_{dc}$	U_{dc}	0	$-\frac{1}{3}U_{dc}$	$\frac{2}{3}U_{dc}$	$-\frac{1}{3}U_{dc}$
0	1	1	$\boldsymbol{U}_3$	$-U_{dc}$	0	U_{dc}	$-\frac{2}{3}U_{dc}$	$\frac{1}{3}U_{dc}$	$\frac{1}{3}U_{dc}$
0	0	1	$\boldsymbol{U}_1$	0	$-U_{dc}$	U_{dc}	$-\frac{1}{3}U_{dc}$	$-\frac{1}{3}U_{dc}$	$\frac{2}{3}U_{dc}$
1	0	1	$\boldsymbol{U}_5$	U_{dc}	$-U_{dc}$	0	$\frac{1}{3}U_{dc}$	$-\frac{2}{3}U_{dc}$	$\frac{1}{3}U_{dc}$
1	1	1	$\boldsymbol{U}_7$	0	0	0	0	0	0

表中$\boldsymbol{U}_4-\boldsymbol{U}_6-\boldsymbol{U}_2-\boldsymbol{U}_3-\boldsymbol{U}_1-\boldsymbol{U}_5-\boldsymbol{U}_4$，每两个基本电压矢量间隔60°，而$\boldsymbol{U}_0$，$\boldsymbol{U}_7$两个零电压矢量幅值为零，位于矢量图中心。将电压变动一周分成6个扇区，在每一个扇区（设定一个时间周期T_s内有小于T_s的T_x，T_y，T_0时间片段）选择相邻的两个基本电压矢量（U_x，U_y）及零电压矢量（$\boldsymbol{U}_0$或$\boldsymbol{U}_7$），按照伏秒平衡的原则来合成每个扇区内的任意电压矢量$\boldsymbol{U}_{ref}(t)$，$\boldsymbol{U}_{ref}(t)$幅值为U_{ref}，即

$$U_{ref}T_s=U_xT_x+U_yT_y+U_0T_0 \tag{6-7}$$

由于三相正弦波在空间电压矢量中合成一个等效的旋转电压，其旋转频率是输入电源角频率，等效旋转电压的轨迹将是圆形。要产生三相正弦波电压，可以利用以上电压矢量合成原理，将设定的基本电压矢量由$\boldsymbol{U}_4$（开关函数100）位置开始，每一次增加一个小增量电压矢量，用该扇区中相邻的两个基本电压矢量与零电压矢量予以合成，如此所得到的电压矢量就等效于一个平滑旋转的空间电压矢量。

6.2 SVPWM的算法分析

6.2.1 合成电压分解

用$\boldsymbol{U}_{ref}(t)$记为三相交流电的空间电压合成的矢量,SVPWM算法是通过输入的u_α和u_β(或用三相电压u_a,u_b,u_c经过Clark变换)两相电压计算出三相电压的PWM占空比。

以第一扇区为例,U_4为起始电压,T_4为U_4的作用时间,T_6为U_6的作用时间,T_s为开关周期,$\boldsymbol{U}_{ref}(t)$的幅值为U_{ref},相角θ,将$\boldsymbol{U}_{ref}(t)$正交分解得

$$\begin{cases}U_{ref}\cos\theta=\dfrac{T_4}{T_s}U_4+\dfrac{T_6}{T_s}U_6\cos\dfrac{\pi}{3}\\U_{ref}\sin\theta=\dfrac{T_6}{T_s}U_6\sin\dfrac{\pi}{3}\end{cases}\tag{6-8}$$

在三相静止坐标系中

$$|U_4|=|U_6|=U_{dc}\tag{6-9}$$

解式(6-8)得

$$\begin{cases}T_4=mT_s\sin\left(\dfrac{\pi}{3}-\theta\right)\\T_6=mT_s\sin\theta\end{cases}\tag{6-10}$$

式中,m为SVPWM的调制系数,即

$$m=\frac{2}{\sqrt{3}}\frac{U_{ref}}{U_{dc}}=\frac{2}{3}\sqrt{3}\frac{U_{ref}}{U_{dc}}\tag{6-11}$$

在$\alpha\beta$坐标系下分析时,$|U_4|=|U_6|=\dfrac{2}{3}U_{dc}$,$m=\dfrac{\sqrt{3}U_{ref}}{U_{dc}}$。

若要求$\boldsymbol{U}_{ref}(t)$的幅值保持恒定,则$\boldsymbol{U}_{ref}(t)$的轨迹为一圆形。若要求三相电压波形不失真(不饱和),则$\boldsymbol{U}_{ref}(t)$的轨迹应在正六边形内部。结合以上两条可知$\boldsymbol{U}_{ref}(t)$的幅值取最大值时的轨迹为正六边形的内切圆$U_{ref}=\dfrac{\sqrt{3}}{2}U_{dc}$,此时$m=1$,故$m\leqslant1$。

6.2.2 7段式SVPWM

7段式SVPWM，也称连续SVPWM(CVSVPWM)，这种方式是以减少开关次数为目标(可以降低开关功率损耗)，将基本电压矢量作用顺序的分配原则选定为在每次开关状态转换时，只改变其中一相的开关状态，并且对零电压矢量在时间上进行平均分配，使产生的PWM对称，从而有效地降低PWM的谐波分量。7段式SVPWM实际使用中用的较多。

零电压矢量所分配的时间为：7段SVPWM的$T_7=T_0=(T_s-T_4-T_6)/2$[对于5段SVPWM，$T_7=(T_s-T_4-T_6)$，$T_0=0$，或T_7与T_0交换]。第一扇区$\boldsymbol{U}_{ref}(t)$电压的合成顺序为$\boldsymbol{U}_0$，$\boldsymbol{U}_4$，$\boldsymbol{U}_6$，$\boldsymbol{U}_7$，$\boldsymbol{U}_6$，$\boldsymbol{U}_4$，$\boldsymbol{U}_0$，6次开关切换，属7段SVPWM，将第一扇区所用方法推广到其他扇区，得到7段SVPWM与开关顺序对应表6-2，其中波形是三相开关函数的波形。

表6-2 7段SVPWM与开关顺序对应关系

合成电压所在位置	电压矢量(下标)切换顺序	开关函数(S_a，S_b，S_c)波形图
1扇区($0°\leqslant\theta\leqslant60°$)	0—4—6—7—7—6—4—0	T_s $T_0/2$ $T_4/2$ $T_6/2$ $T_7/2$ $T_7/2$ $T_6/2$ $T_4/2$ $T_0/2$
2扇区($60°\leqslant\theta\leqslant120°$)	0—2—6—7—7—6—2—0	T_s $T_0/2$ $T_2/2$ $T_6/2$ $T_7/2$ $T_7/2$ $T_6/2$ $T_2/2$ $T_0/2$
3扇区($120°\leqslant\theta\leqslant180°$)	0—2—3—7—7—3—2—0	T_s $T_0/2$ $T_2/2$ $T_3/2$ $T_7/2$ $T_7/2$ $T_3/2$ $T_2/2$ $T_0/2$

续表

合成电压所在位置	电压矢量(下标)切换顺序	开关函数(S_a,S_b,S_c)波形图
4 扇区(180°≤θ≤240°)	0—1—3—7—7—3—1—0	T_s；$T_0/2$ $T_1/2$ $T_3/2$ $T_7/2$ $T_7/2$ $T_3/2$ $T_1/2$ $T_0/2$
5 扇区(240°≤θ≤300°)	0—1—5—7—7—5—1—0	T_s；$T_0/2$ $T_1/2$ $T_5/2$ $T_7/2$ $T_7/2$ $T_5/2$ $T_1/2$ $T_0/2$
6 扇区(300°≤θ≤360°)	0—4—5—7—7—5—4—0	T_s；$T_0/2$ $T_4/2$ $T_5/2$ $T_7/2$ $T_7/2$ $T_5/2$ $T_4/2$ $T_0/2$

为便于理解，现画出各扇区空间电压矢量位置与每扇区开关函数的波形图(图 6-3)。图中波形对应的是桥式电路三个桥臂的开关函数(S_a,S_b,S_c)的波形。

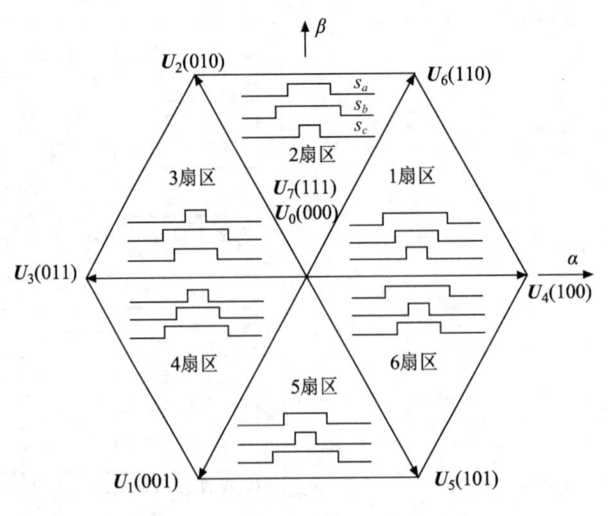

图 6-3 空间电压矢量位置与每扇区开关函数的波形图

6.2.3 5段式SVPWM

5段式SVPWM，也称为离散型SVPWM(Discontinuous Space Vector Pulse Width Modulation，DSVPWM)。7段式SVPWM的特点是SVPWM的波形对称，谐波含量较小，但是每个开关周期有6次开关切换。为了进一步减少开关次数，一相的开关在某单个扇区中状态维持不变，使得每个开关周期只有4次开关切换，形成5段式SVPWM，但是输出会增大谐波含量。

为了获得5段式SVPWM，分析电压合成，要求每个扇区中有两个基本电压矢量和两个零电压矢量，一个零电压矢量(000)在开关周期开始处，另一个零电压矢量(111)在开关周期结束处。如果可以将两个连续的半周基本电压矢量结合起来，可以消除一个零电压矢量，将产生不连续的空间电压矢量PWM。这种方法减少了扇区的开关周期，从而减少了开关损耗。

根据零电压矢量位置的变化，DSVPWM有两种调制方案。第一种方案为120°不连续调制，又包含两种，即DPWMMIN和DPWMMAX。第二种方案为60°不连续调制，又包含多种，如DPWM0、DPWM1、DPWM2等。

在120°不连续调制中，将桥式电路的下端直流母线固定为所有6个扇区的选定的零电压矢量$\boldsymbol{U}_0$(000)称为DPWMMIN，将桥式电路的上端直流母线固定为所有6个扇区的选定的零电压矢量$\boldsymbol{U}_7$(111)称为DPWMMAX。

在60°不连续调制中，交替放置连续60°段的零电压矢量。在这种方式下，DPWM1在每个扇区将零电压矢量固定在正、负直流母线上，适用于阻性负载。在DPWM0和DPWM2中，根据每个60°处的负载电流峰值，在每个60°变化中交替放置零电压矢量。在所有DSVPWM调制方法中，DPWM2是功率因数校正操作的最优选方法。

在DPWM2(30°滞后模式)中，为说明调制方法，取S_a，S_b，S_c为三相逆变器的开关函数。如果将空间电压矢量视为在扇区1，则A相电压成为相对于其他相的最大电压。因此，A相的上桥臂开关将在扇区1中保持导通$S_a=1$。据此，A相的峰值在扇区1为正，在扇区4为负。与之类似，B相的峰值在扇区3为正，在扇区6为负；C相的峰值在扇区5为正，在扇区2为负。

6.2.4 SVPWM的波形分析

SVPWM实质是一种对在三相正弦波中注入了零序分量的调制波进行规则采样的一种变形SPWM。但SVPWM的调制过程是在空间中实现的，而SPWM是在三相静止坐标系下分相而实现的。SPWM的相电压调制波是

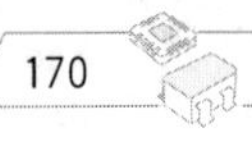

正弦波，而 SVPWM 没有明确的相电压调制波，是隐含的。为了揭示 SVPWM 与 SPWM 的内在联系，需要求出 SVPWM 在三相静止坐标系上的等效调制波方程，也就是将 SVPWM 的隐含调制波显现。

开关器件控制端的 SVPWM 的波形为一个脉冲序列，将此脉冲序列通过低通滤波器(截止频率小于 SVPWM 的开关频率)，端口信号经滤波后对地的波形(端电压波形)显化为一些马鞍波。SPWM、SVPWM、DPWMMIN、DPWMMAX、DPWM1 的显化调制波形如图 6-4 所示。三相桥式电路输出的

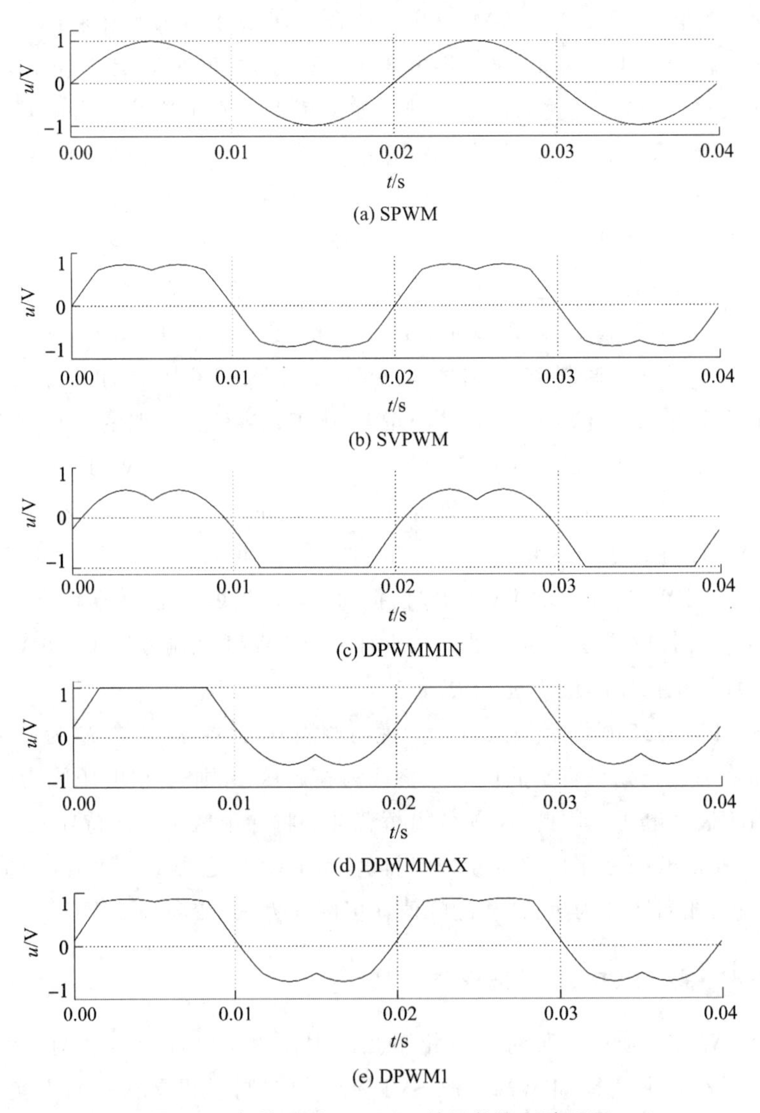

图 6-4　各种不同 SVPWM 的显化调制波形图

线电压(相线之间的电压)波形都是正弦波,相电压(桥臂中点对交流负载公共点地的电压)不一定是正弦波。

注入的零序分量波形,对于7段SVPWM算法,也是周期波形,近似三角波,注入信号电压 $u_{N0}=\dfrac{1}{2}[\max(u_a,u_b,u_c+\min(u_a,u_b,u_c)]$。从频域可以比较注入 u_{N0} 的端电压与SVPWM的端电压信号二者基本一致(15次谐波内,更高次几乎为0)。注入 u_{N0} 的仿真模型和SVPWM(含信号波形、注入波形、合成波形)波形如图6-5所示,$K=0.5$ 信号波形为正弦波,注入波形近似三角波,合成波形为马鞍波。将不同的SVPWM分离出零序注入的分量波形,可以获得各种不同的调制波,如DPWMMIN、DPWMMAX,DPWM1,各仿真模型如图6-6~图6-8所示。

图6-8的DPWM1模型中,K 取值为0.75。K 的取值范围在0和1之间,当 K 取0时对应DPWMMIN调制,当 K 取1时对应DPWMMAX调制。当 K 取0~1不同的值时,可以产生DPWM1~DPWM4的调制信号。

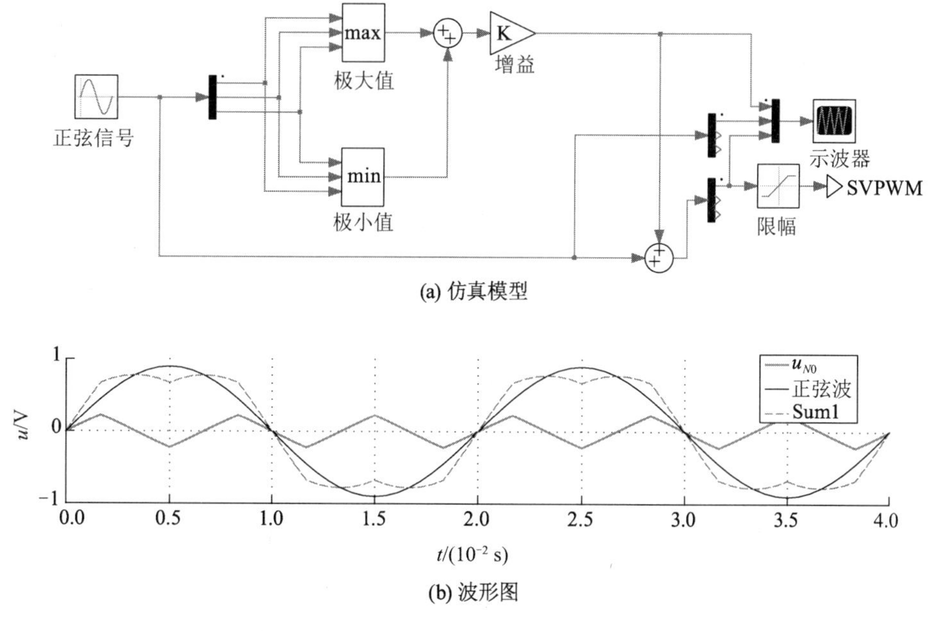

图6-5 注入 u_0 的仿真模型和SVPWM波形

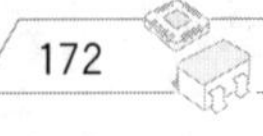

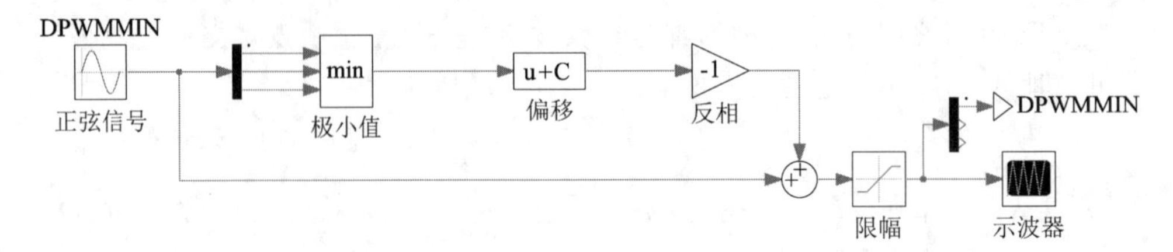

图 6-6 DPWMMIX 的仿真模型

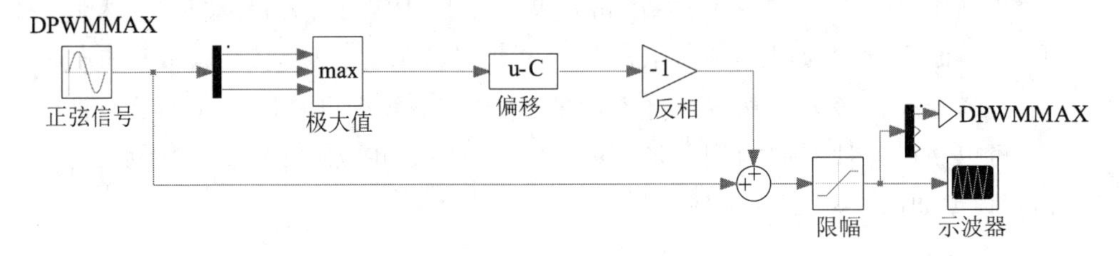

图 6-7 DPWMMAX 的仿真模型

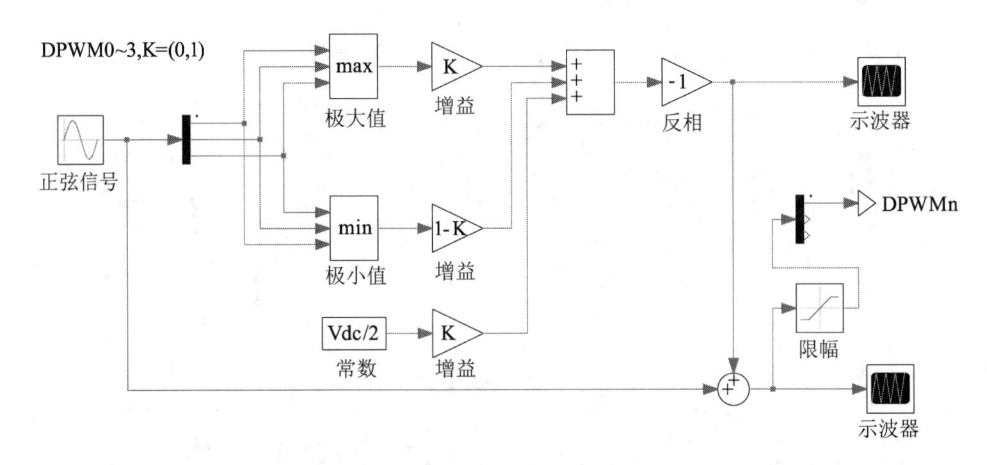

图 6-8 DPWM1 的仿真模型

6.2.5 比较计数器值的计算

在使用微控制器实现 SVPWM 的过程中，会用到比较计数器/定时器计时，这时首先需要计算基本电压矢量的时长，以下以第一扇区为例分析计数器值的计算方法。

在第一扇区的开关函数图的基础上，辅助一个三角形，如图 6-9 所示，可以理解为三角载波调制。

开关函数 S_a(PWM1)的“1”时间 T_{max} 最长，计数值 N_{tmax} 最大。开关函数 S_b(PWM3)的“1”时间 T_{mid} 居中，计数值 N_{tmid} 居中。开关函数 S_c 的“1” 时

间 $T_{\min}$ 最短，计数值 $N_{t\min}$ 最小。

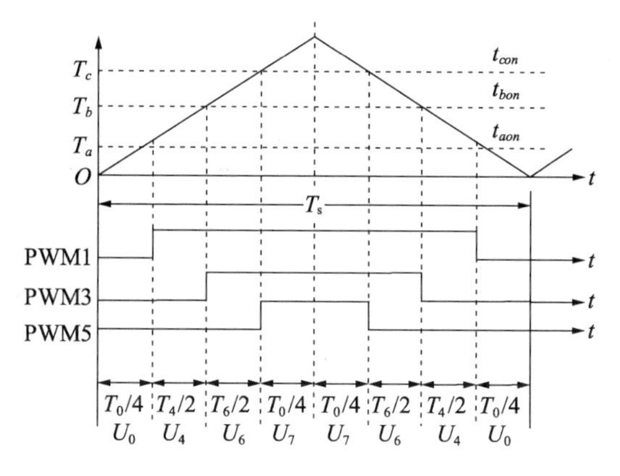

图 6-9 第一扇区的开关函数和辅助三角形图

根据图 6-9，T_4 记为 T_x，T_6 记为 T_y，PWM 的开关周期为 T_s，三个时间的计数值为 N_{tx}，N_{ty}，N_{ts}。时间关系为

$$\begin{cases} T_{\min}=(T_s-T_x-T_y)/2 \\ T_{\text{mid}}=T_{\min}+T_y \\ T_{\max}=T_{\text{mid}}+T_x \end{cases}$$

可以得到 PWM 比较寄存器的计数值

$$\begin{cases} N_{t\min}=(N_{ts}-N_{tx}-N_{ty})/2 \\ N_{t\text{mid}}=N_{t\min}+N_{ty} \\ N_{t\max}=N_{t\text{mid}}+N_{tx} \end{cases} \tag{6-12}$$

以上分析是 PWM 为正三角计数得到的。PWM 比较方式也可以用反三角，正三角和反三角计数二者对应的三角载波差 180°。以第一扇区为例，由 $N_{t\min}$，$N_{t\text{mid}}$，$N_{t\max}$ 计算出 PWM 寄存器的计数值见表 6-3。

表 6-3 第一扇区 PWM 寄存器的计数值

段数	以反三角计数，对应计数器的值	以正三角计数，对应计数器的值
7	$\begin{cases} N_{t\max}=N_{ts}-(N_{ts}-N_{tx}-N_{ty})/2 \\ N_{t\text{mid}}=N_{t\max}-N_{ty} \\ N_{t\min}=N_{t\text{mid}}-N_{tx} \end{cases}$	$\begin{cases} N_{t\min}=(N_{ts}-N_{tx}-N_{ty})/2 \\ N_{t\text{mid}}=N_{t\min}+N_{ty} \\ N_{t\max}=N_{t\text{mid}}+N_{tx} \end{cases}$
5	$\begin{cases} N_{t\max}=N_{ts} \\ N_{t\text{mid}}=N_{ts}-N_{ty} \\ N_{t\min}=N_{t\text{mid}}-N_{tx} \end{cases}$	$\begin{cases} N_{t\min}=0 \\ N_{t\text{mid}}=N_{ty} \\ N_{t\max}=N_{t\text{mid}}+N_{tx} \end{cases}$

同理，$\boldsymbol{U}_{\text{ref}}(t)$ 电压矢量在每个扇区中先发生的基本电压矢量时间为 T_x，

后发生的基本电压矢量时间为 T_y，公式同样适用于其他扇区。

基于 PWM 比较计数器的计数值 CMP1～CMP3，7 段 SVPWM 按照开关函数的波形图直接列出表 6-4。

表 6-4　6 个扇区 PWM 寄存器的计数值

扇区	1	2	3	4	5	6
CMP1(PWM1)	$N_{t\max}$	$N_{t\mathrm{mid}}$	$N_{t\min}$	$N_{t\min}$	$N_{t\mathrm{mid}}$	$N_{t\max}$
CMP2(PWM3)	$N_{t\mathrm{mid}}$	$N_{t\max}$	$N_{t\max}$	$N_{t\mathrm{mid}}$	$N_{t\min}$	$N_{t\min}$
CMP3(PWM5)	$N_{t\min}$	$N_{t\min}$	$N_{t\mathrm{mid}}$	$N_{t\max}$	$N_{t\max}$	$N_{t\mathrm{mid}}$

6.3 SVPWM 的算法实现

实现 SVPWM 需要解决以下几个问题：① 任意空间电压矢量所在扇区的判断。② 合成任意空间电压矢量时基本空间电压矢量的作用时间计算。③ 由比较计数器值确定占空比，比较计数器值的计算。

6.3.1 以两相电压为基础的实现

1. 用两相电压判断扇区 N 的计算

空间电压矢量调制的第一步是判断由 u_α 和 u_β 所决定的空间电压矢量所处的扇区 N，寻找出适合微控制器计算的方法。

在三相坐标平面上分析，决定扇区的基本变量有几条通过原点的直线段。取其中 3 条线性无关的直线方程将空间电压矢量平面分成 6 个分区，就可以确定合成电压矢量在哪个扇区。

令

$$\begin{cases} U_1 = U_\beta \\ U_2 = \dfrac{\sqrt{3}}{2}U_\alpha - \dfrac{1}{2}U_\beta \\ U_3 = -\dfrac{\sqrt{3}}{2}U_\alpha - \dfrac{1}{2}U_\beta \\ K = \dfrac{\sqrt{3}\,T_s}{U_{dc}} \end{cases}$$

式中，K 为调制度。用以上 U_1，U_2，U_3 三条直线划分的平面判断合成相量的正负值，分别用 A，B，C 表达判断结果。

令

$$A=\begin{cases}1, & U_1>0 \\ 0, & \text{else}\end{cases} \quad B=\begin{cases}1, & U_2>0 \\ 0, & \text{else}\end{cases} \quad C=\begin{cases}1, & U_3>0 \\ 0, & \text{else}\end{cases}$$

则计算（$N=4C+2B+A$）或（$N=4A+2B+C$）可以对应出 6 个值，判断出扇区值。

（A，B，C）有 8 种状态，其中（A，B，C）=（000）和（111）并不存在，另外 6 个状态对应 6 个扇区，可以列出（A，B，C）的值和所对应的扇区关系（表 6-5）。

表 6-5　扇区与（A，B，C）对应关系表

(A,B,C)	000	001	010	011	100	101	110	111
扇区	无	4	6	5	2	3	1	无
$N=4C+2B+A$	0	4	2	6	1	5	3	7
$N=4A+2B+C$	0	1	2	3	4	5	6	7

然后在程序里查上面的表格，根据计算的 N 值查找出对应的扇区。

2. 用两相电压计算基本电压矢量的作用时间

通过 SVPWM 的算法分析，可以推导开关时间与 $U_\beta=U_{\text{ref}}\sin\theta$、$U_\alpha=U_{\text{ref}}\cos\theta$ 在 $\alpha\beta$ 坐标系 $|U_4|=|U_6|=\frac{2}{3}U_{\text{dc}}$ 的关系。在第一扇区由式（6-8）可以推出以下等式：

$$\begin{cases}T_4=\dfrac{3U_\alpha T_s}{2U_{\text{dc}}}-\dfrac{1}{2}T_6=\dfrac{3U_\alpha T_s}{2U_{\text{dc}}}-\dfrac{1}{2}\dfrac{\sqrt{3}U_\beta T_s}{U_{\text{dc}}}=\dfrac{\sqrt{3}\,T_s}{U_{\text{dc}}}\left(\dfrac{\sqrt{3}}{2}U_\alpha-\dfrac{1}{2}U_\beta\right) \\ T_6=\dfrac{\sqrt{3}U_\beta T_s}{U_{\text{dc}}} \\ T_7=T_0=\dfrac{T_s-T_4-T_6}{2}\text{（7 段）} \\ T_7=T_s-T_4-T_6\text{（5 段）}\end{cases} \tag{6-13}$$

根据扇区确定相邻两个基本电压矢量的作用时间，然后对作用时间进行等比例缩小处理或引入零电压矢量电压处理，使得总的作用时间等于 T_s，或总的占空比等于 1。7 段 SVPWM 各扇区基本电压矢量的作用时间见表 6-6。

扇区 1 内任何合成电压矢量都是由基本电压矢量 $\boldsymbol{U}_4$ 和 $\boldsymbol{U}_6$ 及 $\boldsymbol{U}_0$ 和 $\boldsymbol{U}_7$

组合得到。现在将 $\boldsymbol{U}_4$ 定义为先发生的基本电压矢量，$\boldsymbol{U}_6$ 定义为后发生的基本电压矢量，扇区 2 则是 $\boldsymbol{U}_2$ 为先发生的基本电压矢量，$\boldsymbol{U}_6$ 为后发生的基本电压矢量，其他扇区依次重复。将先发生的基本电压矢量的作用时间定义为 T_x，后发生的基本电压矢量作用时间定义为 T_y，这样的定义适用于所有扇区。

表 6-6 各扇区基本电压矢量的作用时间

扇区	作用时间	扇区	作用时间
1	$T_4=\frac{\sqrt{3}T_s}{U_{dc}}\left(\frac{\sqrt{3}}{2}U_\alpha-\frac{1}{2}U_\beta\right)=KU_2$ $T_6=\frac{\sqrt{3}T_s}{U_{dc}}U_\beta=KU_1$ $T_7=T_0=(T_s-T_4-T_6)/2$	4	$T_3=\frac{\sqrt{3}T_s}{U_{dc}}\left(-\frac{\sqrt{3}}{2}U_\alpha+\frac{1}{2}U_\beta\right)=-KU_2$ $T_1=-\frac{\sqrt{3}T_s}{U_{dc}}\frac{1}{2}U_\beta=-KU_1$ $T_7=T_0=(T_s-T_1-T_3)/2$
2	$T_6=\frac{\sqrt{3}T_s}{U_{dc}}\left(\frac{\sqrt{3}}{2}U_\alpha+\frac{1}{2}U_\beta\right)=-KU_3$ $T_2=-\frac{\sqrt{3}T_s}{U_{dc}}\left(\frac{\sqrt{3}}{2}U_\alpha-\frac{1}{2}U_\beta\right)=-KU_2$ $T_7=T_0=(T_s-T_2-T_6)/2$	5	$T_1=\frac{\sqrt{3}T_s}{U_{dc}}\left(-\frac{\sqrt{3}}{2}U_\alpha-\frac{1}{2}U_\beta\right)=KU_3$ $T_5=\frac{\sqrt{3}T_s}{U_{dc}}\left(\frac{\sqrt{3}}{2}U_\alpha-\frac{1}{2}U_\beta\right)=KU_2$ $T_7=T_0=(T_s-T_1-T_5)/2$
3	$T_2=\frac{\sqrt{3}T_s}{U_{dc}}U_\beta=KU_1$ $T_3=\frac{\sqrt{3}T_s}{U_{dc}}\left(-\frac{\sqrt{3}}{2}U_\alpha-\frac{1}{2}U_\beta\right)=KU_3$ $T_7=T_0=(T_s-T_2-T_3)/2$	6	$T_5=-\frac{\sqrt{3}T_s}{U_{dc}}U_\beta=-KU_1$ $T_4=\frac{\sqrt{3}T_s}{U_{dc}}\left(\frac{\sqrt{3}}{2}U_\alpha+\frac{1}{2}U_\beta\right)=-KU_3$ $T_7=T_0=(T_s-T_4-T_5)/2$

按照上述过程，可得到各扇区电压矢量的作用时间与（KU_1，KU_2，KU_3）的关系（表 6-7）。

表 6-7 各扇区电压矢量的作用时间与（KU_1，KU_2，KU_3）的关系

扇区	1	2	3	4	5	6
T_x	KU_2	$-KU_2$	KU_1	$-KU_1$	KU_3	$-KU_3$
T_y	KU_1	$-KU_3$	KU_3	$-KU_2$	KU_2	$-KU_1$
T_0	$(T_s-T_x-T_y)/2$					

当 $T_x+T_y\leqslant T_s$ 时，不发生过调制。当 $T_x+T_y>T_s$ 时，发生过调制，可采取相角跟随策略。设两个基本电压矢量作用时间分别为 T'_x，T'_y，则

$$\begin{cases} T'_x=\dfrac{T_x}{T_x+T_y}T_s \\ T'_y=\dfrac{T_y}{T_x+T_y}T_s \\ T_0=T_7=0 \end{cases} \tag{6-14}$$

3. 比较计数器值的计算

当合成空间电压矢量所在扇区和对应的有效基本电压矢量作用时间 T_x，T_y 确定后，再根据 PWM 调制原理，计算出每一相对应比较器的值。例如，7 段 SVPWM 第 1 扇区，消去 T_0，$T_s=T_4+T_6+2T_7$，其运算关系如下：

$$\begin{cases} S_1: T_4+T_6+T_7=\dfrac{1}{2}(T_4+T_6+T_s) \\ S_3: T_6+T_7=\dfrac{1}{2}(-T_4+T_6+T_s) \\ S_5: T_7=\dfrac{1}{2}(-T_4-T_6+T_s) \end{cases} \tag{6-15}$$

将 T_x 和 T_y 代入，得表达式(6-16)，S_5 的开通时间是 T_{con}，S_3 的开通时间是 T_{bon}，S_1 的开通时间是 T_{aon}。$S_1 \sim S_6$ 是开关控制信号，S_1，S_3，S_5 同 S_a，S_b，S_c。

$$\begin{cases} S_5: T_{con}=(T_s-T_x-T_y)/2 \\ S_3: T_{bon}=t_{con}+T_y \\ S_1: T_{aon}=t_{bon}+T_x \end{cases} \tag{6-16}$$

使用 PWM 信号输出，则输出的脉冲宽度与高电平时间成正比。在计算 T_x、T_y 时，已考虑脉冲的比例系数 K。可以参考表 6-4，从第一扇区推广至其他扇区，每个扇区 3 个比较计数器的计数值见表 6-8。

表 6-8 每个扇区 3 个比较计数器的计数值

扇区	1	2	3	4	5	6
CMP1(PWM1)	T_{aon}	T_{bon}	T_{con}	T_{con}	T_{bon}	T_{aon}
CMP2(PWM3)	T_{bon}	T_{aon}	T_{aon}	T_{bon}	T_{con}	T_{con}
CMP3(PWM5)	T_{con}	T_{con}	T_{bon}	T_{aon}	T_{aon}	T_{bon}

6.3.2 以相角和模为基础的实现

1. 使用相角判断的扇区数

直接用 u_α 和 u_β 取反正切(atan2)计算出合成相量的角度(对于负角度做

360°补偿)，根据角度判断出扇区值。这种方法适用于微控制器的工作频率较高的情况，不考虑运算成本，微控制器能完成三角反函数运算，这是一种易于理解的实现方法。

C语言函数 atan2() 是 atan() 的增强版，能够确定角度所在的扇区。atan2()返回 y/x 的反正切值，以弧度表示，取值范围为$(-\pi,\pi]$。$\tan(\theta)=y/x$，$\theta=\text{atan2}(y,x)$。

(x,y)在第一扇区，$0<\theta<\pi/3$；(x,y)在第二扇区，$\pi/3<\theta\leqslant 2\pi/3$；$(x,y)$在第三扇区，$2\pi/3<\theta<\pi$；$(x,y)$在第四扇区，$-\pi<\theta<-2\pi/3$；$(x,y)$在第五扇区，$-2\pi/3<\theta\leqslant-\pi/3$；$(x,y)$在第六扇区，$-\pi/3<\theta<0$。

2. 用相角和模计算基本电压矢量的作用时间

不使用两相电压值 u_α 和 u_β，而是直接使用合成参考电压 $\boldsymbol{U}_{\text{ref}}(t)$的相角 θ 计算基本电压矢量的作用时间，可利用几何、坐标关系推导，确定作用时间的表达式。

将最先发生的基本电压矢量的作用时间定义为 T_1，后发生的基本电压矢量的作用时间定义为 T_2，这样的定义适用所有扇区，T_s 为 PWM 开关频率对应的周期，N 为扇区数($N=1,2,\cdots,6$)。通用时间计算表达式为

$$\begin{cases} T_1=\dfrac{\sqrt{3}\,T_sU_{\text{ref}}}{U_{\text{dc}}}\sin\left(\dfrac{N\pi}{3}-\theta\right) \\ T_2=\dfrac{\sqrt{3}\,T_sU_{\text{ref}}}{U_{\text{dc}}}\sin\left[\theta-\dfrac{(N-1)\pi}{3}\right] \\ T_0=T_s-T_x-T_y \end{cases} \tag{6-17}$$

特别要强调的是，这里定义的 T_1,T_2,T_0，不是 U_1,U_2,U_0 对应的时间，而是为了与后面编程时间变量(也可以用其他名称)的定义一致做准备。用 T_1 表示 $\boldsymbol{U}_{\text{ref}}(t)$信号在该扇区首发生(第 1)基本电压矢量的作用时间，T_2 表示 $\boldsymbol{U}_{\text{ref}}(t)$信号在该扇区后发生(第 2)基本电压矢量的作用时间，T_0 表示开关函数 000 和 111 组成的时间。

在第一扇区中，由第一扇区的开关函数和辅助三角形(图 6-9)获得时间关系，开关函数 $S_1=T_1+T_2+T_0/2$，$S_3=T_2+T_0/2$，$S_5=T_0/2$。如果 T_1，T_2 出现过调制，处理方法同式(6-14)。

推广到其他扇区，开关信号在每个扇区的对应时间见表 6-9，S_1,S_3,S_5(上桥臂开关管的控制信号，同 S_a,S_b,S_c)与 S_4,S_6,S_2(下桥臂开关管的控制信号)互补。

3. 比较计数器计数值的计算

将开通时间转换为定时器寄存器的计数值。

每扇区参考信号的 T_1 和 T_2 根据 PWM 的开关频率转换成比较寄存器的计数值。如定时器时钟频率已固定，计数脉冲为 N_{pwm} 时对应 PWM 的周期 T_s，则开关信号时间 T 对应的比较寄存器计数值为 $T \cdot N_{pwm}/T_s$。

表 6-9 开关信号在每个扇区的对应时间表

扇区	上桥臂开关(S_1,S_3,S_5)	下桥臂开关(S_4,S_6,S_2)
1	$S_1=T_1+T_2+T_0/2$ $S_3=T_2+T_0/2$ $S_5=T_0/2$	$S_4=T_0/2$ $S_6=T_1+T_0/2$ $S_2=T_1+T_2+T_0/2$
2	$S_1=T_1+T_0/2$ $S_3=T_1+T_2+T_0/2$ $S_5=T_0/2$	$S_4=T_2+T_0/2$ $S_6=T_0/2$ $S_2=T_1+T_2+T_0/2$
3	$S_1=T_0/2$ $S_3=T_1+T_2+T_0/2$ $S_5=T_2+T_0/2$	$S_4=T_1+T_2+T_0/2$ $S_6=T_0/2$ $S_2=T_1+T_0/2$
4	$S_1=T_0/2$ $S_3=T_1+T_0/2$ $S_5=T_1+T_2+T_0/2$	$S_4=T_1+T_2+T_0/2$ $S_6=T_2+T_0/2$ $S_2=T_0/2$
5	$S_1=T_2+T_0/2$ $S_3=T_0/2$ $S_5=T_1+T_2+T_0/2$	$S_4=T_1+T_0/2$ $S_6=T_1+T_2+T_0/2$ $S_2=T_0/2$
6	$S_1=T_1+T_2+T_0/2$ $S_3=T_0/2$ $S_5=T_1+T_0/2$	$S_4=T_0/2$ $S_6=T_1+T_2+T_0/2$ $S_2=T_2+T_0/2$

以上根据 SVPWM 的原理，总结了两种产生 SVPWM 的方法。与 SPWM 产生方法相比，SVPWM 没有明确的调制信号，但是将端电压显化后，可以看出 SVPWM 的端电压为马鞍波，分解为基波和一个三倍频基波的波形合成。反过来可以认为，只要选择合适的倍频谐波，用三次谐波注入法可以近似产生马鞍波。为实现基波和注入谐波的合成波形能有最大的电源利用率，谐波幅值是基波幅值的 1/6，搭建谐波注入法模型并仿真得到合成波形，如图 6-10 所示。从波形分析，三次谐波注入法也可以产生近似 SVPWM 的端电压波形，一般用于开环控制系统。

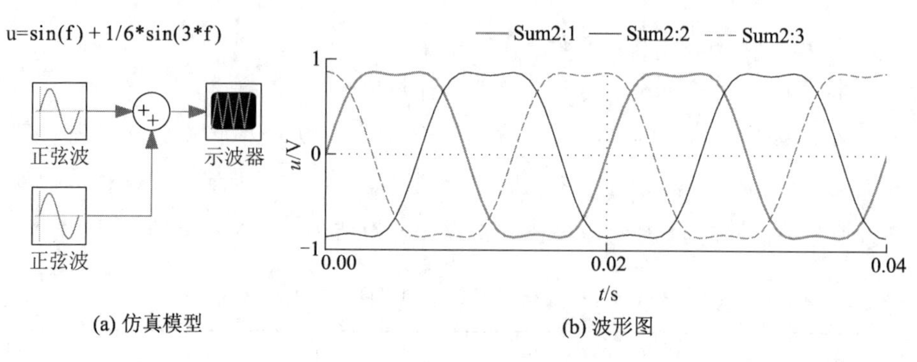

图 6-10 谐波注入法

6.4 微控制器的 SVPWM 实现

6.4.1 STM32F407 用相角计算实现 SVPWM

使用三相电压合成的信号计算出合成信号的幅值和相角，也就是通过3s/2s变换将三相坐标转为两相坐标。通过相角还可计算扇区号和每个扇区中基本电压矢量的开关时间。

微控制器系统时钟频率 clock 为 168 MHz，为方便定时器用参数设置，将 APB1 timer clock 和 APB2 timer clock 设置为相同值，即系统频率 clock/2。选 TIM8 作为互补的 PWM 发生器，无预分频。选 TIM2 作为中断发生定时器，无预分频，计数脉冲 ARR_value 设置（系统时钟 168 MHz 时，APB timer clock 为 84 MHz，ARR_value＝16 800 时，自动重装载，中断对应开关频率 84 000 000/16 800＝5 kHz）。运行一周 360°，载波比为 5 kHz/50 Hz，步进角度＝360/(5 kHz/50 Hz)＝3.6°，运行一周需要 0.02 s，对应 50 Hz。

按式(6-17)，可利用 time_calculate(void) 函数计算 T_1，T_2，T_0。SVPWM 算法实现见 6.3.2，可列出 tim.c 和 main.c 程序。在 tim.c 中设置外部变量 ARR_value，可以在主程序中修改 ARR_value 的值，TIM8 的周期改变。DAC，GPIO 等配置可以用 STM32Cube-IDE 完成。具体程序如下：

```
1. /*--------------------tim.h------------------------------*/
2. #ifndef __TIM_H__
```

```
3. #define __TIM_H__
4.
5. #ifdef __cplusplus
6. extern "C" {
7. #endif
8.
9. #include "main.h"
10.
11. extern TIM_HandleTypeDef htim2;
12. extern TIM_HandleTypeDef htim8;
13.
14. void MX_TIM2_Init(void);
15. void MX_TIM8_Init(void);
16.
17. void HAL_TIM_MspPostInit(TIM_HandleTypeDef *htim);
18.
19. #ifdef __cplusplus
20. }
21. #endif
22.
23. #endif/* __TIM_H__ */
```

```
1. /********************** tim.c **********************/
2. #include "tim.h"
3. extern float ARR_value;
4. TIM_HandleTypeDef htim2;
5. TIM_HandleTypeDef htim8;
6. /*----------------------TIM2 初始化------------------------*/
7. void MX_TIM2_Init(void)
8. {
9.    TIM_ClockConfigTypeDef sClockSourceConfig = {0};
10.   TIM_MasterConfigTypeDef sMasterConfig = {0};
11.
12.   htim2.Instance = TIM2;
13.   htim2.Init.Prescaler = 0;
14.   htim2.Init.CounterMode = TIM_COUNTERMODE_UP;
```

```
15.   htim2.Init.Period = ARR_value - 1;
16.   htim2.Init.ClockDivision = TIM_CLOCKDIVISION_DIV1;
17.   htim2.Init.AutoReloadPreload = TIM_AUTORELOAD_PRELOAD_ENABLE;
18.   if (HAL_TIM_Base_Init(&htim2) != HAL_OK)
19.   {
20.     Error_Handler();
21.   }
22.   sClockSourceConfig.ClockSource = TIM_CLOCKSOURCE_INTERNAL;
23.   if (HAL_TIM_ConfigClockSource(&htim2, &sClockSourceConfig) != HAL_OK)
24.   {
25.     Error_Handler();
26.   }
27.   sMasterConfig.MasterOutputTrigger = TIM_TRGO_RESET;
28.   sMasterConfig.MasterSlaveMode = TIM_MASTERSLAVEMODE_DISABLE;
29.   if (HAL_TIMEx_MasterConfigSynchronization(&htim2, &sMasterConfig) !=
        HAL_OK)
30.   {
31.     Error_Handler();
32.   }
33. }
34. /*---------------------TIM8 初始化-------------------------*/
35. void MX_TIM8_Init(void)
36. {
37.   TIM_ClockConfigTypeDef sClockSourceConfig = {0};
38.   TIM_MasterConfigTypeDef sMasterConfig = {0};
39.   TIM_OC_InitTypeDef sConfigOC = {0};
40.   TIM_BreakDeadTimeConfigTypeDef sBreakDeadTimeConfig = {0};
41.
42.   htim8.Instance = TIM8;
43.   htim8.Init.Prescaler = 0;
44.   htim8.Init.CounterMode = TIM_COUNTERMODE_UP;
45.   htim8.Init.Period = ARR_value - 1;
46.   htim8.Init.ClockDivision = TIM_CLOCKDIVISION_DIV1;
47.   htim8.Init.RepetitionCounter = 0;
48.   htim8.Init.AutoReloadPreload = TIM_AUTORELOAD_PRELOAD_DISABLE;
49.   if (HAL_TIM_Base_Init(&htim8) != HAL_OK)
```

```
50.  {
51.    Error_Handler();
52.  }
53.  sClockSourceConfig.ClockSource = TIM_CLOCKSOURCE_INTERNAL;
54.  if (HAL_TIM_ConfigClockSource(&htim8,&sClockSourceConfig) != HAL_OK)
55.  {
56.    Error_Handler();
57.  }
58.  if (HAL_TIM_PWM_Init(&htim8) != HAL_OK)
59.  {
60.    Error_Handler();
61.  }
62.  sMasterConfig.MasterOutputTrigger = TIM_TRGO_RESET;
63.  sMasterConfig.MasterSlaveMode = TIM_MASTERSLAVEMODE_DISABLE;
64.  if (HAL_TIMEx_MasterConfigSynchronization(&htim8, &sMasterConfig) !=
       HAL_OK)
65.  {
66.    Error_Handler();
67.  }
68.  sConfigOC.OCMode = TIM_OCMODE_PWM1;
69.  sConfigOC.Pulse = 8400;
70.  sConfigOC.OCPolarity = TIM_OCPOLARITY_HIGH;
71.  sConfigOC.OCNPolarity = TIM_OCNPOLARITY_HIGH;
72.  sConfigOC.OCFastMode = TIM_OCFAST_DISABLE;
73.  sConfigOC.OCIdleState = TIM_OCIDLESTATE_RESET;
74.  sConfigOC.OCNIdleState = TIM_OCNIDLESTATE_RESET;
75.  if (HAL_TIM_PWM_ConfigChannel(&htim8,&sConfigOC,TIM_CHANNEL_1) !=
       HAL_OK)
76.  {
77.    Error_Handler();
78.  }
79.  sConfigOC.Pulse = 8400 - 1;
80.  if (HAL_TIM_PWM_ConfigChannel(&htim8, &sConfigOC,TIM_CHANNEL_2) !=
       HAL_OK)
81.  {
82.    Error_Handler();
```

```
83.   }
84.    sConfigOC.Pulse = 8400;
85.    if (HAL_TIM_PWM_ConfigChannel(&htim8,&sConfigOC,TIM_CHANNEL_3) ! =
       HAL_OK)
86.    {
87.      Error_Handler();
88.    }
89.    sBreakDeadTimeConfig.OffStateRunMode = TIM_OSSR_DISABLE;
90.    sBreakDeadTimeConfig.OffStateIDLEMode = TIM_OSSI_DISABLE;
91.    sBreakDeadTimeConfig.LockLevel = TIM_LOCKLEVEL_OFF;
92.    sBreakDeadTimeConfig.DeadTime = 100;
93.    sBreakDeadTimeConfig.BreakState = TIM_BREAK_DISABLE;
94.    sBreakDeadTimeConfig.BreakPolarity = TIM_BREAKPOLARITY_HIGH;
95.    sBreakDeadTimeConfig.AutomaticOutput = TIM_AUTOMATICOUTPUT_ENABLE;
96.    if (HAL_TIMEx_ConfigBreakDeadTime(&htim8, &sBreakDeadTimeConfig)
       ! = HAL_OK)
97.    {
98.      Error_Handler();
99.    }
100.   HAL_TIM_MspPostInit(&htim8);
101.
102. }
103. /*----------------------------------------------------------*/
104. void HAL_TIM_Base_MspInit(TIM_HandleTypeDef * tim_baseHandle)
105. {
106.   if(tim_baseHandle->Instance == TIM2)
107.   {
108.     __HAL_RCC_TIM2_CLK_ENABLE();
109.     HAL_NVIC_SetPriority(TIM2_IRQn, 0, 0);
110.     HAL_NVIC_EnableIRQ(TIM2_IRQn);
111.   }
112.   else if(tim_baseHandle->Instance == TIM8)
113.   {
114.     __HAL_RCC_TIM8_CLK_ENABLE();
115.   }
116. }
```

```
117. /*--------------------------------------------------------------*/
118. void HAL_TIM_MspPostInit(TIM_HandleTypeDef * timHandle)
119. {
120.   GPIO_InitTypeDef GPIO_InitStruct = {0};
121.   if(timHandle->Instance == TIM8)
122.   {
123.     __HAL_RCC_GPIOA_CLK_ENABLE();
124.     __HAL_RCC_GPIOB_CLK_ENABLE();
125.     __HAL_RCC_GPIOC_CLK_ENABLE();
126.     /** TIM8 GPIO Configuration
127.     PA7     ------> TIM8_CH1N,   PB0     ------> TIM8_CH2N
128.     PB1     ------> TIM8_CH3N,   PC6     ------> TIM8_CH1
129.     PC7     ------> TIM8_CH2,    PC8     ------> TIM8_CH3
130.     */
131.     GPIO_InitStruct.Pin = GPIO_PIN_7;
132.     GPIO_InitStruct.Mode = GPIO_MODE_AF_PP;
133.     GPIO_InitStruct.Pull = GPIO_NOPULL;
134.     GPIO_InitStruct.Speed = GPIO_SPEED_FREQ_HIGH;
135.     GPIO_InitStruct.Alternate = GPIO_AF3_TIM8;
136.     HAL_GPIO_Init(GPIOA, &GPIO_InitStruct);
137.
138.     GPIO_InitStruct.Pin = GPIO_PIN_0|GPIO_PIN_1;
139.     GPIO_InitStruct.Mode = GPIO_MODE_AF_PP;
140.     GPIO_InitStruct.Pull = GPIO_NOPULL;
141.     GPIO_InitStruct.Speed = GPIO_SPEED_FREQ_HIGH;
142.     GPIO_InitStruct.Alternate = GPIO_AF3_TIM8;
143.     HAL_GPIO_Init(GPIOB, &GPIO_InitStruct);
144.
145.     GPIO_InitStruct.Pin = GPIO_PIN_6|GPIO_PIN_7|GPIO_PIN_8;
146.     GPIO_InitStruct.Mode = GPIO_MODE_AF_PP;
147.     GPIO_InitStruct.Pull = GPIO_NOPULL;
148.     GPIO_InitStruct.Speed = GPIO_SPEED_FREQ_HIGH;
149.     GPIO_InitStruct.Alternate = GPIO_AF3_TIM8;
150.     HAL_GPIO_Init(GPIOC, &GPIO_InitStruct);
151.   }
152. }
```

```
153. /*------------------------------------------------------------*/
154. void HAL_TIM_Base_MspDeInit(TIM_HandleTypeDef * tim_baseHandle)
155. {
156.   if(tim_baseHandle->Instance == TIM2)
157.   {
158.     __HAL_RCC_TIM2_CLK_DISABLE();
159.     HAL_NVIC_DisableIRQ(TIM2_IRQn);
160.   }
161.   else if(tim_baseHandle->Instance == TIM8)
162.   {
163.     __HAL_RCC_TIM8_CLK_DISABLE();
164.   }
165. }
166.
```

```
1.  /************************ main.c ****************/
2.  # include "main.h"
3.  # include "dac.h"
4.  # include "tim.h"
5.  # include "usart.h"
6.  # include "gpio.h"
7.
8.  /* Private includes ------------------------------------------*/
9.  # include <stdio.h>
10. # include <math.h>
11. //# include "arm_math.h"
12.
13. float PI = 3.14159;
14. float clock = 168000000.0;
15. float PWM_F = 5000;                    //改变 PWM 频率,PWM_F
16. float T_svm;
17. float theta1 = 0, theta2 = 120, theta3 = 240;           //相角初始化值
18. float Va, Vb, Vc, Valpha, Vbeta, spc_angle, spc_mag;     //信号变量
19. float MI = 0.866f * 1.0f;              //调制度; MI<Uref/Udc = 0.866
20. float ARR_value;
21. uint8_t sig_flag = 0, sector;
```

```
22. float T1, T2, T0;
23. float U1, U2, U3;
24. float CMP1, CMP2, CMP3;
25. float delta_theta;
26.
27. void SystemClock_Config(void);
28. /* USER CODE BEGIN PFP */
29. void bound_check(float *var);
30. uint8_t sector_idn(float angle);
31. void time_calculate(void);
32. uint8_t sector_idn2(void);
33. void time_calculate2(void);
34. /*----------------------中断函数---------------------*/
35. uint16_t i;
36. void HAL_TIM_PeriodElapsedCallback(TIM_HandleTypeDef *htim)
37. {
38.   if(htim == (&htim2))
39.     {
40.       sig_flag = 1;
41.     }
42. }
43. /*----------------------- 主函数----------------------*/
44. int main(void)
45. {
46.   T_svm = 1/PWM_F;
47.   ARR_value = (clock/2)/PWM_F;
48.   delta_theta = 360/(PWM_F/50);
49.   HAL_Init();
50.   SystemClock_Config();
51.   MX_GPIO_Init();
52.   MX_USART1_UART_Init();
53.   MX_TIM8_Init();
54.   MX_TIM2_Init();
55.   MX_DAC_Init();
56.
57.   HAL_DAC_Start(&hdac, DAC_CHANNEL_1);
```

```
58.  HAL_DAC_Start(&hdac, DAC_CHANNEL_2);
59.  HAL_TIM_PWM_Start(&htim8,TIM_CHANNEL_1);
60.  HAL_TIMEx_PWMN_Start(&htim8,TIM_CHANNEL_1);
61.  HAL_TIM_PWM_Start(&htim8,TIM_CHANNEL_2);
62.  HAL_TIMEx_PWMN_Start(&htim8,TIM_CHANNEL_2);
63.  HAL_TIM_PWM_Start(&htim8,TIM_CHANNEL_3);
64.  HAL_TIMEx_PWMN_Start(&htim8,TIM_CHANNEL_3);
65.  HAL_TIM_Base_Start_IT(&htim2);
66.
67.  while (1)
68.  {
69.          if(sig_flag == 1)
70.          {
71.              sig_flag = 0;
72.              theta1 + = delta_theta;
73.              bound_check(&theta1);                              //边界判断
74.              theta2 + = delta_theta;
75.              bound_check(&theta2);
76.              theta3 + = delta_theta;
77.              bound_check(&theta3);
78.              Va = MI * sinf(theta1 * PI/180)/2;
79.              Vb = MI * sinf(theta3 * PI/180)/2;
80.              Vc = MI * sinf(theta2 * PI/180)/2;
81.
82.              Valpha = 2 * (Va - 0.5f * (Vb + Vc))/3;   //Clark 变换
83.              Vbeta = (Vb - Vc)/sqrt(3);
84.              spc_angle = atan2(Vbeta, Valpha);        //相角计算
85.              if(spc_angle<0)
86.              {
87.                  spc_angle = 2 * PI + spc_angle;
88.              }
89.              spc_mag = sqrt(pow(Valpha, 2) + pow(Vbeta, 2));
                                                          //幅值计算
90.              sector = sector_idn(spc_angle * 180/PI);
                                                          //扇区计算
91.              time_calculate();                        //时间计算
```

```
92.             /*------------------改变 CCR-------------------*/
93.             DAC->DHR12R1 = CMP1 * 4095/T_svm;
94.             DAC->DHR12R2 = CMP2 * 4095/T_svm;
95.             CMP1 *= ARR_value/T_svm;
96.             CMP2 *= ARR_value/T_svm;
97.             CMP3 *= ARR_value/T_svm;
98.             TIM8->CCR1 = (uint16_t)CMP1;
99.             TIM8->CCR2 = (uint16_t)CMP2;
100.            TIM8->CCR3 = (uint16_t)CMP3;
101.        }
102.    }
103. }
104. /*-----------------------------------------------------------*/
105. void SystemClock_Config(void)
106. {
107.   RCC_OscInitTypeDef RCC_OscInitStruct = {0};
108.   RCC_ClkInitTypeDef RCC_ClkInitStruct = {0};
109.
110.   __HAL_RCC_PWR_CLK_ENABLE();
111.   __HAL_PWR_VOLTAGESCALING_CONFIG(PWR_REGULATOR_VOLTAGE_SCALE1);
112.   RCC_OscInitStruct.OscillatorType = RCC_OSCILLATORTYPE_HSI;
113.   RCC_OscInitStruct.HSIState = RCC_HSI_ON;
114.   RCC_OscInitStruct.HSICalibrationValue = RCC_HSICALIBRATION_DEFAULT;
115.   RCC_OscInitStruct.PLL.PLLState = RCC_PLL_ON;
116.   RCC_OscInitStruct.PLL.PLLSource = RCC_PLLSOURCE_HSI;
117.   RCC_OscInitStruct.PLL.PLLM = 8;
118.   RCC_OscInitStruct.PLL.PLLN = 168;
119.   RCC_OscInitStruct.PLL.PLLP = RCC_PLLP_DIV2;
120.   RCC_OscInitStruct.PLL.PLLQ = 4;
121.   if (HAL_RCC_OscConfig(&RCC_OscInitStruct) != HAL_OK)
122.   {
123.     Error_Handler();
124.   }
125.   RCC_ClkInitStruct.ClockType = RCC_CLOCKTYPE_HCLK
         |RCC_CLOCKTYPE_SYSCLK
126.                               |RCC_CLOCKTYPE_PCLK1|RCC_CLOCKTYPE_PCLK2;
```

```
127.   RCC_ClkInitStruct.SYSCLKSource = RCC_SYSCLKSOURCE_PLLCLK;
128.   RCC_ClkInitStruct.AHBCLKDivider = RCC_SYSCLK_DIV1;
129.   RCC_ClkInitStruct.APB1CLKDivider = RCC_HCLK_DIV4;
130.   RCC_ClkInitStruct.APB2CLKDivider = RCC_HCLK_DIV4;
131.
132.   if (HAL_RCC_ClockConfig(&RCC_ClkInitStruct, FLASH_LATENCY_5) != 
         HAL_OK)
133.   {
134.     Error_Handler();
135.   }
136. }
137. /*-----------------------------------------------------------------*/
138. void bound_check(float *var)
139. {
140.     if( *var >= 360)
141.     {
142.         *var = 0;
143.     }
144. }
145. uint8_t sector_idn(float angle)
146. {
147.     uint8_t sec_sig;
148.     sec_sig = (angle/60) + 1;
149.     if(sec_sig == 7)
150.     {
151.         sec_sig = 6;
152.     }
153.     return sec_sig;
154. }
155. void time_calculate(void)
156. {
157.     T1 = sqrt(3) * T_svm * spc_mag * sinf((sector * PI/3) - spc_angle);
158.     T2 = sqrt(3) * T_svm * spc_mag * sinf(spc_angle - (sector - 1) * PI/3);
159.     T0 = T_svm - T1 - T2;
160.     switch(sector)
161.     {
```

```
162.            case 1:
163.                CMP1 = T1 + T2 + T0/2;
164.                CMP2 = T2 + T0/2;
165.                CMP3 = T0/2;
166.                break;
167.            case 2:
168.                CMP1 = T1 + T0/2;
169.                CMP2 = T1 + T2 + T0/2;
170.                CMP3 = T0/2;
171.                break;
172.            case 3:
173.                CMP1 = T0/2;
174.                CMP2 = T1 + T2 + T0/2;
175.                CMP3 = T2 + T0/2;
176.                break;
177.            case 4:
178.                CMP1 = T0/2;
179.                CMP3 = T1 + T2 + T0/2;
180.                CMP2 = T1 + T0/2;
181.                break;
182.            case 5:
183.                CMP1 = T2 + T0/2;
184.                CMP2 = T0/2;
185.                CMP3 = T1 + T2 + T0/2;
186.                break;
187.            case 6:
188.                CMP1 = T1 + T2 + T0/2;
189.                CMP2 = T0/2;
190.                CMP3 = T1 + T0/2;
191.                break;
192.        }
193. }
194. /*----------------------------------------------------------*/
195. void Error_Handler(void)
196. {
197.    __disable_irq();
```

```
198.    while (1)
199.    {
200.    }
201. }
202. /*********************************************/
```

为方便观察，程序中将 SVPWM 的脉宽时间值，通过 DAC 转换为电压值，在 DAC 的 CH1 和 CH2 输出，测得波形如图 6-11 所示。

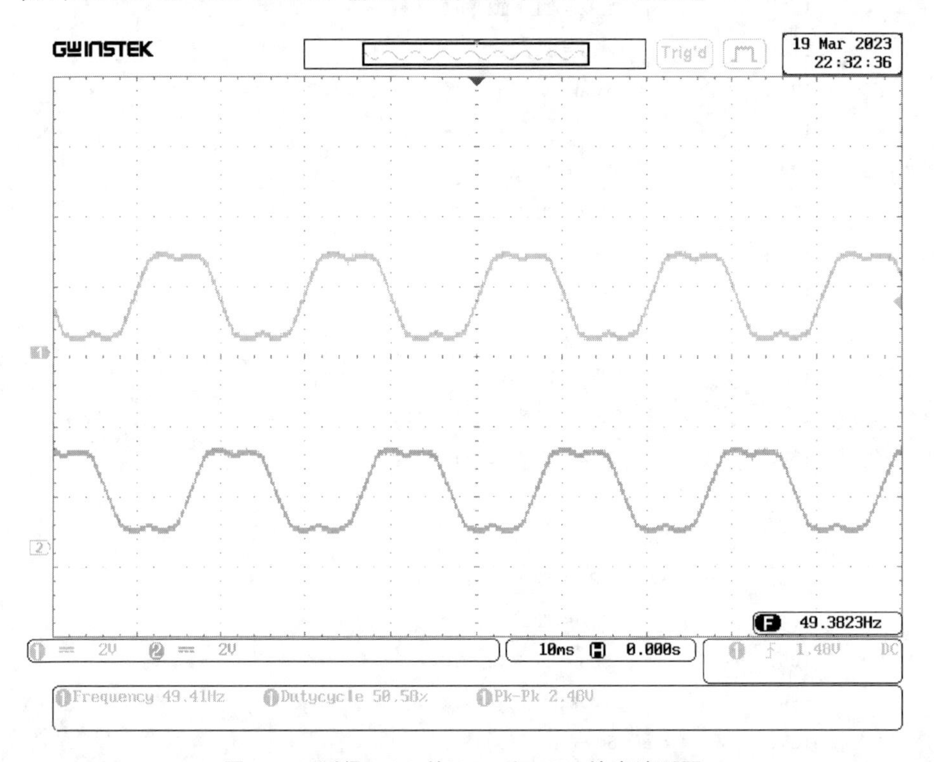

图 6-11　测得 DAC 的 CH1 和 CH2 输出波形图

也可以在主程序的 while 循环中语句 266 行之后添加串口通信语句，并通过串口示波器观察输出端电压波形。具体语句如下：

```
1.  printf("%ld,%ld,%ld\n", TIM8->CCR1, TIM8->CCR2, TIM8->CCR3);
```

用示波器测量 CH2 和 CH2N 信号，如图 6-12 所示。

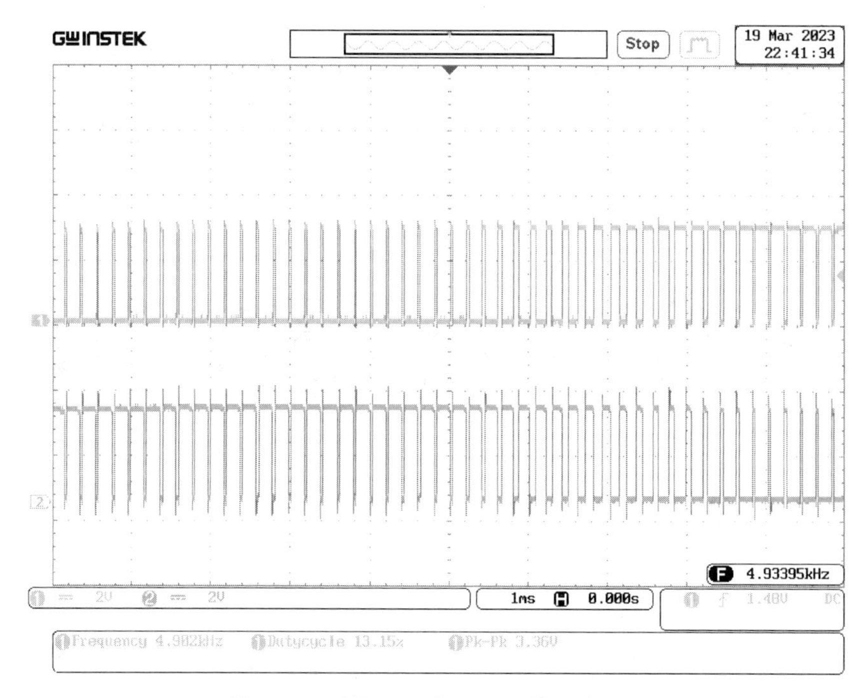

图 6-12　测得 CH2 和 CH2N 信号波形图

CH2N 通道脉冲和 DAC1 输出测试波形图如图 6-13 所示。

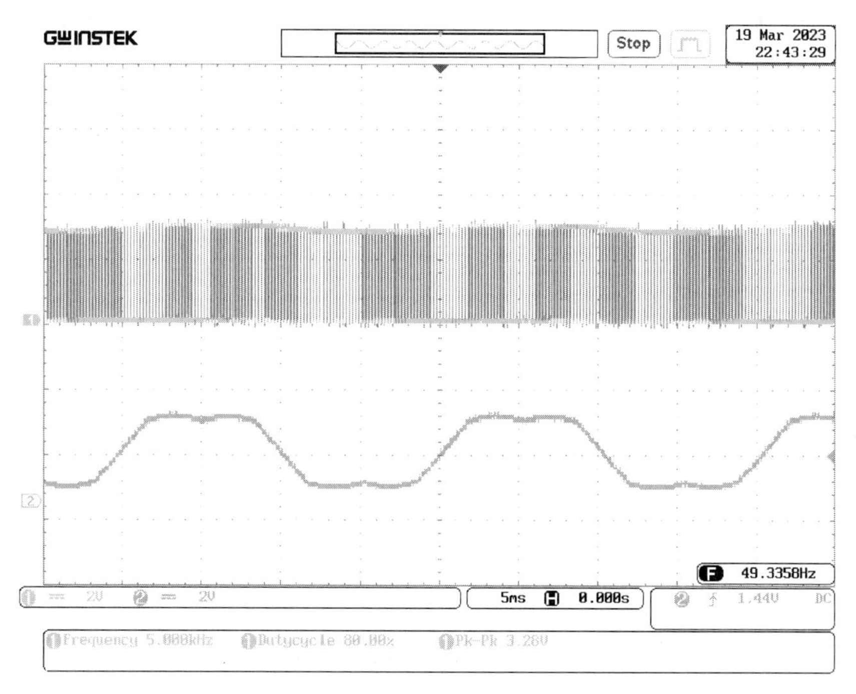

图 6-13　CH2N 通道脉冲和 DAC1 输出测试波形图

改变 PWM_F 开关频率,从 5 kHz 变为 10 kHz,示波器波形图如图 6-14 所示。

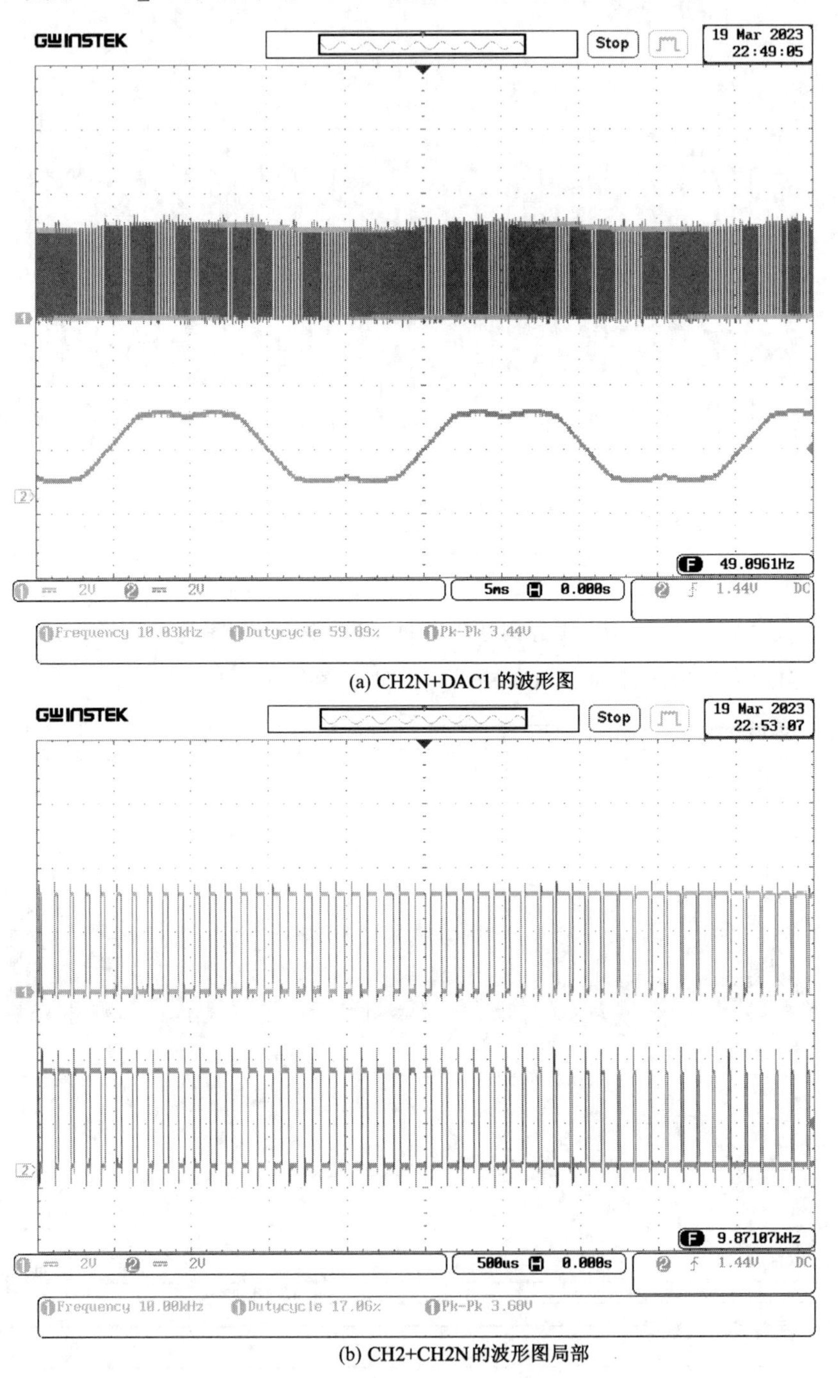

(a) CH2N+DAC1 的波形图

(b) CH2+CH2N的波形图局部

图 6-14 开关频率 10 kHz 时 CH2N+DAC1 和 CH2+CH2N 的波形图

6.4.2 STM32F407 用 FPU 单元计算 SPWM 信号

微控制器中 CPU 的运算速度低，会影响输出波形频率的准确性。如果启用 STM32F407 微控制器中的浮点运算 FPU 单元和 DSP 指令集，将 SVPWM 程序中的三角函数运算、浮点乘除法运算更换为支持浮点数运算的函数，并用 FPU 执行，那么运算速度会有所提升。

开发环境设置方法：STM32Cube-IDE 开发环境中，在工程 Propties 里将 DSP 的头文件加入 include，添加 4 个全局宏定义__FPU_USED、__TARGET_FPU_VFP、__FPU_PRESENT、ARM_MATH_CM4（如果出现冲突可以将 stm32f407xx.h 中的__FPU_PRESENT 注释），在 source location 添加 DSP 源文件或源文件夹。

在主程序中，添加头文件 arm_math.h，将函数 sinf ()用 arm_sin_f32 ()代替。

float PI＝3.14159 语句可以使用 arm_math.h 中的定义，即注释此条语句。具体语句如下：

```
1. Va = MI * arm_sin_f32(theta1 * PI/180)/2;
2. Vb = MI * arm_sin_f32(theta3 * PI/180)/2;
3. Vc = MI * arm_sin_f32(theta2 * PI/180)/2;
```

将幅值计算语句 spc_mag＝sqrt(pow(Valpha, 2)＋pow(Vbeta, 2));用以下语句代替，即：

```
1. float sqr_spc_mag = pow(Valpha, 2) + pow(Vbeta, 2);
2. arm_sqrt_f32 (sqr_spc_mag, &spc_mag);
```

对于扇区计算时间的函数 void time_calculate(void)，修改函数语句如下：

```
1. void time_calculate(void)
2. {
3.     /*   using the basic math.h
4.     T1 = sqrt(3) * T_svm * spc_mag * sinf((sector * PI/3) - spc_angle);
5.     T2 = sqrt(3) * T_svm * spc_mag * sinf(spc_angle - (sector - 1) * PI/3);
6.     T0 = T_svm - T1 - T2;
7.     */
8. //  /*   using DSP & FPU   arm_math.h
```

```
9.      float T_temp[2], T_spc_scale[2], Tscale;
10.     Tscale = sqrt(3) * T_svm * spc_mag;
11.
12.     T_spc_scale[0] = arm_sin_f32((sector * PI/3) - spc_angle);
13.     T_spc_scale[1] = arm_sin_f32(spc_angle - (sector - 1) * PI/3);
14.     arm_scale_f32(T_spc_scale, Tscale, T_temp, 2);
15.
16.     T1 = T_temp[0];
17.     T2 = T_temp[1];
18.     T0 = T_svm - T1 - T2;
19. //  */
20. }
```

测试 SVPWM CH2N+DAC1 信号在一个信号周期内的波形如图 6-15 所示。

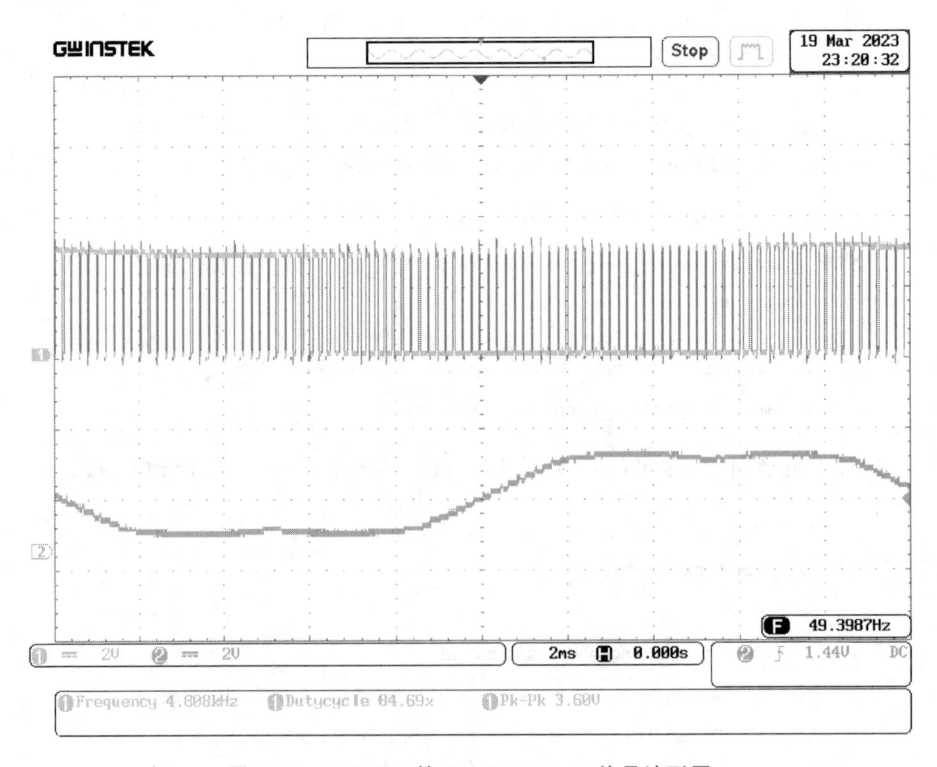

图 6-15　SVPWM 的 CH2N+DAC1 信号波形图

6.4.3 STM32F407 用两相电压计算实现 SVPWM

现编写用两相电压计算扇区数和作用时间的函数，sector_idn2()函数和time_calculate2()函数具体程序如下：

```
1. uint8_t sector_idn2(void)
2. {
3. //  float U1,U2,U3;
4.      int32_t A,B,C,N,b_sector1;
5.
6.      U1 = Vbeta;
7.      U2 = 0.8660 * Valpha - Vbeta * 0.5;
8.      U3 = - 0.8660 * Valpha - Vbeta * 0.5;
9.
10.     if(U1 >0) {
11.         A = 1;
12.     }
13.     else    {
14.         A = 0;
15.     }
16.     if(U2 >0) {
17.         B = 1;
18.     }
19.     else    {
20.             B = 0;
21.     }
22.     if(U3 >0) {
23.         C = 1;
24.     }
25.     else    {
26.             C = 0;
27.     }
28.
29.     N = 4 * C + 2 * B + A;
30.     if(N == 3)    {
31.             b_sector1 = 1;
```

```
32.     }
33.     else if(N == 1){
34.             b_sector1 = 2;
35.     }
36.     else if(N == 5){
37.             b_sector1 = 3;
38.     }
39.     else if(N == 4){
40.             b_sector1 = 4;
41.     }
42.     else if (N == 6){
43.             b_sector1 = 5;
44.     }
45.     else if(N == 2){
46.             b_sector1 = 6;
47.     }
48.     return b_sector1;
49. }
50.
51. void time_calculate2(void)
52. {
53. //      using the basic math.h
54.     float K, Tx, Ty, Taon, Tbon, Tcon;
55.     K = sqrt(3) * T_svm;
56.
57.     switch(sector)
58.     {
59.         case 1:
60.             Tx = K * U2;
61.             Ty = K * U1;
62.             break;
63.         case 2:
64.             Tx = - K * U2;
65.             Ty = - K * U3;
66.             break;
67.         case 3:
```

```
68.            Tx = K * U1;
69.            Ty = K * U3;
70.            break;
71.        case 4:
72.            Tx = - K * U1;
73.            Ty = - K * U2;
74.            break;
75.        case 5:
76.            Tx = K * U3;
77.            Ty = K * U2;
78.            break;
79.        case 6:
80.            Tx = - K * U3;
81.            Ty = - K * U1;
82.            break;
83.    }
84.    Tcon = (T_svm - Tx - Ty)/2;
85.    Tbon = Tcon + Ty;
86.    Taon = Tbon + Tx;
87.
88.    switch(sector)
89.    {
90.        case 1:
91.            CMP1 = Taon;
92.            CMP2 = Tbon;
93.            CMP3 = Tcon;
94.            break;
95.        case 2:
96.            CMP1 = Tbon;
97.            CMP2 = Taon;
98.            CMP3 = Tcon;
99.            break;
100.       case 3:
101.           CMP1 = Tcon;
102.           CMP2 = Taon;
103.           CMP3 = Tbon;
```

```
104.                  break;
105.              case 4:
106.                  CMP1 = Tcon;
107.                  CMP2 = Tbon;
108.                  CMP3 = Taon;
109.                  break;
110.              case 5:
111.                  CMP1 = Tbon;
112.                  CMP2 = Tcon;
113.                  CMP3 = Taon;
114.                  break;
115.              case 6:
116.                  CMP1 = Taon;
117.                  CMP2 = Tcon;
118.                  CMP3 = Tbon;
119.                  break;
120.      }
121.
122. }
```

在主程序中进行调用语句修改,具体语句如下:

```
1. //          sector = sector_idn(spc_angle * 180/PI); //扇区计算
2. //          time_calculate();                       //时间计算
3.            sector = sector_idn2();                  //扇区计算
4.            time_calculate2();                       //时间计算
```

程序运行结果与 6.4.1 程序运行结果相同,仅测量两个 DAC 通道波形,结果如图 6-16 所示。

加入 printf 语句,用串口显示波形和扇区号,添加以下语句:

```
1. printf("%f,%f,%f,%d\n",CMP1,CMP2,CMP3,sector * 2500 + 15000);
```

其中 2 500 是扇区号放大倍数,15 000 是扇区号显示偏移量,波形与示波器显示相同,如图 6-17 所示。

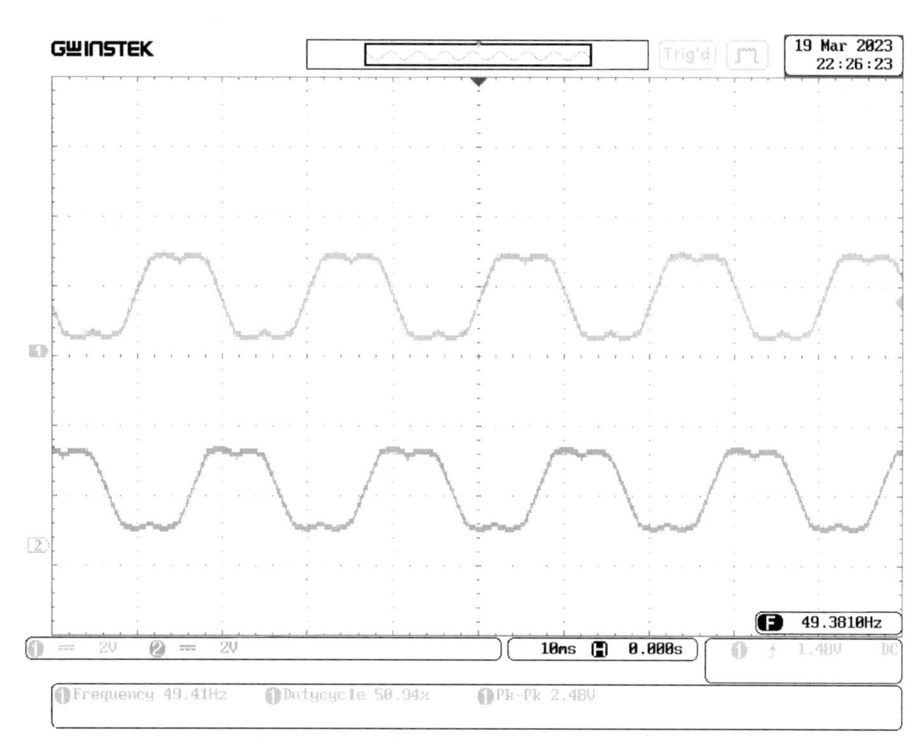

图 6-16 两个 DAC 通道波形图

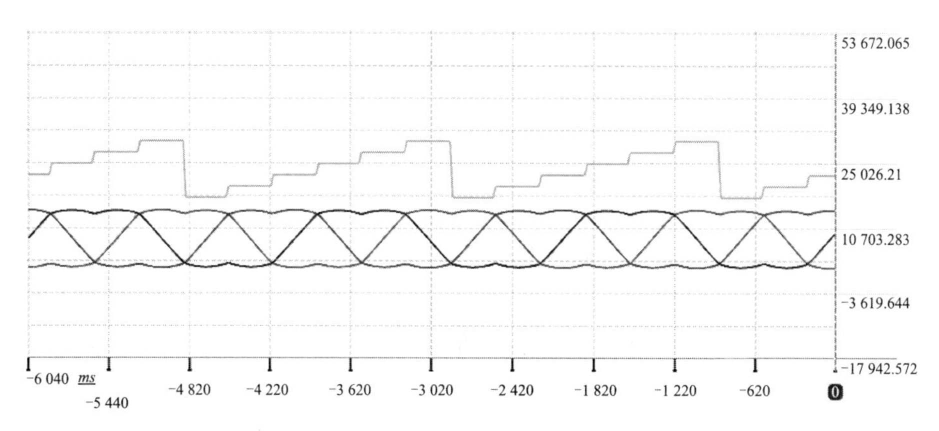

图 6-17 用串口显示波形和扇区号波形图

6.4.4 基于 FOC 的 SVPWM 的电机控制

磁场定向控制(Field-Oriented Control,简称 FOC),也被称作矢量控制(Vector Control,简称 VC),是目前无刷直流电机(BLDC)和永磁同步电机(PMSM)高效控制的最优方法之一。FOC 旨在通过精确地控制磁场大小与方向,使得电机的运动转矩平稳、噪声小、效率高,并且具有高速的动态响应。

采用 FOC 控制电机时,需要产生 SVPWM 信号,6 路 SVPWM 信号控制三相桥电路的开关管。控制时,采集的信号通过坐标变换,将信号解耦后单独可控。有功功率、无功功率的调节对应 d 调节、q 调节。FOC 控制电机结构如图 6-18 所示,包括电流环和速度环双控制,没有位置环控制。

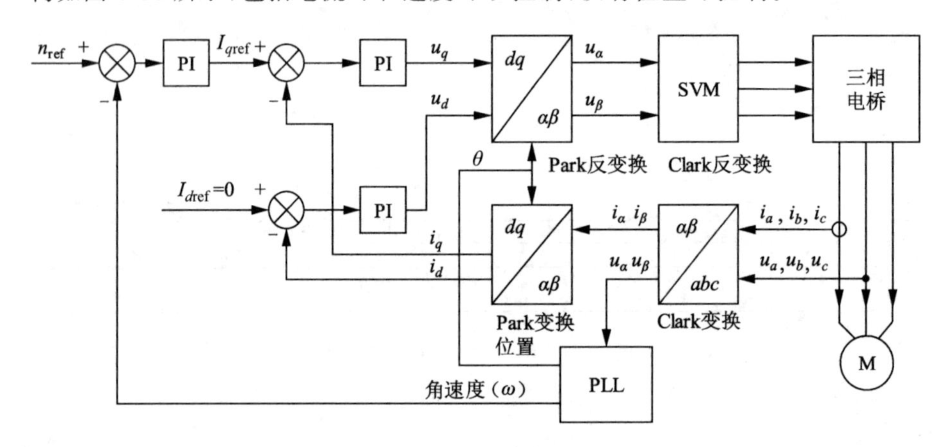

图 6-18 FOC 控制电机结构

控制流程如下。

① 对电机三相电流进行采样,得到 i_a,i_b,i_c。

② 将 i_a,i_b,i_c 经过 Clark 变换得到 i_α,i_β。

③ 将 i_α,i_β 经过 Park 变换得到 i_d,i_q。

④ 计算 i_q,i_d和其设定值 I_{qref},I_{dref}的误差。电流闭环控制,让电机始终产生一个恒定的力矩(也就是恒定的电流 i_q,而 $i_d=0$,因为力矩和电流成正比)。

⑤ 将上述误差输入两个 PID(一般用 PI)控制器,得到输出的控制电压 u_q,u_d。

⑥ 将 u_q,u_d进行反 Park 变换得到 u_α,u_β。

⑦ 用 u_α,u_β 合成空间电压矢量,输入 SVPWM 模块进行调制,输出该时刻三相桥的开关函数值。

⑧ 按照前面输出的开关函数值控制三相逆变器的 6 个电力电子器件开关，驱动电机。

⑨ 循环上述步骤。

采用 FOC 控制无刷直流电机 BLDC 和 PMSM 电机的程序包括 ADC 电压电流采集、定时器编码器采集、SVPWM、FOC、PID、电压限幅模块等，可以实现闭环控制。

FOC 控制库函数中 SVPWM.c 程序流程为：① 输入两相坐标电压值计算出相电压。② 判断合成电压矢量所处的扇区。③ 根据不同的扇区确定电压作用的时间。④ 改变寄存器的值。具体程序在编写和调试时，有较多资料可以参考。

SVPWM 的应用范围很广，如伺服电机控制器、光伏逆变器、双馈异步风力发电机组等，都有 SVPWM 控制技术的应用。

下　篇

7 电力电子技术的PLECS仿真实验

7.1 电力电子器件开关特性实验

实验目的

（1）学习PLECS软件（建议版本3.7.5及以上），掌握软件的操作。

（2）掌握各种电力电子器件的开关特性。

实验内容

（1）PLECS软件建模练习。

（2）PLECS软件仿真练习。

（3）建立电力电子器件测试电路模型并仿真。

实验步骤

1. PLECS软件建模练习

（1）打开PLECS软件，在“Welcome to PLECS”窗口的Browse区域中单击“Demo models”，学习自带的Demo文件；也可以在“Libaray Browser”中选择“File”中“open...”打开Demo文件。

（2）打开“Libaray Browser”浏览库文件的结构和器件图形符号。

（3）新建仿真电路模型文件，从PLECS库文件中拾取元件，如电阻R、检测探头Probe、示波器Scope等，拖放到模型文件中自行规划的位置。将鼠标移到模块的连接端，光标出现十字形符号，按鼠标左键拖动画线，连接到另一个模块的连接端，出现双十字光标，松开鼠标左键。

注意　需要从导线上引出分支线时，将鼠标移到引出位置，按住Ctrl键，然后按鼠标左键拖动画线。

(4) 双击模块(或在模块上点鼠标右键选 parameter)出现模块参数窗口,可以修改该模块的参数值。如果该模块由子模块构成,在该模块点击鼠标右键出现菜单项“subsystem”,选择其子菜单中的“Look under mask”,可以查看该模块的详细结构。

2. PLECS 软件仿真练习

(1) 打开电路的模型文件,在模型文件窗口,菜单“Simulation”项下有参数设置“Simulation parameter...”标签,可以设置起始仿真时间、结束仿真时间等参数。

(2) 在模型文件中,设置检测“Probe”元件时,双击“Probe”元件,出现“Probe Editor”窗口,将待检测器件拖入“Probed components”窗口,在“components signals”选择器件信号打钩。

(3) 在模型文件中,设置“Scope”,双击“Scope”出现示波器“Scope”界面,在“File”菜单下“Scope Parameter”中可以设置输入示波器的信号数、标题名、坐标轴设置等。

(4) 在模型文件窗口“Simulation”菜单中,选择“Start”可以开始仿真。观察示波器“Scope”中的波形时,可以在“Scope”窗口菜单“View”中选择“Show Cursors”,辅助读取波形的一些数据。

3. 电力电子器件测试电路仿真

(1) 建立电力电子器件测试电路仿真模型,如图 7-1 所示。晶闸管作为

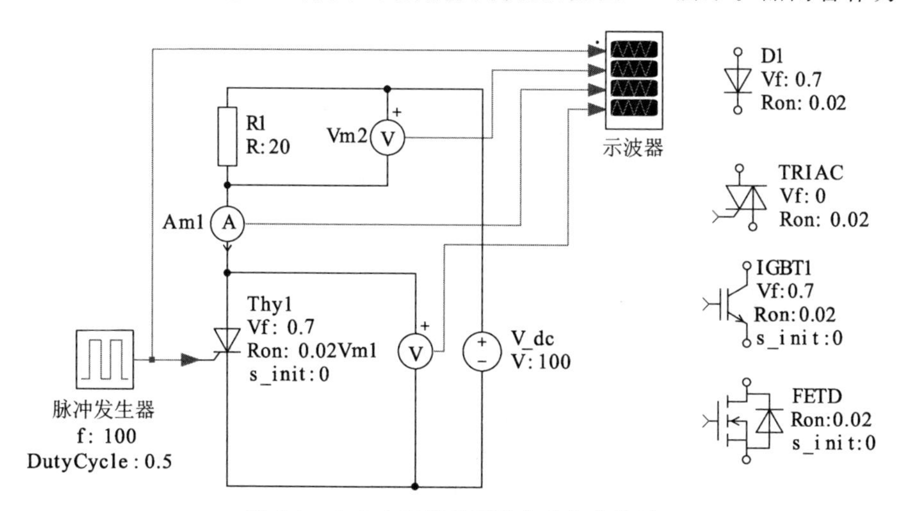

图 7-1 电力电子器件测试电路仿真模型

开关器件(Thy1),仿真结束时间可设为 0.1 s。脉冲信号发生器参数为频率 f100 Hz,Duty Cycle 占空比 0.5。检测信号为脉冲信号发生器、Vm2、Am1、Vm1。运行仿真,记录仿真波形。

(2) 在图 7-1 中,将晶闸管用其他开关器件替换,如图中二极管 D1、双向晶闸管 TRIAC、绝缘栅双极晶体管 IGBT1、场效应管 FETD 等,设置导通 Ron 电阻值相同,重新运行,观察导通情况。记录 IGBT 作为开关器件时,示波器的波形。

实验报告

实验步骤中要求记录的仿真图形,比较三类开关器件 D、Thy、IGBT 输出电压(Vm2)的特点。

7.2 单相整流电路实验

实验目的

(1) 掌握单相半波整流电路构成及其工作原理。

(2) 掌握单相桥式整流电路构成及其工作原理。

(3) 掌握单相二极管整流电路构成及其工作原理。

实验内容

(1) 建立单相半波整流电路模型,改变电阻负载、阻感负载、触发角仿真。

(2) 建立单相桥式整流电路模型,改变电阻负载、阻感负载、触发角仿真。

(3) 单相桥式二极管整流电路仿真。

实验步骤

1. 单相半波整流电路,电阻负载,触发角 90°

(1) 建立单相半波整流电路仿真模型,如图 7-2 所示。设置电感 L_3 的值很小(如 0.000 1 H),R_3 设为 1 Ω,仿真并记录波形。

(2) 单相半波整流电路,阻感负载,触发角 90°。将图 7-2 中 L 值改至 0.1~1 H($\omega L \gg R$),仿真并观察波形。

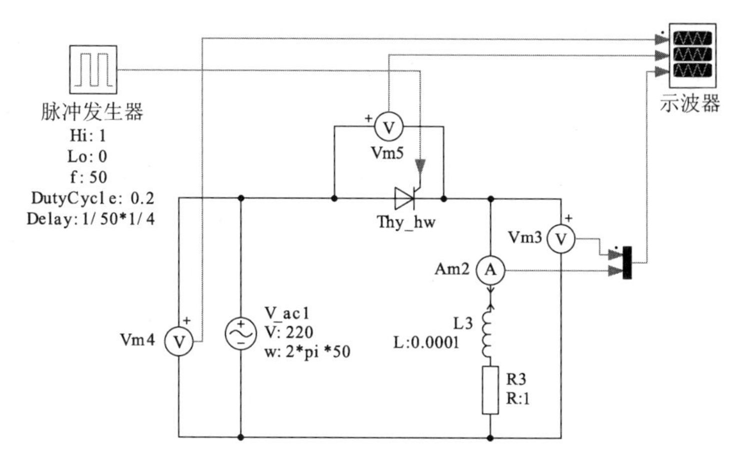

图 7-2 单相半波整流电路仿真模型

（3）改变触发角大小，观察并分析波形。

2. 单相桥式整流电路，电阻负载，触发角 60°

（1）建立单相桥式整流电路仿真模型，如图 7-3 所示，触发电路可以不同，用一种即可。设置电感 L 为 0.000 1 H，R 为 1 Ω，仿真并记录波形。

（2）单相桥式整流电路，阻感负载，触发角 60°。将图 7-3 中 L 值改至 0.2～1 H($\omega L \gg R$)，仿真并观察波形。

（3）改变触发角大小，观察并分析波形。

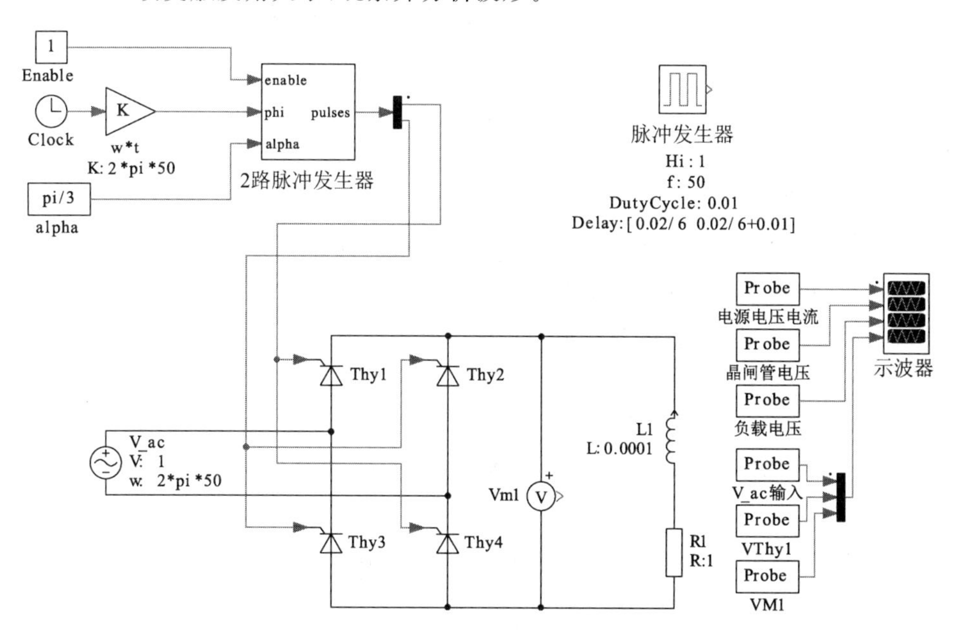

图 7-3 单相桥式整流电路仿真模型

3. 单相桥式二极管整流电路(不可控整流),电容滤波输出负载电压

建立单相桥式二极管整流电路仿真模型,如图 7-4 所示,L,R,C 自行设置,仿真并记录仪表 v_N、v_R、i_N、V 的波形。

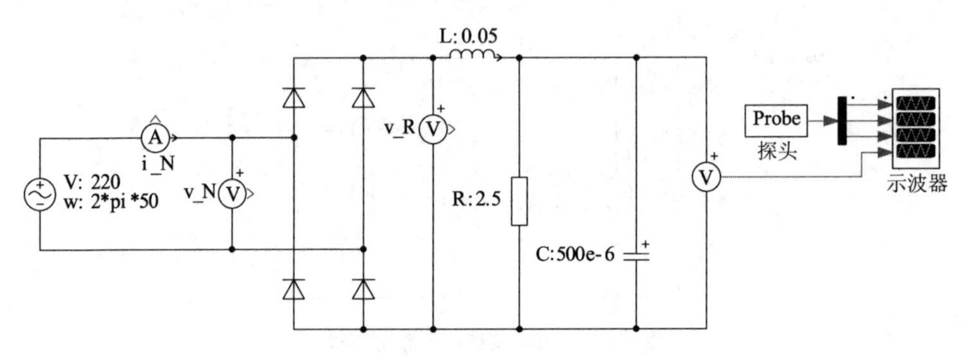

图 7-4　单相桥式二极管整流电路仿真模型

实验报告

实验步骤中要求记录的图形和数据,对比分析半波、桥式、二极管整流电路的主要特点。

7.3 三相整流电路实验

实验目的

(1) 掌握三相半波整流电路构成及其工作原理

(2) 掌握三相桥式整流电路构成及其工作原理。

(3) 掌握三相二极管整流电路构成及其工作原理。

实验内容

(1) 三相半波整流电路,改变触发角时在电阻负载、阻感负载条件下的工作波形。

(2) 三相桥式整流电路,改变触发角时在电阻负载、阻感负载条件下的工作波形。

(3) 三相桥式整流电路,考虑变压器电感时,对输出特性的影响。

实验步骤

1. 三相半波整流电路,电阻负载

(1) 建立三相半波整流电路仿真模型,如图 7-5 所示,设置仿真停止时间 0.06 s,电阻负载 $R=5\ \Omega$,$L=0.001$ H,触发角分别设为 0°,30°,60°,记录 60°仿真波形。Probe 选择测量 V_3ph 的电压值。注意触发角是从自然换相点(30°)开始计量的,触发角 0°对应脉冲发生器延迟 0.02/12 s,触发角 30°对应脉冲发生器延迟 0.02/12 s+0.02/12 s。

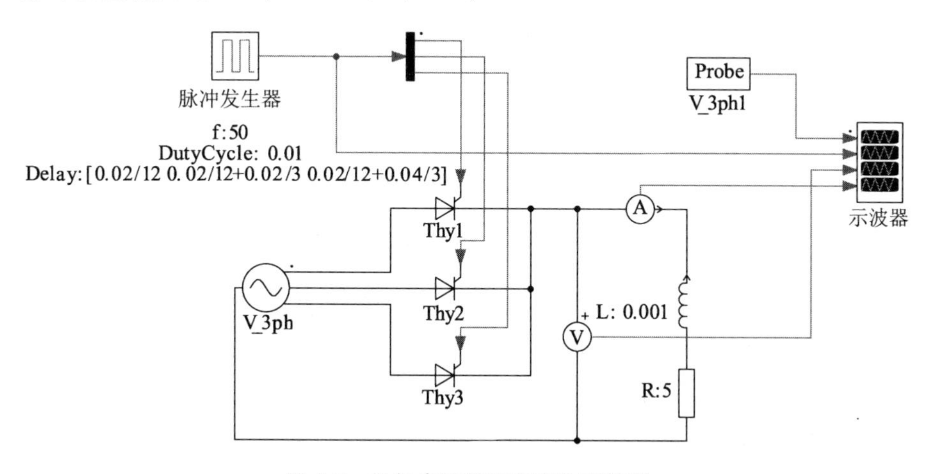

图 7-5 三相半波整流电路仿真模型

(2) 三相半波整流电路,阻感负载。在图 7-5 中,设置为阻感负载 $L=0.1$ H 或更大,触发角分别设为 0°,30°,60°,记录 60°触发角的仿真波形。

2. 三相桥式整流电路(图 7-6)

(1) 电阻负载。设置仿真停止时间 0.1 s,电阻负载 $R=1\ \Omega$,删去 L 或设置很小(图中 $L=0.001$ H),触发角分别设为 30°,60°,90°,记录触发角 60°时的仿真波形(三相电源 V_3ph 的电压、Thyristor Rectifier 的 Thyristor Voltage、电压表 Vm1、6-Pulse Generator 的输出信号、电压表 Vm2)。6-pulse Generator 有单脉冲和双脉冲两种可供选择,选单脉冲时脉冲宽度可设置为 $\pi/3+\pi/12$,双脉冲宽度可设置为 $\pi/12$。6-pulse Generator 发生器可用于整流或逆变,其中的 α 角度用于整流时,三相整流电路中的触发角对应自然换相角 0°,此 α 角度设置 30°($\pi/6$)时触发角为 0°,α 角度设置与实际触发角相差 30°($\pi/6$)。

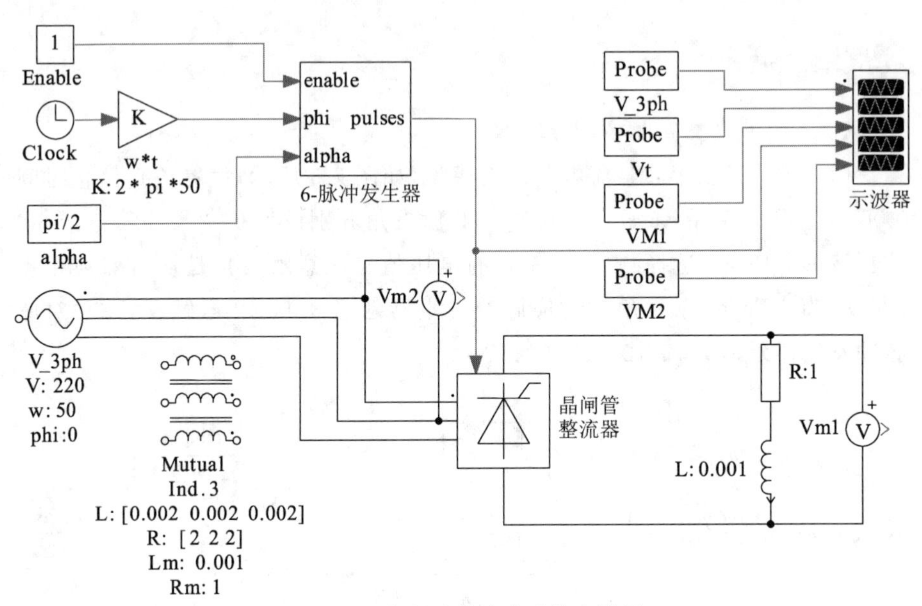

图 7-6　三相桥式整流电路仿真模型

(2) 三相桥式整流电路，阻感负载。在图 7-6 中，设置为阻感负载，$R=1\ \Omega$，$L=1$ H，触发角分别设为 30°，60°，90°，记录 60°仿真波形。

3. 变压器电感对输出的影响

在图 7-6 中，将 Mutual 串在 V_3ph 和晶闸管整流器 Thyristor Rectifier 之间，触发角设为 60°，调节 Mutual Ind 中自感 L 大小，观察 VM1 电压波形的变化。

实验报告

(1) 实验步骤中要求记录的图形和数据，总结半波整流电路，电阻负载、阻感负载当触发角不同时输出电压的变化规律。

(2) 分析变压器电感对输出电压的影响。

7.4 直流斩波电路实验

实验目的

(1) 掌握 Buck 电路的构成及其工作原理。

(2) 掌握 Boost 电路的构成及其工作原理。

(3) 掌握 Buck-Boost 电路的构成及其工作原理。

(4) 掌握 Cuk 电路的构成及其工作原理。

实验内容

(1) 建立 Buck 电路模型,改变占空比、输入电压,分析工作原理和输出特性。

(2) 建立 Boost 电路模型,改变占空比、输入电压,分析工作原理和输出特性。

(3) 建立 Buck-Boost 电路模型,改变占空比、输入电压,分析工作原理和输出特性。

(4) 建立 Cuk 电路模型,改变占空比、输入电压,分析工作原理和输出特性。

实验步骤

1. 建立 Buck 电路仿真模型(图 7-7)

(1) 占空比设为 0.5,V 设为 28 V,启动仿真,记录 D 的电压、C 的电压、V 的电压波形。

(2) 将占空比由 0.5 改为 0.3,观察 D 的电压、C 的电压、V 的电压波形。

(3) 改变输入电压 V 的值然后重新仿真。

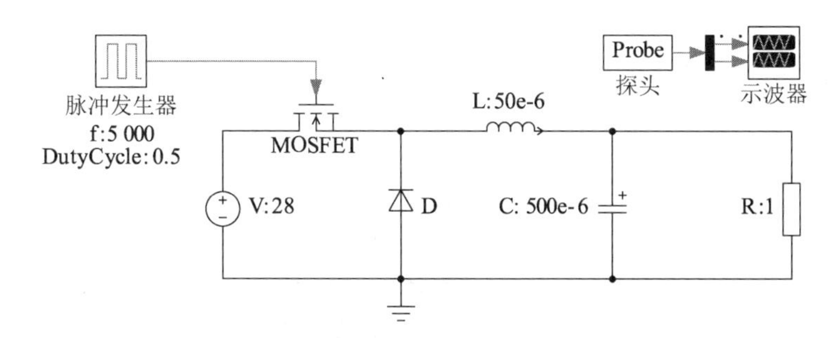

图 7-7 Buck 电路仿真模型

2. 建立 Boost 电路仿真模型(图 7-8)

(1) 占空比设为 0.5,V 设为 28 V,启动仿真,记录 L 的电流、C 的电压、电源 V 的电压。

(2) 将占空比由 0.5 改为 0.3,观察输出 L 的电流、C 的电压、电源 V 的电

压波形。

(3) 改变输入电压 V 的值后重新仿真。

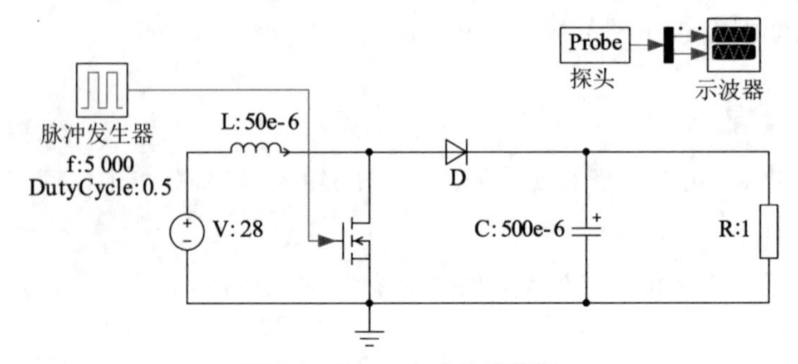

图 7-8 Boost 电路仿真模型

3. 建立 Buck-Boost 电路仿真模型(图 7-9)

(1) 设置占空比为 0.3,输入电压 V 为 10 V,启动仿真,记录 C 的电压、L 的电流波形。

(2) 将占空比由 0.3 改为 0.6,V 不变,记录输出 C 电压、L 的电流波形。

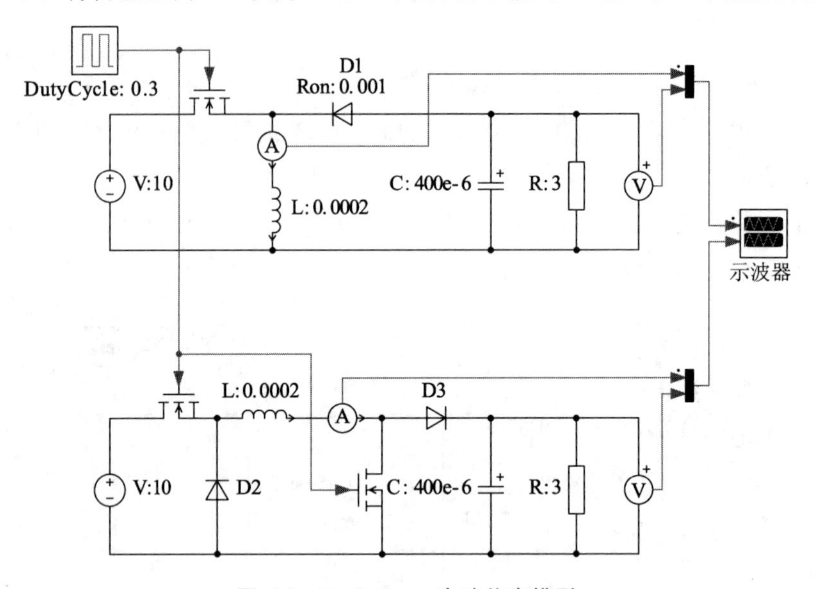

图 7-9 Buck-Boost 电路仿真模型

4. 建立 Cuk 电路仿真模型(图 7-10)

(1) 设置占空比为 0.3,输入电压 10 V,启动仿真,记录 L_1,L_2 的电流和 C_1,C_2 的电压波形。

(2) 将占空比由 0.3 改为 0.6,输入电压不变,观察 L_1,L_2 的电流和 C_1,C_2 的电压波形。

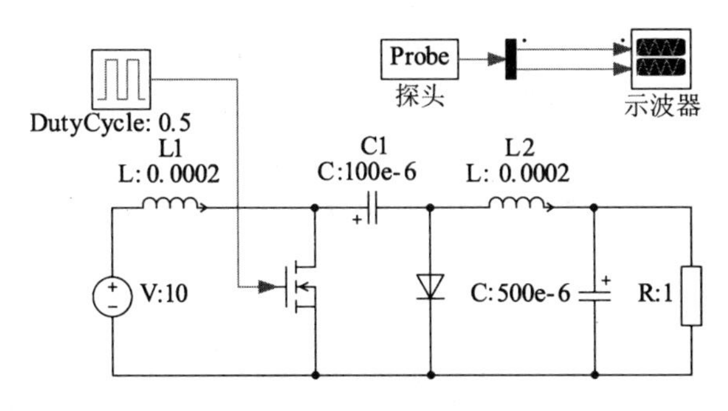

图 7-10 Cuk 电路仿真模型

实验报告

(1) 实验步骤中要求记录的图形和数据，将 Buck、Boost、Buck-Boost、Cuk 电路输出电压仿真测量值和理论计算值对比。

(2) 说明升降压电路(Buck-Boost、Cuk)的主要特点。

7.5 开关电源电路实验

实验目的

(1) 掌握 H 桥 DC-DC 电路的特性。

(2) 正激式(forward)开关电源电路。

(3) 反激式(flyback)开关电源电路。

实验内容

(1) 建立 H 桥 DC-DC 电路模型，改变占空比分析其输出特性。

(2) 建立正激开关电源电路模型，分析其输出特性。

(3) 建立反激开关电源电路模型，分别采用开环和闭环控制，分析其输出特性。

实验步骤

1. 建立 H 桥 DC-DC 电路仿真模型(图 7-11)

(1) 设置输入电压 10 V，控制信号使用 PWM 脉冲，PWM 占空比 0.3。

记录 L 的电流、C 的电压波形 iv_R、脉冲发生器 Continuous 输出波形，仿真停止时间大于 0.006 s。读取 C 两端的电压值大小。

(2) 将 PWM 的占空比改为 0.5，启动仿真，记录 C 的电压值。

(3) 将 PWM 的占空比改为 0.7，启动仿真，记录 C 的电压值。

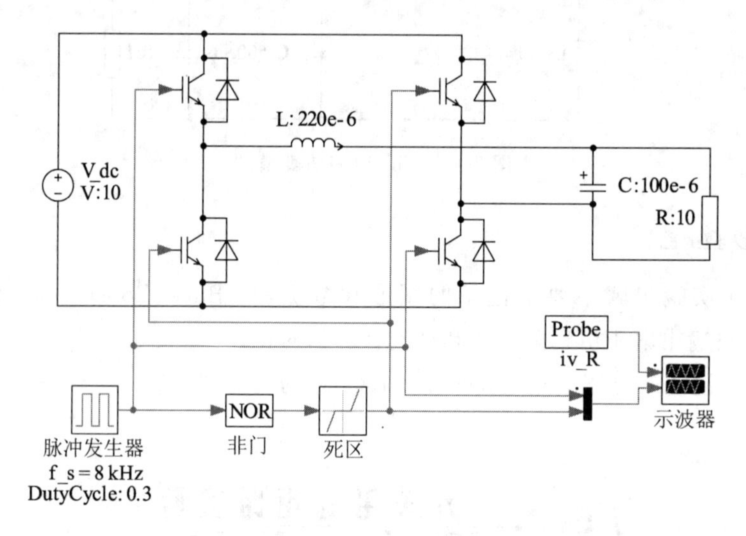

图 7-11 H 桥 DC-DC 电路仿真模型

2. 建立正激式开关电源电路仿真模型(图 7-12)

设置输入电压 36 V，变压器的绕组数[2 1]，变压器匝数比[2 -2 1]，即 $N_s=1$，$N_p=2$。记录 MOSFET 的电流、D_1 的电流、D_2 的电流、D_3 的电流、电阻 R 的电压波形，记录电阻 R 的稳定电压数值。

(1) 占空比 0.4，启动仿真，记录 R 的电压数值。

(2) 将占空比改为 0.3，启动仿真，记录 R 的电压数值。

(3) 改变输入电压为 20 V，启动仿真，记录 R 的电压数值。

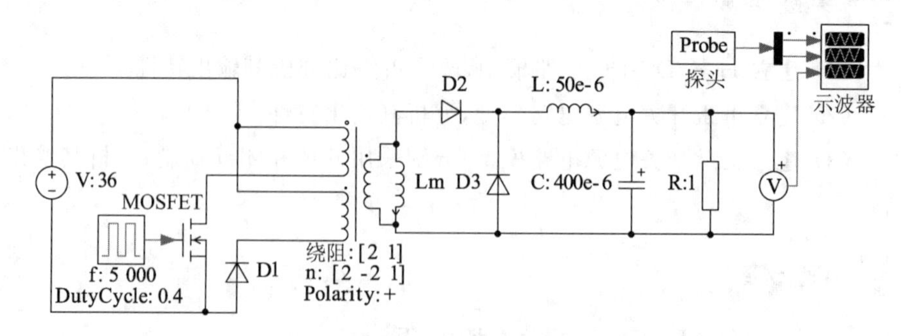

图 7-12 正激式开关电源电路仿真模型

3. 反激式开关电源

(1) 建立开环反激式开关电源电路仿真模型,如图 7-13 所示。设置输入电压 36 V,变压器的绕组数[1 1],变压器的匝数比[12 −5],即 $N_p=12$,$N_s=5$。记录 MOSFET 的电流 I_FET、D_1 的电流 I_D、电阻 R 的电压(电压表 V)波形和电阻 R 的稳定电压数值。设置占空比为 0.4,启动仿真,记录波形和 R 的电压数值。将占空比改为 0.3,启动仿真,记录波形和 R 的电压数值。改变输入电压为20 V,启动仿真,记录波形和 R 的电压数值。

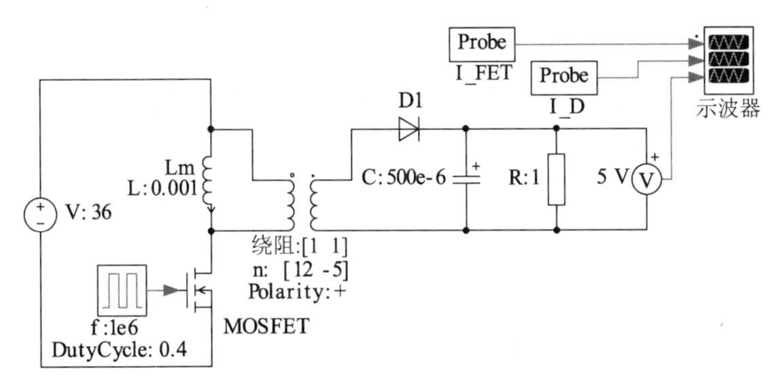

图 7-13 开环反激式开关电源电路仿真模型

(2) 建立闭环反激式开关电源电路仿真模型(参考 Demo\flyback.plecs),如图 7-14 所示。设置输入电压 160 V,变压器的绕组数[1 1],变压器的匝数比 $N_p=6$,$N_s=-1$。记录电阻 R 的电压波形和稳定电压数值。

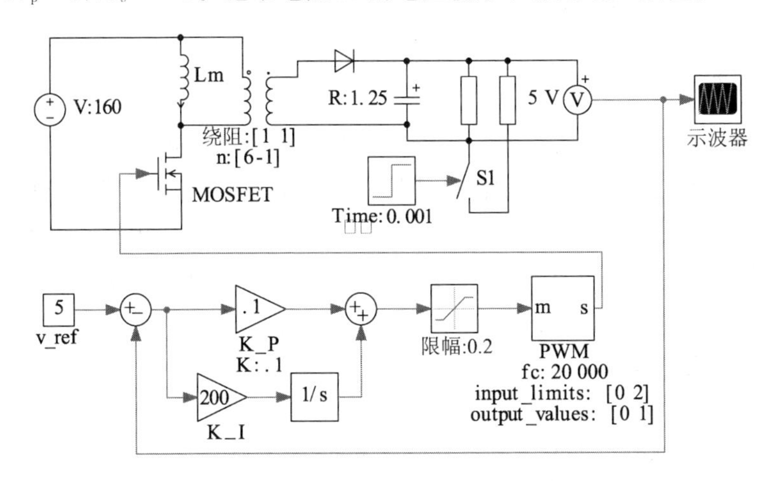

图 7-14 闭环反激式开关电源电路仿真模型

实验报告

(1) 实验步骤中要求记录的图形和数据。H 桥 DC-DC 电路理论值$U_{out}=(2\alpha-1)U_{in}$，正激开关电源电路理论值 $U_{out}=\alpha\cdot(N_s/N_p)\cdot U_{in}$，反激开关电源电路理论值 $U_{out}=\alpha/(1-\alpha)\cdot(N_s/N_p)\cdot U_{in}$，$\alpha$ 是占空比，将仿真测量值和理论值对比。

(2) 讨论带反馈控制的反激式开关电源有什么特点。

7.6 电压型逆变电路实验

实验目的

(1) 掌握单相桥式逆变电路工作原理。

(2) 掌握电压型三相桥式逆变电路的工作原理。

实验内容

(1) 建立单相桥式逆变电路，仿真并分析其工作原理。

(2) 建立电压型三相桥式逆变电路，仿真并分析其工作原理。

实验步骤

1. 建立单相桥式逆变电路仿真模型(参考 Demo\HBridge.plecs)(图 7-15)

设置输入电压 10 V，控制信号使用 PWM 脉冲，脉冲发生器 1 和 2 的频率为 50 Hz，占空比为 0.5，脉冲发生器 2 比脉冲发生器 1 的相位延时 0.003 s，组合逻辑[0 0 1 1; 1 0 1 0; 0 1 0 1; 1 1 0 0]。记录输入电压 u_1 和输出电压 u_2，输入电流 i_1 和输出电流 i_2。分别按以下条件启动仿真：

(1) 改变输入电压 u_1 为 18 V。

(2) 将脉冲发生器的频率改为 60 Hz。

2. 建立电压型三相桥式逆变电路仿真模型(图 7-16)

设置输入电压 V，控制信号使用 6 脉波 PWM，180°导电。记录 A 相负载 R_1 的相电压 V_{R1}、A 相负载 R_1 的相电流 I_{R1}、两个中心点 NN'之间的电压 V_{NN}(电压表 V_{m4})，AB 相线电压 V_{AB}(电压表 V_{m5})。记录示波器仿真波形。

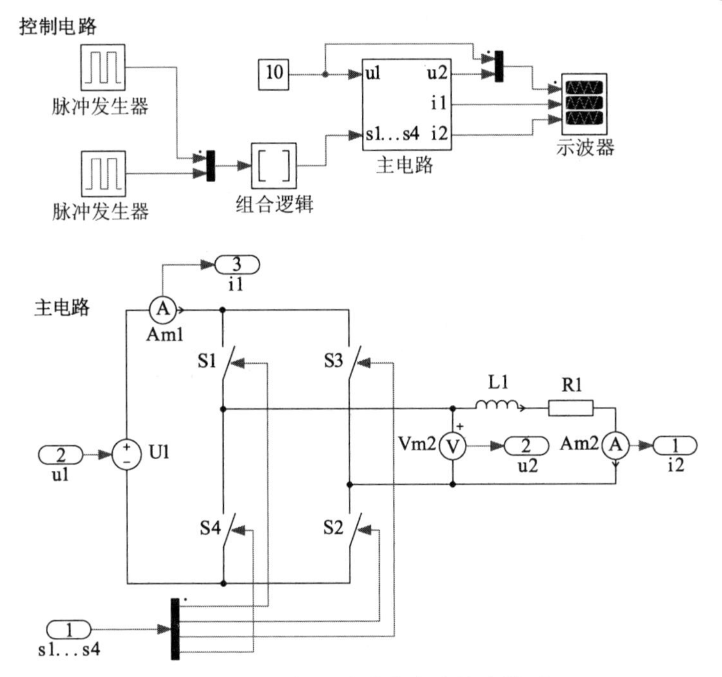

图 7-15　单相桥式逆变电路仿真模型

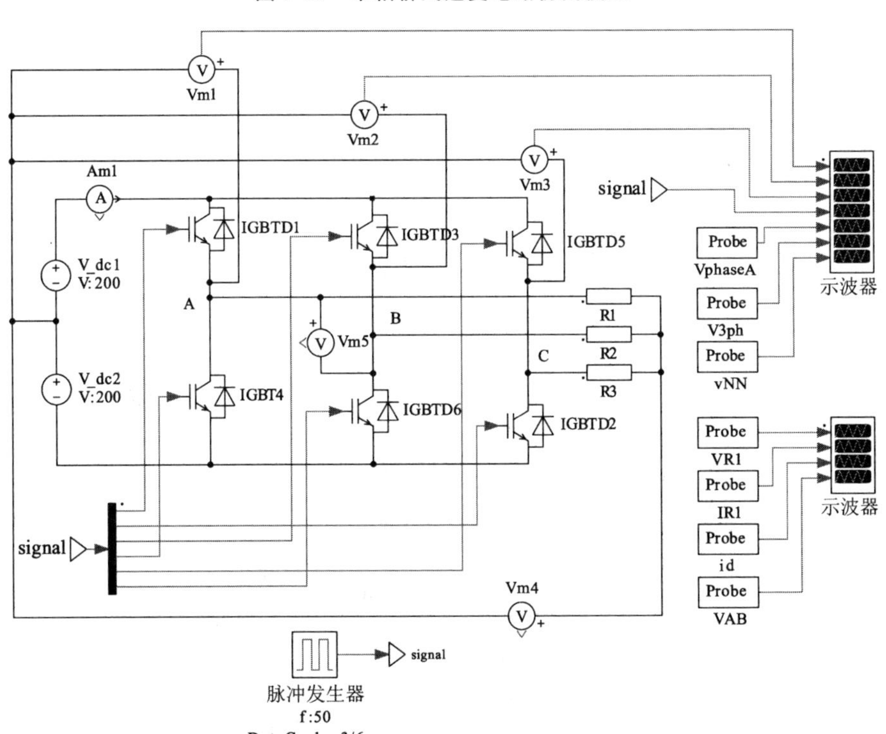

图 7-16　电压型三相桥式逆变电路仿真模型

实验报告

（1）实验步骤中要求记录的仿真图形，分析输入电压大小、脉冲发生器频率的改变对单相桥式逆变电路的输出电压的影响。

（2）思考电压型三相逆变电路的三相负载不平衡时，V_{NN}电压如何变化。

7.7 交流调压电路实验

实验目的

（1）掌握单相交流调压电路工作原理。

（2）掌握三相交流调压电路工作原理。

实验内容

（1）建立单相交流调压电路模型，分析电路工作原理和特性。

（2）建立三相交流调压电路模型，分析电路工作原理和特性。

实验步骤

1. 单相晶闸管相控交流调压电路

建立单相晶闸管调压电路仿真模型，如图 7-17 所示。设置仿真停止时间为 0.06 s，电阻负载值 R 为 1 Ω，L 为 0.000 1 H。

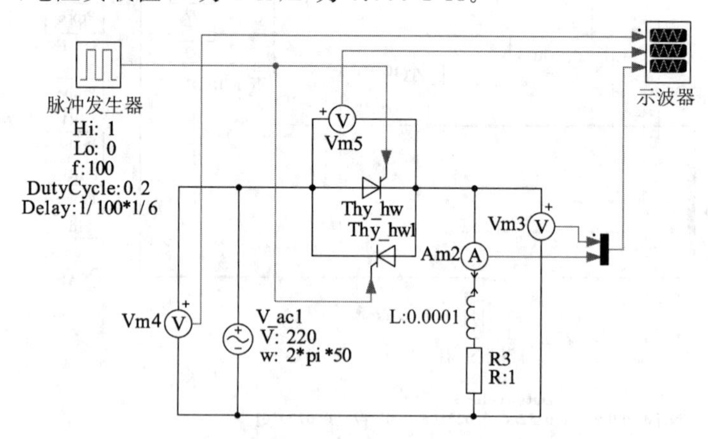

图 7-17 单相晶闸管调压电路仿真模型

(1) 改变触发角为 45°,观察并记录波形。

(2) 改变触发角,观察波形变化。

(3) 将负载值改为 $R=1\ \Omega, L=1\ \text{H}$,改变触发角,观察波形。

2. 三相交流调压电路

建立三相晶闸管调压电路仿真模型,如图 7-18 所示。

(1) 将 S1 开关常数 Constant 设为 1,Pulse Generator1 的 Delay 设置触发角为 45°时的延时,示波器观察信号标签 a,b,c 的波形,观察负载 R_1,R_2,R_3 的电压波形,并记录。

(2) 将 S1 开关常数 Constant 设为 0,Pulse Generator1 的 Delay 分别设置触发角为 30°,60°,120°时的延时,示波器观察信号标签 a,b,c 的波形,观察负载 R_1,R_2,R_3 的电压波形,并记录。

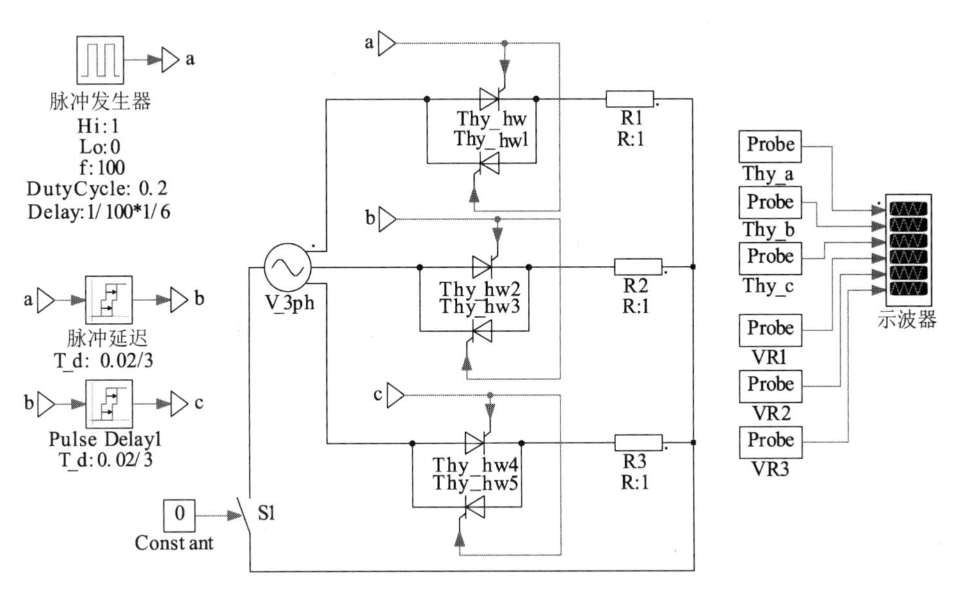

图 7-18 三相晶闸管调压电路仿真模型

实验报告

(1) 实验步骤中要求记录的仿真图形,分析单相交流调压电路触发角的控制范围。

(2) 分析三相交流调压电路,S1 开关常数 Constant 设为 0,触发角分别为 30°,60°,120°的条件下,6 个晶闸管的导通情况。

7.8 SPWM 信号实验

实验目的

（1）掌握调制法产生单极性 SPWM 信号。

（2）掌握调制法产生双极性 SPWM 信号。

实验内容

（1）使用调制法产生单极性 SPWM 信号用于逆变电路，观察电路信号波形。

（2）使用调制法产生双极性 SPWM 信号用于逆变电路，观察电路信号波形。

实验步骤

1. 使用调制法产生单极性 SPWM 信号的单相逆变电路仿真

建立单相桥式（单极性 SPWM）逆变电路仿真模型，如图 7-19 所示。设置输入电压 200 V，L_{ga}很小（0.01H），三角波频率 10 kHz，占空比 50%，正弦波频率 50 Hz，死区时间 0，a1，a2，a3，a4 端子产生 SPWM 脉冲。将仿真停止时间设为 0.06 s 后完成仿真，记录 Scope 波形。

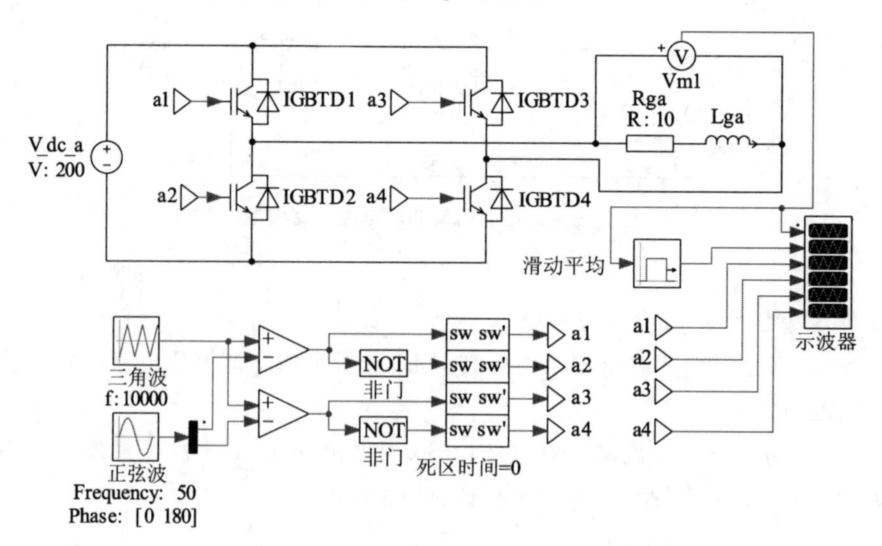

图 7-19 单相桥式（单极性 SPWM）逆变电路仿真模型

2. 产生双极性 SPWM 信号的单相逆变电路仿真

建立单相桥式(双极性 SPWM)逆变电路仿真模型,如图 7-20 所示。设置输入电压 200 V,正弦波频率 50 Hz,三角波频率 2 050 Hz,占空比 50%,记录 Scope9 波形。

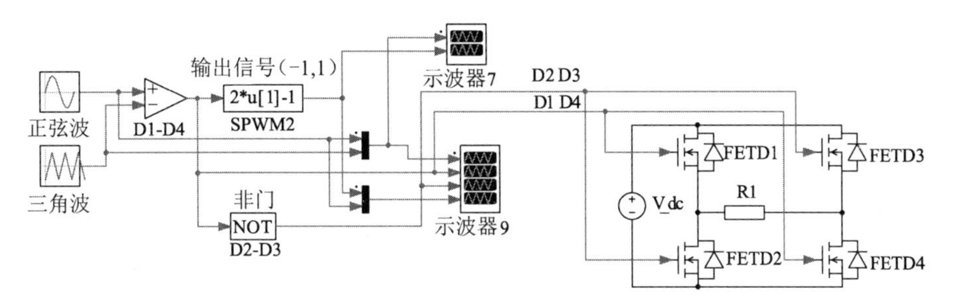

图 7-20 单相桥式(双极性 SPWM)逆变电路仿真模型

实验报告

(1) 记录单极性 SPWM、双极性 SPWM 信号波形。

(2) 使用单相逆变电路 SPWM 控制,讨论改变载波(三角波)的频率、调制波(正弦波)的频率、调制波的幅值对逆变器输出电压的影响。

8 电力电子技术的实验箱实验

8.1 单相不可控整流电路实验

实验目的

掌握电容滤波的单相桥式整流电路工作原理。

实验器材

电力电子实验箱,包括低压交流电源、整流桥 ZD1、电阻、电容。

实验原理

电容滤波的单相桥式整流电路及其工作波形图如图 8-1 所示。

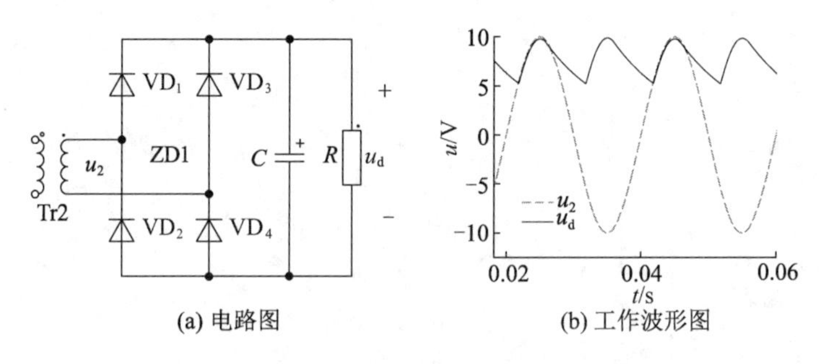

图 8-1 电容滤波的单相桥式整流电路

在 u_2 正半周时,当 $u_2 \leqslant u_d$,二极管均不导通,电容 C 向 R 放电。当 $u_2 > u_d$,VD_1 和 VD_4 开通,$u_d = u_2$,交流电源向电容充电,同时向负载 R 供电。

在 u_2 负半周时,当 $-u_2 \leqslant u_d$,二极管均不导通。当 $-u_2 > u_d$,VD_2 和 VD_3 开通,$u_d = -u_2$。

实验内容

(1) 单相不可控桥式整流电路空载和带电阻负载的测试。

(2) 单相不可控桥式整流电路电容滤波负载空载和带电阻负载的测试。

实验步骤

注意事项 所有实验接线时,负载都不能短路。在 ZD_1 的"+""-"两端并联 CZ_1 时,极性相同的端子连接,连错会损坏电容或炸管。

1. 线路连接

将低压交流电源 7 V 和 0 V 分别连接 ZD_1 的交流端两端(符号~,无顺序)。

2. 电阻负载测试

(1) 示波器探头接 ZD_1 的"+",探头地接 ZD_1 的"-",观察并记录空载情况下的波形(含幅值)。

(2) 在 ZD_1 的"+""-"两端并联电阻 R_1,观察并记录波形。

3. 阻容负载测试

(1) 在 ZD_1 的"+""-"两端并联 CZ_1,CZ_1 的"+""-"分别接 ZD_1 的"+""-",记录波形(含幅值)。在 CZ_1 的"+""-"两端并联电阻 R_1,观察并记录波形(含幅值)。

(2) 去掉 R_1,观察并记录电阻负载为空载情况下的输出电压波形(含幅值)。

4. 改变输入电压测试

将低压交流输入由 7 V~0 V 改为 7 V~7 V,负载连接电阻 CZ_1、R_1(实验步骤 3),观察并记录电阻两端的电压波形和幅值。

实验报告

(1) 记录实验步骤中要求记录的波形,标出测试条件、电压波形的幅值。

(2) 讨论单相不可控整流电路的输出电压与负载电阻、电容的关系。

8.2 TCA785 集成触发电路实验

实验目的

(1) 理解锯齿波集成同步移相触发电路的工作原理。

(2) 掌握西门子的 TCA785 集成锯齿波同步移相触发电路的调试方法。

实验器材

(1) 电力电子实验箱,包括低压交流电源模块、低压直流电源模块。

(2) 模块板,包括 TCA785 集成触发电路实验模块。

实验原理

TCA785 集成块内部主要由同步寄存器、基准电源、锯齿波形成电路、移相电压、锯齿波比较电路和逻辑控制功率放大等功能块组成。同步信号从 TCA785 集成电路的 5 脚输入,过零检测对同步电压信号进行检测。当检测到同步信号过零时,信号送同步寄存器。同步寄存器输出控制锯齿波发生电路,锯齿波的斜率大小由 9 脚外接电阻和 10 脚外接电容决定,输出脉冲宽度由 12 脚外接电容的大小决定。14,15 脚输出对应负半周和正半周的触发脉冲,移相控制电压从 11 脚输入。TCA785 集成移相触发电路如图 8-2 所示。

电位器 R_{P1} 调节锯齿波的斜率,电位器 R_{P2} 则调节输入的移相控制电压,脉冲从 14,15 脚输出,输出的脉冲互差 180°,可供单相整流及逆变实验用。移相 90°时各点电压波形请参考图 8-3。

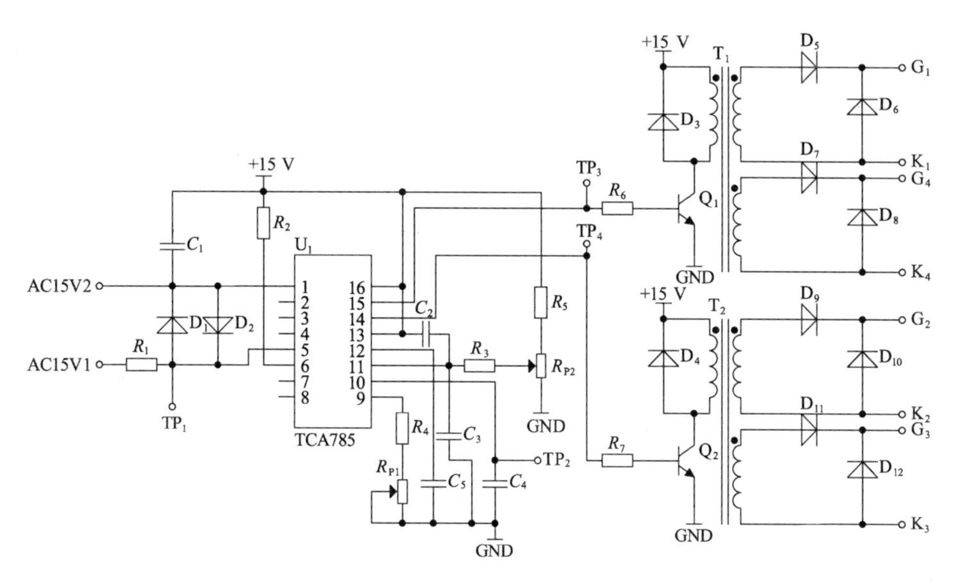

图 8-2 TCA785 集成移相触发电路图

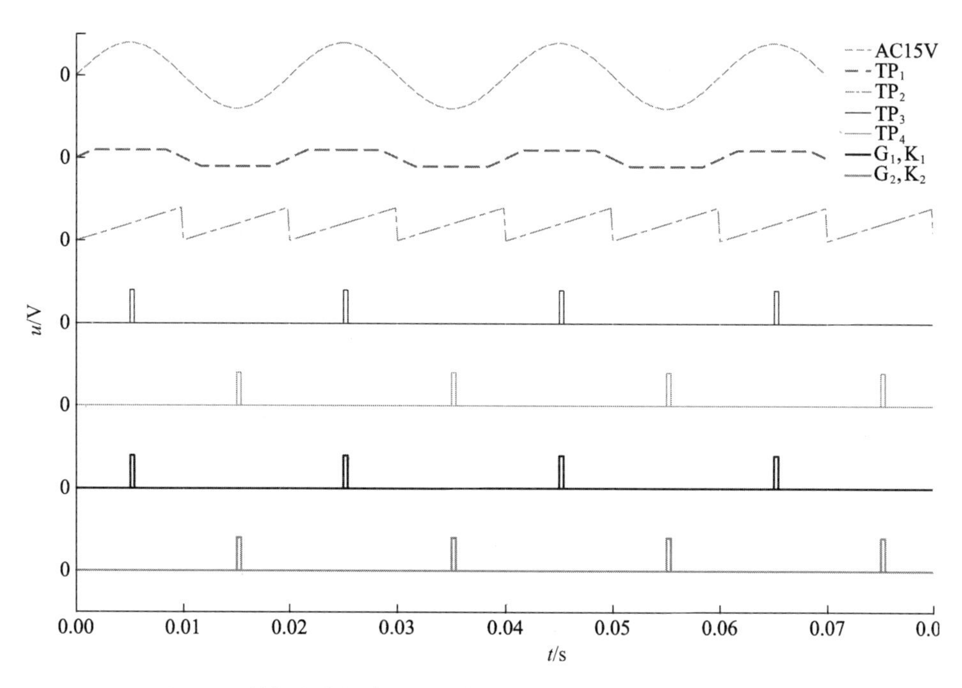

图 8-3 单相集成锯齿波触发电路的各点电压波形对比($\alpha=90^{\circ}$)

实验内容

(1) TCA785 集成移相触发电路的调试。

(2) TCA785 集成移相触发电路各点波形的观察和分析。

实验步骤

注意事项 双踪示波器有两个探头,可同时观测两路信号,但这两个探头的地线都与示波器的外壳相连,所以两个探头的地线不能同时接在同一电路的不同电位的两个点上,否则这两点会通过示波器外壳发生电气短路。为此,可将其中一根探头的地线取下或外包绝缘,只使用其中一路的地线。当需要同时观察两个信号时,必须在被测电路上找到这两个信号的公共点,将探头的地线接于公共点,探头接至被测信号。

1. 线路连接

将低压交流电源 15 V,0 V 分别连接"TCA785 集成触发电路实验模块"的 L_1,N_1。将低压直流电源+15 V,GND 分别连接"TCA785 集成触发电路实验模块"的+15 V,0 V。

2. 观测点信号连接

将 R_{P2} 逆时针调节到底。打开实验箱总电源,此时"TCA785 集成触发电路实验模块"开始工作,用双踪示波器一路探头观测"同步电压 AC15V"信号,另一路探头逐次观察 TCA785 触发电路各测试点波形。

3. 改变触发角

(1) 观察"同步电压 AC15V"和"TP_1"点的电压波形,检验波形同步。

(2) 观察"TP_2"点的锯齿波波形,调节斜率电位器 R_{P1},观测"TP_2"点锯齿波斜率的变化(可调至锯齿波斜率最大,然后在其他信号测试时保持 R_{P1} 不变)。

(3) 依次观察"TP_3""TP_4"的波形,"TP_3"和"TP_4"是互差 180°的触发脉冲。调节电位器 R_{P2},将"TP_3"相位角调至 90°,保持 R_{P2} 不变,分别记录"TP_3""TP_4"相位(与"同步电压 AC15V"的相对位置)。

(4) 缓慢调节 R_{P2} 电位器,用示波器观察"同步电压 AC15V"和"TP_3"点的波形,观察并记录触发脉冲的移相范围。(调节触发角时,保持 R_{P1} 不变。)

实验报告

(1) 整理实验中记录的各点波形,将各测试点波形与图 8-3 比较。

(2) 讨论 TCA785 触发电路的移相范围、脉冲宽度分别与哪些参数有关。

8.3 单相半波可控整流电路实验

实验目的

掌握单相半波可控整流电路带电阻负载时的工作原理。

实验器材

(1) 电力电子实验箱,包括低压交流电源模块、低压直流电源模块、电阻负载 R_1～R_3 模块。

(2) 模块板,包括 TCA785 集成触发电路实验模块、晶闸管模块、直流电压、直流电流仪表模块。

实验原理

单相半波可控整流电路如图 8-4 所示。"低压交流电源输出"提供交流 30 V(U_2)。当 U_2 正半周电压加到 VT_1 的 A、K 两端,触发电路产生触发脉冲,则 VT_1 导通,给负载 R_1 供电。当 U_2 负半周时,VT_1 关断,R_1 断电。单相半波整流电路电压 U_d(负载电压)与交流电 U_2、触发角 α 的关系为 $U_d = 0.45\,U_2(1+\cos\alpha)/\ 2$。

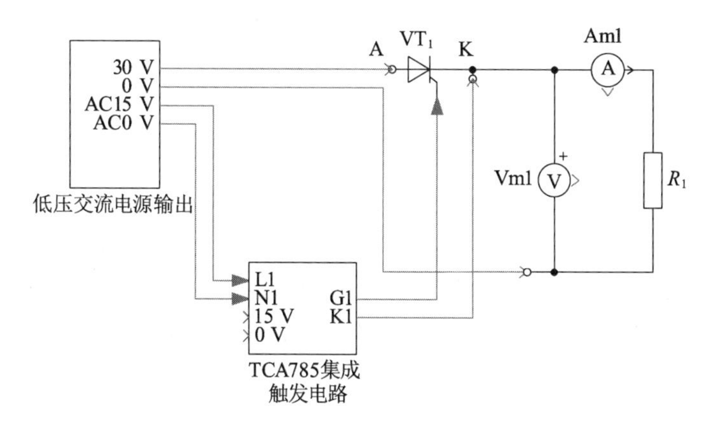

图 8-4　单相半波可控整流电路

实验内容

单相半波整流电路带电阻性负载时 $U_d/U_2=f(\alpha)$ 特性的测定，其中 U_2 为半波整流电路的交流输入电压。

实验步骤

注意事项 调节触发角 α 时，仅调节 R_{P2}，电阻 R_{P1} 保持不变。触发角在确定后 R_{P2} 要保持不变，此时测试负载电阻的波形和电压值。测量时，两个探头的地线不能分开。

1. 线路连接

(1) 将低压交流电源输出 15 V 和 0 V 分别连接“TCA785 集成触发电路模块”的 L_1（“同步电压 AC15V”）和 N_1。

(2) 将低压直流电源+15 V，GND 分别连接仪表模块的+15 V，0 V。

(3) “TCA785 集成触发电路模块”的 G_1，K_1 分别接“晶闸管模块”模块 VT_1 门极 G，VT_1 阴极 K。

(4) 低压交流电源输出 30 V 端口接“晶闸管模块”模块 VT_1 的阳极(A)。将“晶闸管模块”模块 VT_1 阴极(K)、电流表“+”、电压表“+”接一起。

(5) 电流表“−”、电阻 R_1 左侧端口连接。

(6) 低压交流电源输出 0 V(与 30 V 同一组的 0 V)与电压表“−”、电阻 1 右侧端口接一起。

2. 触发电路启动

“TCA785 集成触发电路模块”连接(连接调试同实验 8.2)，R_{P1} 保持不动，将 R_{P2} 逆时针调节到底，打开实验箱总电源，“TCA785 集成触发电路模块”开始工作。

3. 触发角调节

(1) 用双踪示波器一路探头观测 L_1，另一路探头观察 TCA785 触发电路“TP_3”触发脉冲；调节 R_{P2}，至触发角为 30°，断开示波器两个探头的连接。

(2) 用示波器一路探头连接电阻 R_1 两端，观察负载电压 U_d 的波形，断开示波器探头。用示波器一路探头连接 VT_1 的阳极 A 和阴极 K 两端，观察晶闸管 VT_1 的阳极 A 和阴极 K 两端电压波形 U_{VT}，记录仪表模块电压表头的电压值 U_d。

4. 移相测试

重复实验步骤 3(1)、3(2)，将触发角分别调至 60°，90°，120°，150°，测量

U_d,U_{VT}的波形,并记录直流输出电压U_d电压值于表 8-1 中。

表 8-1 实验记录

α	30°	60°	90°	120°	150°
U_2	30	30	30	30	30
U_d(记录值)					
U_d[计算值 $U_d=0.45U_2(1+\cos\alpha)/2$]					

实验报告

(1) 记录并分析$\alpha=90°$时,电阻性负载的U_d的波形、U_{VT}的波形。

(2) 画出电阻性负载时$U_d/U_2=f(\alpha)$的实验曲线。

8.4 单相桥式全控整流电路实验

实验目的

理解单相桥式全控整流电路的工作原理。

实验器材

(1) 电力电子实验箱,包括低压交流电源模块、低压直流电源模块、电阻负载R_1~R_3模块。

(2) 模块板,包括 TCA785 集成触发电路实验模块、晶闸管模块、直流电压、直流电流仪表模块。

实验原理

单相桥式整流电路如图 8-5 所示。"低压交流电源输出"提供交流 30 V(U_2)。当U_2正半周电压加到$VT_1-R_1-VT_6$回路,触发电路产生触发脉冲,则VT_1和VT_6导通,给负载R_1供电,VT_3和VT_4不导通。当U_2负半周时,加到$VT_3-R_1-VT_4$回路,触发电路产生触发脉冲,则VT_3和VT_4导通,给负载R_1供电,VT_1和VT_6不导通。单相桥式整流电路电压U_d(负载电压)与交流电U_2、触发角α的关系为$U_d=0.9U_2(1+\cos\alpha)/2$。

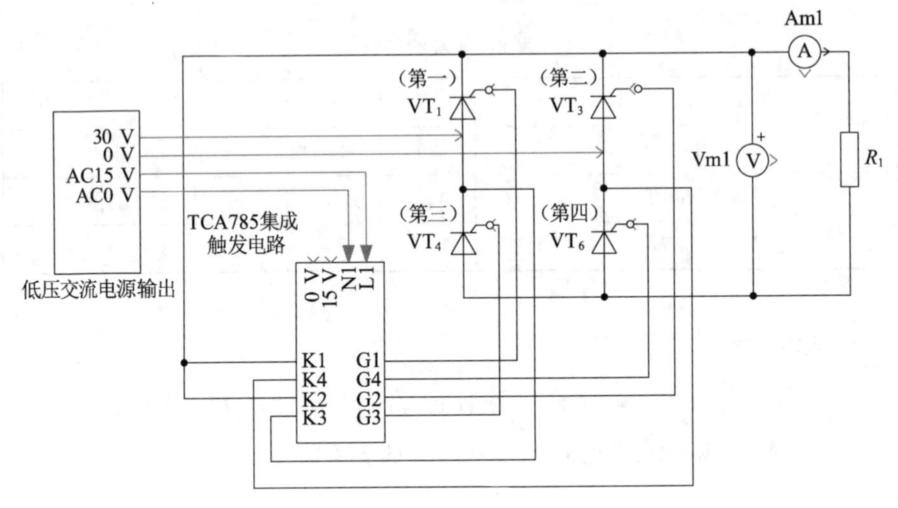

图 8-5 单相桥式整流电路

实验内容

单相桥式全控整流电路带电阻负载。

实验步骤

1. 线路连接

(1) 将低压交流电源 15 V,0 V 分别连接“TCA785 集成触发电路模块”的L_1,N_1。将低压直流电源+15 V,GND 分别连接“TCA785 集成触发电路模块”的+15 V,0 V 连接。

(2) 将低压直流电源+15 V,GND 分别与仪表模块的+15 V,0 V 连接。

(3) “TCA785 集成触发电路模块”的G_1,K_1与G_4,K_4接第一个晶闸管VT_1的门极 G、阴极 K 与第四个晶闸管VT_6的门极 G、阴极 K。

(4) “TCA785 集成触发电路模块”的G_2,K_2与G_3,K_3接第二个晶闸管VT_3的门极 G、阴极 K 与第三个晶闸管VT_4的门极 G、阴极 K。

(5) 第三个晶闸管VT_4的阴极 K 与第一个晶闸管VT_1的阳极 A 连接,第四个晶闸管VT_6的阴极 K 与第二个晶闸管VT_3的阳极 A 连接。

(6) 第一晶闸管VT_1的阴极 K、第二晶闸管VT_3的阴极 K、电流表“+”、电压表“+”接一起。

(7) 电流表“−”与电阻R_1左侧端口接一起。

(8) 第三晶闸管VT_4的阳极 A、第四晶闸管VT_6的阳极 A、电压表“−”、

电阻 R_1 右侧端口接一起。

(9) 最后将低压交流电源输出 30 V 和 0 V 分别接到第一晶闸管 VT_1 的阳极 A 和第二晶闸管 VT_3 的阳极 A。

2. 触发电路启动

将 R_{P2} 逆时针调节到底，将实验箱总电源打开。此时 TCA785 集成触发电路模块开始工作，用双踪示波器观察 TCA785 集成触发电路模块各观察孔的波形。

3. 桥式电路电压测量

(1) 观察 α（用示波器双探头，探头一接触发电路的 L_1，探头地接 0 V，探头二接"TP_3"；以探头一正弦波为参考，观察探头二的相对位置，可判断当前 α 相位）。调节 $\alpha=30°$，观察、记录整流电压 U_d 的波形、VT_1 开关两端的波形 U_{VT_1}，并记录负载电压 U_d 的数值。（注意波形只能一个一个测，两个一起测会短路。）

(2) 重复调节 $\alpha=60°,90°,120°,150°$时，记录 U_d，U_{VT_1} 的波形，并记录负载电压 U_d的数值（表 8-2），U_2 为整流电路的交流输入电压。

表 8-2 实验记录

α	30°	60°	90°	120°	150°
U_2	30	30	30	30	30
U_d（记录值）					
U_d（计算值）$U_d=0.9U_2(1+\cos\alpha)/2$					

(1) 记录并分析电阻负载、触发角 $\alpha=60°$时 U_d 的波形、U_{VT_1} 的波形。

(2) 画出电路的移相特性 $U_d=f(\alpha)$的曲线。

8.5 MOSFET/IGBT 驱动与保护电路实验

(1) 理解各种自关断器件对驱动与保护电路的要求。

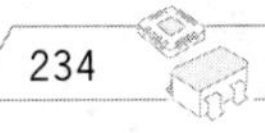

（2）掌握由自关断器件构成 PWM 直流斩波电路的原理与方法。

实验器材

（1）电力电子实验箱，包括低压交流电源模块、低压直流电源模块、电阻负载 $R_1 \sim R_3$ 模块。

（2）模块板，包括 MOSFET 驱动及保护电路实验模块，IGBT 驱动及保护电路实验模块，PWM 发生电路实验模块，IGBT、MOSFET 模块，直流电压、直流电流仪表模块。

实验原理

以 SG3525 为核心的 PWM 波形发生器为开关器件提供 PWM 信号。PWM 信号用“拨断开关 SW_1”切换频率，可选择高频挡频率 8～15 kHz，或低频挡频率 900～1 700 Hz。调节电位器 R_{P1} 可以改变 PWM 的频率，调节 R_{P2} 可以改变占空比。PWM 信号发生器原理图如图 8-6 所示。

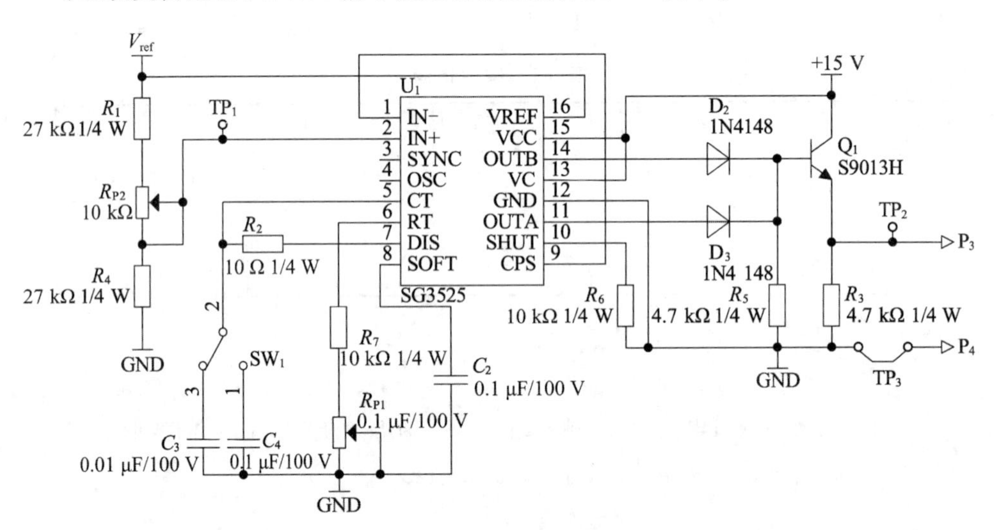

图 8-6 PWM 信号发生器原理图

IGBT 的驱动与保护电路如图 8-7 所示。IGBT 专用集成触发器 HL402B 的 9 脚接高压快恢复二极管 VD_1 至 IGBT 的集电极，完成 IGBT 的过流保护。正常工作时，“P_5”高电平，PWM 信号可以送入 HL402B 的输入端 17 脚。当过流时，驱动电路的保护线路通过 VD_1 检测到集射极电压升高，一方面在 10 μs 内逐步降低栅极电压，使 IGBT 进入软关断；另一方面通过 6 脚输出过流信号，使“P_5”变低，使 HL402B 的输入封锁。

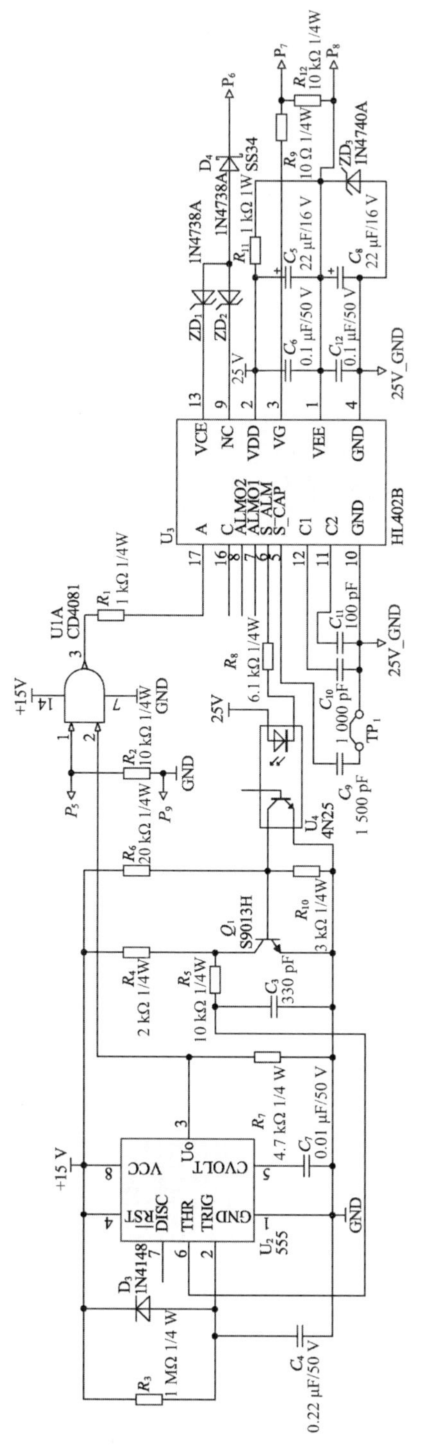

图 8-7 IGBT管的驱动与保护电路

MOSFET 驱动与保护电路原理图如图 8-8 所示。电路由 15V 电源供电，PWM 控制信号经光耦隔离后送入驱动电路，当比较器 LM311 的 2 脚为低电平时，输出端 7 脚为高电平，三极管 Q_1 导通，使 MOSFET 的栅极接＋15 V 电源，从而使 MOSFET 导通。当比较器 LM311 的 2 脚为高电平时，其输出端 7 脚为低电平，三极管 Q_1 截止，D_2 导通，使 MOSFET 栅极接低电平，迫使 MOSFET 关断。

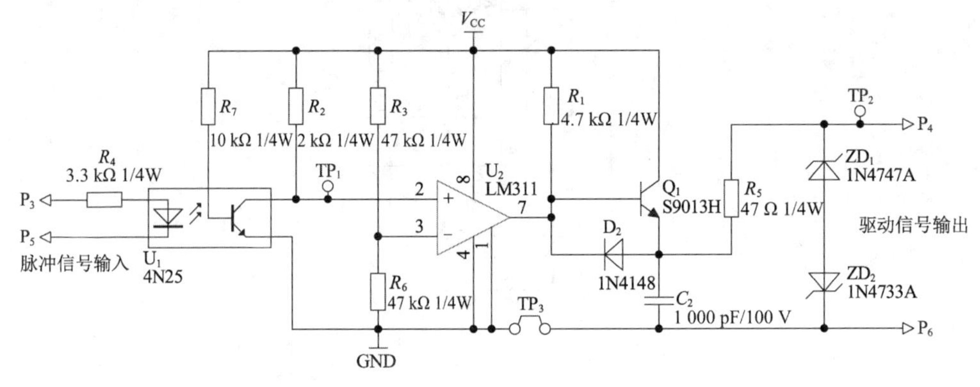

图 8-8 MOSFET 驱动与保护电路原理图

实验内容

（1）MOSFET 驱动与保护电路实验。

（2）IGBT 驱动与保护电路实验。

实验步骤

1. MOSFET 的驱动与保护电路实验连线（图 8-9）

（1）将低压直流电源＋15 V，GND 与“PWM 发生电路实验模块”的＋15 V，0 V 连接。

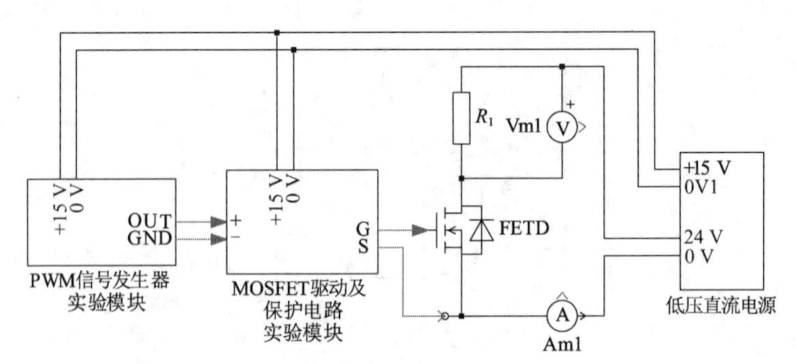

图 8-9 MOSFET 的驱动与保护电路实验接线

（2）将低压直流电源+15 V，GND与“MOSFET驱动及保护电路实验模块”的+15 V，0 V连接。

（3）将低压直流电源+15 V，GND分别与仪表模块的+15 V，GND连接。

（4）“PWM发生电路实验模块”的OUT，GND与“MOSFET驱动及保护电路实验模块”的控制信号输入“+”“−”连接。

（5）低压直流电源+24V接电阻R_1的左侧端口，电阻R_1右侧端口接MOSFET的D，MOSFET的S接直流电流表“+”，直流电流表“−”接低压直流电源GND。

（6）直流电压表“+”接电阻R_1的左侧，直流电压表“−”接电阻R_1的右侧。

（7）“MOSFET驱动及保护电路实验模块”的输出G，S分别与MOSFET的G，S连接。

2. MOSFET的驱动与保护电路实验

（1）将“PWM发生电路实验模块”频率选择开关拨至左侧“高频挡”，PWM输出频率900 Hz～1.7 kHz，R_{P1}可调节频率大小，测试时不要调节R_{P1}。

（2）逆时针调节“PWM发生电路实验模块”的R_{P2}电位器旋钮，调节到最小，将占空比调小，打开实验箱电源开关，再顺时针调节R_{P2}改变占空比，用示波器观测、记录不同占空比时MOSFET基极的驱动电压、负载上的波形。

测量并记录不同占空比α时负载的电压平均值U_d于表8-3中。

表8-3 实验记录

α						
U_d						

3. IGBT的驱动与保护电路实验

（1）将低压直流电源+15 V，GND与“PWM发生电路实验模块”的+15 V，0 V连接。

（2）将低压直流电源+15 V，GND与“IGBT驱动及保护电路实验模块”的+15 V，0 V连接。

（3）将低压直流电源+15 V，GND分别与仪表模块的+15 V，GND连接。

（4）“PWM发生电路实验模块”的OUT，GND与“IGBT驱动及保护电路实验模块”的控制信号输入 INT,GND 连接。

(5) 低压直流电源+24 V 接电阻 R_1 的左侧端口,电阻 R_1 右侧端口接 IGBT 的 C,IGBT 的 E 接直流电流表“+”,直流电流表“-”接低压直流电源 GND。

(6) 直流电压表“+”接电阻 R_1 的左侧,直流电压表“-”接电阻 R_1 的右侧。

(7) “IGBT 驱动及保护电路实验模块”的输出 C,G,E 分别与 IGBT 的 C,G,E 连接。

4. IGBT 的驱动与保护电路实验

(1) 将“PWM 发生电路实验模块”频率选择开关拨至左侧“高频挡”,PWM 频率 900 Hz~1.7 kHz,R_{P1} 可调节频率大小,测试时不要调节 R_{P1}。

(2) 按图 8-10 接线,逆时针调节“PWM 发生电路实验模块”的 R_{P2} 电位器旋钮至最小,将占空比调小,打开实验箱电源开关;再顺时针调节占空比(调节 R_{P2}),用示波器观测、记录不同占空比时基极的驱动电压、IGBT 管压降及负载上的波形。

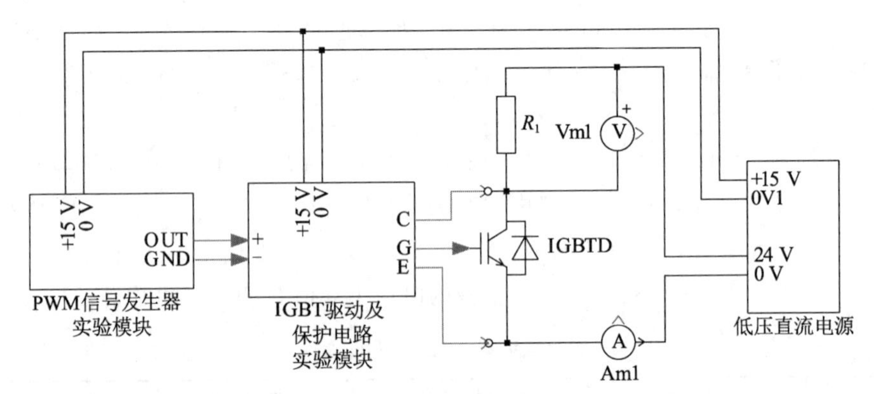

图 8-10 IGBT 的驱动与保护电路实验接线

测定并记录不同占空比 α 时负载的电压平均值 U_a 于表 8-4 中。

表 8-4 实验记录

α						
U_a						

实验报告

(1) 画出 $U_a=f(\alpha)$的曲线。

(2) 讨论并分析实验中出现的问题。

8.6 直流斩波电路实验

实验目的

(1) 掌握直流斩波电路(4 种典型线路)的工作原理。

(2) 理解 PWM 控制与驱动电路的原理及其常用的集成电路。

实验器材

(1) 电力电子实验箱,包括低压交流电源,低压直流电源,电阻负载 R_1～R_3,二极管 D_1～D_4,电感 L_1,L_2,电容 C_{Z2},C_{Z3}。

(2) 模块板,包括 PWM 发生电路实验模块,IGBT 模块,MOSFET 模块,直流电压、直流电流仪表模块。

实验原理

1. 主电路

(1) 降压斩波电路(Buck Chopper)原理图如图 8-11 所示。图中 V 为全控型器件,选用 IGBT,D_1 为续流二极管。当 V 处于通态时,电源 U_i 向负载供电,$U_o=U_i$。当 V 处于断态时,负载电流经二极管 D_1 续流,至一个周期 T 结束,重复以上过程。负载电压的平均值为

$$U_o=\frac{t_{on}}{t_{on}+t_{off}}U_i=\frac{t_{on}}{T}U_i=\alpha U_i$$

式中,t_{on} 为 V 处于通态的时间;t_{off} 为 V 处于断态的时间;T 为开关周期;α 为占空比,$\alpha=t_{on}/T$。由此可知,输出到负载的电压平均值 U_o 最大为 U_i,若减小占空比 α,则 U_o 随之减小。由于输出电压低于输入电压,故称该电路为降压斩波电路。

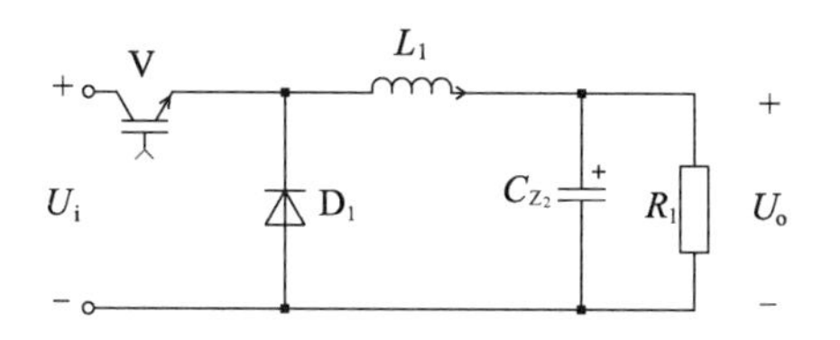

图 8-11 降压斩波电路原理图

(2) 升压斩波电路(Boost Chopper)原理图如图 8-12 所示。全控型器件 V 处于通态时,电源 U_i 向电感 L_1 充电,充电电流基本恒定为 I_1,同时电容 C_{Z2} 上的电压向负载供电。设 V 处于通态的时间为 t_{on},此阶段电感 L_1 上积蓄的能量为 $U_i \cdot I_1 \cdot t_{on}$。当 V 处于断态时,$U_i$ 和 L_1 共同向电容 C_{Z2} 充电,并向负载提供能量。设 V 处于断态的时间为 t_{off},则在此期间电感 L_1 释放的能量为 $(U_o - U_i) \cdot I_1 \cdot t_{off}$。当电路工作于稳态时,一个周期 T 内电感 L_1 积蓄的能量与释放的能量相等,即

$$U_i \cdot I_1 \cdot t_{on} = (U_o - U_i) \cdot I_1 \cdot t_{off}$$

$$U_o = \frac{t_{on} + t_{off}}{t_{off}} U_i = \frac{T}{t_{off}} U_i$$

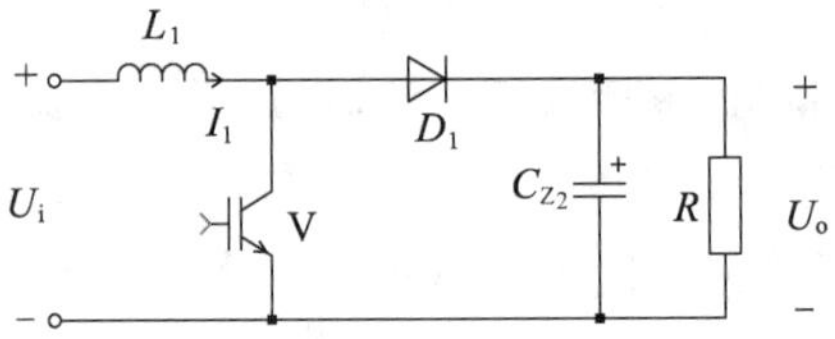

L1
I1
D1
Ui
V
CZ2
R
Uo

图 8-12 升压斩波电路原理图

(3) 升降压斩波电路(Boost-Buck Chopper)原理图如图 8-13 所示。负载电压极性为上负下正,与电源电压极性相反。输出电压为

$$U_o = \frac{t_{on}}{t_{off}} U_i = \frac{t_{on}}{T - t_{on}} U_i = \frac{\alpha}{1 - \alpha} U_i$$

改变导通比 α,当 $0 < \alpha < 1/2$ 时为降压,当 $1/2 < \alpha < 1$ 时为升压。

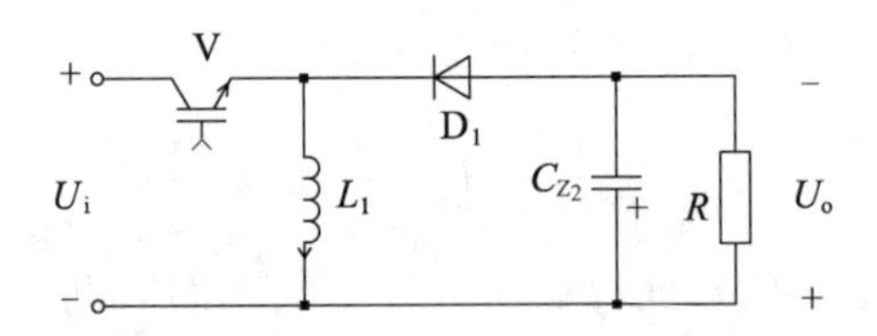

图 8-13 升降压斩波电路原理图

(4) Cuk 斩波电路原理图如图 8-14 所示。当可控开关 V 处于通态时,$U_i - L_1 -$ V 回路和负载 $R - L_2 - C_{Z3} -$ V 回路分别流过电流。当 V 处于断态时,$U_i - L_1 - C_{Z3} - D_1$ 回路和负载 $R - L_2 - D_1$ 回路分别流过电流,输出电压的极性与电源电压极性相反。输出电压为

$$U_o = \frac{t_{on}}{t_{off}} U_i = \frac{t_{on}}{T - t_{on}} U_i = \frac{\alpha}{1 - \alpha} U_i$$

改变导通比 α,当 $0 < \alpha < 1/2$ 时为降压,当 $1/2 < \alpha < 1$ 时为升压。

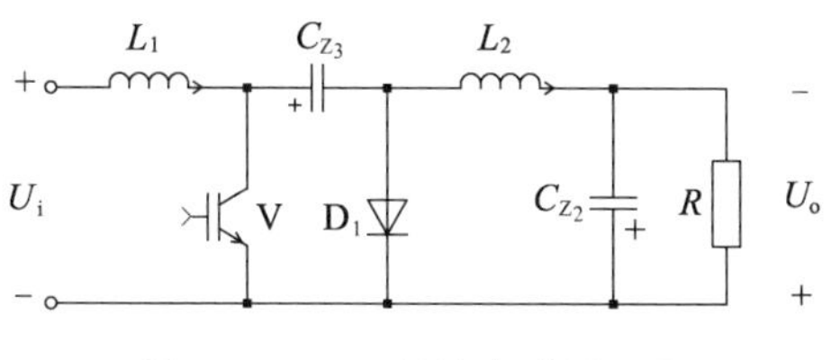

图 8-14 Cuk 斩波电路原理图

2. 控制与驱动电路

控制电路以专用 PWM 控制集成电路 SG3525 为核心构成，SG3525 内部包含有精密基准源、锯齿波振荡器、误差放大器、比较器、分频器和保护电路等。调节给定（比较）电压的大小，在 SG3525 的 A，B 两端（11 脚和 14 脚）可输出两个幅度相等、频率相等、相位相差 180°、占空比可调的 PWM 信号，适用于各开关电源、斩波器的控制。

实验内容

（1）控制与驱动电路的测试。

（2）基本直流斩波器的测试。

实验步骤

注意事项 MOSFET 与 IGBT 都是电力电子开关，引脚对应：MOSFET 的 C，E，G 分别与 IGBT 的 D，S，G 对应。使用 MOSFET 为开关，需要 MOSFET 驱动与保护电路模块。使用 IGBT 为开关，需要 IGBT 驱动与保护电路模块。以下主电路连接以 IGBT 为例说明，如果使用 MOSFET，请自行修改对应。在观测高压时示波器的探头应选择“×10”挡。

1. 降压斩波电路（图 8-11）

（1）断开电源，连接实验线路，R_{P2} 逆时针调节到底。

（2）低压直流电源＋24 V 与 IGBT 的 C 相接。

（3）IGBT 的 E、二极管 D_1 阴极、电感 L_1 左端接一起。

（4）电感 L_1 右端口、C_{Z2} 电容“＋”、R_1 左侧端口、直流电压表“＋”接一起。

（5）低压直流电源 GND、二极管 D_1 阳极、C_{Z2} 电容“－”、R_1 右侧端口、直流电压表“－”接一起。

（6）“PWM 发生电路实验模块”的 OUT，GND 连接“IGBT 驱动与保护电路模块”的输入，“IGBT 驱动与保护电路模块”的输出与 IGBT 的 C，G，E

相接。

(7) 将低压直流电源+15 V,GND分别连接"PWM发生电路实验模块"的+15 V,0 V,"IGBT驱动与保护电路模块"的+15 V,0 V,连接仪表模块的+15 V,0 V。

2. 升压斩波电路(图8-12)

(1) 断开电源,连接实验线路,R_{P2}逆时针调节到底。

(2) 低压直流电源+5 V与电感L_1的左侧端口相接。

(3) 电感L_1的右端口、IGBT的C、二极管D_1阳极接一起。

(4) 二极管D_1阴极、C_{Z2}电容"+"分立元件R_1左侧端口。

(5) 电路图中R用R_1串联R_2实现。R_1右侧端口接R_2左侧端口,R_2右侧端口与直流电压表"+"接一起。(负载采用1 000 Ω)

(6) 低压直流电源GND、IGBT的E、C_{Z2}电容"−"、R_1右侧端口、直流电压表"−"接一起。

(7) "PWM发生电路实验模块"的OUT,GND连接"IGBT驱动与保护电路模块"的输入,"IGBT驱动与保护电路模块"的输出与IGBT的C,G,E相接。

(8) 将低压直流电源+15 V,GND分别连接"PWM发生电路实验模块"的+15 V,0 V,"IGBT驱动与保护电路模块"的+15 V,0 V连接仪表模块的+15 V,0 V。

3. 升降压斩波电路(图8-13)

(1) 断开电源,连接实验线路,R_{P2}逆时针调节到底。

(2) 低压直流电源+24 V与IGBT的C相接。

(3) IGBT的E、电感L_1左端口、二极管D_1阴极接一起。

(4) 二极管D_1阳极、C_{Z2}电容"−"、R_1左侧端口。

(5) 电路图中R用R_1串联R_2实现。R_1右侧端口接R_2左侧端口,R_2右侧端口与直流电压表"−"接一起。(负载采用1 000 Ω)

(6) 低压直流电源GND、电感L_1右端口、C_{Z2}电容"+"、R_1右侧端口、直流电压表"+"接一起。

(7) "PWM发生电路实验模块"的OUT,GND连接"IGBT驱动与保护电路模块"的输入,"IGBT驱动与保护电路模块"的输出与IGBT的C,G,E相接。

(8) 将低压直流电源+15 V,GND分别连接"PWM发生电路实验模块"的+15 V,0 V,"IGBT驱动与保护电路模块"的+15 V,0 V连接仪表模块的

+15 V,0 V。

4. Cuk 斩波电路(图 8-14)

(1) 断开电源,连接实验线路,R_{P2}逆时针调节到底。

(2) 低压直流电源+24 V 与电感 L_1 左侧端口相接。

(3) 电感 L_1 右端口与电容 C_{Z3} 的"+"和 IGBT 的 C 相接。

(4) 电容 C_{Z3} 的"一"与二极管 D_1 阳极、电感 L_2 左侧端口相连。

(5) 电感 L_2 右端口与电容 C_{Z2} 的"一"和 R_1 左侧端口相连。

(6) 电路图中 R 用 R_1 串联 R_2 实现。R_1 右侧端口接 R_2 左侧端口,R_2 右侧端口与直流电压表"一"接一起。

(7) 低压直流电源 GND、IGBT 的 E、二极管 D_1 阴极、电容 C_{Z2} 的"+"、R_1 右侧端口、直流电压表"+"接一起。

(8) PWM 发生电路实验模块的 OUT,GND 连接"IGBT 驱动与保护电路模块"的输入,"IGBT 驱动与保护电路模块"的输出与 IGBT 的 C,G,E 相接。

(9) 将低压直流电源+15 V,GND 分别连接"PWM 发生电路实验模块"的+15 V,0 V,"IGBT 驱动与保护电路模块"的+15 V,0 V 连接仪表模块的+15 V,0 V。

5. 典型的直流斩波电路的输出测试

(1) 切断电源,根据主电路图对应的实验接线图,连接好实验线路。

(2) 检查接线是否正确,尤其是电解电容的极性是否接反,然后接通电源。

(3) 调节 PWM 脉宽调节电位器 R_{P2} 改变给定电压,观测在不同占空比(α)时,记录 U_i,U_o,α 的数值(表 8-5～表 8-8),画出 $U_o/U_i=f(\alpha)$的关系曲线。

表 8-5 Buck 变换数据表(U_i 输入电压为 24 V)

PWM 占空比 α(%)						
U_o(V)						

表 8-6 Boost 变换数据表(U_i 输入电压为 5 V)

PWM 占空比 α(%)						
U_o(V)						

表 8-7 Boost-Buck 变换数据表(U_i 输入电压为 24 V)

PWM 占空比 α(%)						
U_o(V)						

表 8-8 Cuk 变换数据表(U_i 输入电压为 24 V)

占空比 α(%)						
U_o(V)						

实验报告

(1) 整理各组实验数据绘制各直流斩波电路的 U_i/U_o-α 曲线,并做比较与分析。

(2) 讨论两种升降压电路各有什么特点,如何选用。

8.7 反激开关电源电路实验

实验目的

理解反激式开关电源的工作原理。

实验器材

(1) 电力电子实验箱,包括低压交流电源,低压直流电源,电阻负载 $R_1 \sim R_3$。

(2) 模块板,包括反激开关电源电路实验模块,直流电压、直流电流仪表模块。

实验原理

反激式开关电源电路原理图如图 8-15 所示。反激式开关电源,是指使用反激高频变压器隔离输入输出回路的开关电源。“反激”指的是在开关管接通的情况下,当输入为高电平时输出线路中串联的电感为放电状态;相反,在开关管断开的情况下，当输入为高电平时输出线路中的串联的电感为充电状态。与之相对的是“正激”式开关电源，当输入为高电平时输出线路中串联的电感为充电状态，相反当输入为高电平时输出线路中串联的电感为放电状态，以此驱动负载。

反激开关电源采用的是双环路反馈的控制系统，可以通过迅速调整PWM占空比，从而在每一个周期内对前一个周期的输出电压和次级线圈充磁峰值电流进行有效调节，达到稳定输出电压的目的。反馈控制电路的最大特点是，在输入电压和负载电流变化较大时，具有更快的动态响应速度，自动限制负载电流，补偿电路简单。

在图8-15中，保险丝 F_1 用于电流过流保护，L线和N线之间安规电容 C_{X1} 和压敏电阻 R_{V1} 保护接入电路，共模电感消除电磁干扰，电容 EC_1 用于滤波。R_1，R_2 对电容 EC_2 充电电流限流，AP8266得到一个启动电压后启动，通过6脚GATE控制场效应管 Q_1 导通，同时电流经过变压器的异名端4脚对初级线圈储能。因为流过 R_1，R_2 的电流较小，不能维持AP8266工作，当AP8266通过6脚给 Q_1 的栅极一个低电平，Q_1 不导通，初级线圈通过电磁的互感作用开始放电，变压器2，3同名端极性为正，电流从2脚流出过二极管 D_6（FR107），最后进入AP8266的5脚（V_{DD}）端，维持AP8266持续工作。PWM占空比由AP8266的4脚CS设定，CS检测电阻采样流过 Q_1 的电流实现逐周期性PWM控制。次级线圈的电流由5，6同名端经过 D_7 半波整流后输出大电流，然后通过Π型滤波（电容 EC_3、电容 EC_4 和电感 L_2 组成）滤波，最后输出电压18 V。18 V电压经过 R_{10} 降压，接入PC817光耦输入端。当电压大于基准电压时，光耦4脚输出电压反馈给AP8266的2脚FB端，使AP8266减小PWM的占空比，Q_1 的导通时间变短，即变压器的储能减少，次级得到的能量就相应减少，输出电压逐渐减小，降低到稳定的18 V。当输出电压小于18 V时，与以上控制过程相反。

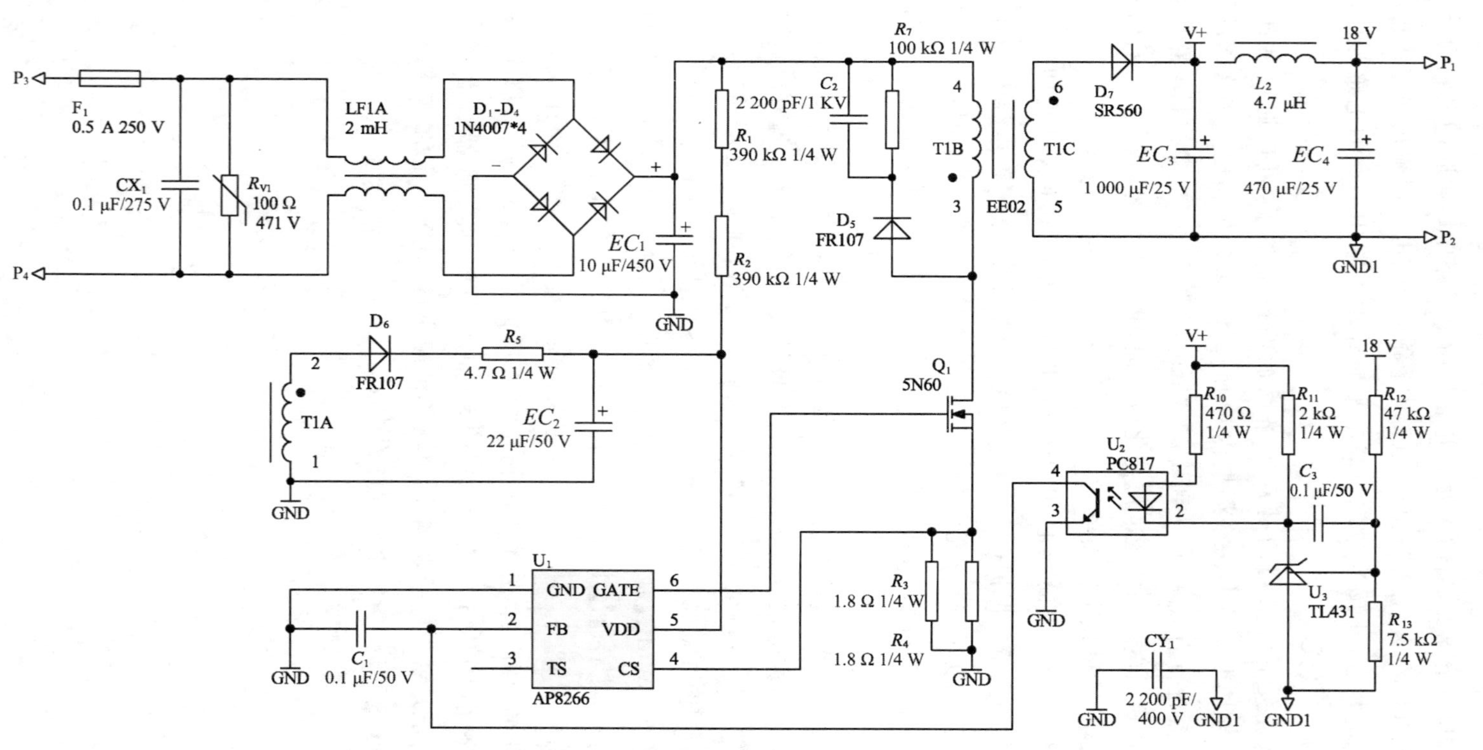

图 8-15 反激式开关电源电路原理图

实验内容

(1) 电路波形的测试。

(2) 开关电源稳压特性的测试。

实验步骤

注意事项 交流输入电压为 220 V,实验时注意安全用电。

1. 实验连线

(1) 专用电源线一端接反激开关电源电路模块输入,另一端接实验箱 220 V AC 插口。

(2) 将低压直流电源 +15 V,GND 分别与仪表模块的 +15 V,GND 连接。

(3) 将"反激开关电源电路实验模块"输出口 +18 V 接电阻 R_1 左侧端口,R_1 右侧端口接直流电流表"+",直流电流表"-"接"反激开关电源电路实验模块"输出口 0 V。

(4) 直流电压表"+"接电阻 R_1 左侧端口,直流电压表"-"接电阻 R_1 右侧端。

2. 开关电源稳压特性的测试

保持输入电压不变,改变负载(由一个负载电阻 R_1 串联或并联电阻 R_2,改变负载大小),测定直流输出电压、电流的变化。

3. 开关信号波形测试

在实验步骤 2 测试的同时,测量开关管 Q_1 的栅极控制信号波形。

实验报告

(1) 讨论开关管的选择有什么要求。

(2) 比较不同负载情况下,控制场效应管 Q_1 的栅极电压波形的变化情况。

8.8 正激开关电源电路实验

实验目的

理解正激式开关电源的工作原理。

实验器材

(1) 电力电子实验箱，包括低压交流电源，低压直流电源，电阻负载 $R_1 \sim R_3$。

(2) 模块板，包括正激开关电源电路实验模块，直流电压、直流电流仪表模块。

实验原理

正激式开关电源电路原理图如图 8-16 所示。

图 8-16 是由 UC3842 构成的开关电源电路。输入电源(P_1，V-BUS) 24 V，经过 R_1 降压到 UC3842 的供电端 7 脚，为 UC3842 提供启动电压。电路启动后变压器的次级绕组 T1B 有感应电压，感应电压经 D_3 整流、L_2 滤波产生电压。该电压一方面为 UC3842 提供正常工作电压，另一方面在 Q_1 导通时经 R_9 电阻完成电流采样，R_8 和 C_8 滤波，然后加到 UC3842 的 3 脚，为 UC3842 提供负反馈电压。该电压越高，PWM 的占空比越小，以此稳定输出电压。4 脚外接的 R_3 和 C_5 决定了振荡频率，R_4 和 C_4 用于改善增益和频率特性。6 脚输出的 PWM 信号经 R_6 和 R_7 分压后驱动 MOSFEF 开关管，变压器 T1A 初级绕组的能量传递到次级绕组，次级绕组电压经整流滤波后输出直流电压(5 V)供负载使用。电阻 R_{14} 和 R_{17} 用于电压检测，经光耦 U_2 隔离，经 R_5 送入 UC3842 的 2 脚形成电压反馈环。电阻 R_9 检测电流，经 R_8 和 C_8 滤波后送入 UC3842 的 3 脚形成电流反馈环，所以由 UC3842 构成的电源是双闭环控制系统，电压稳定度非常高。电流环的反馈电压是小于 1 V 的，当 UC3842 的 3 脚电压高于 1 V 时，内部振荡器会停振，停止 PWM 信号输出，可以保护外部功率管不至于过流而损坏。

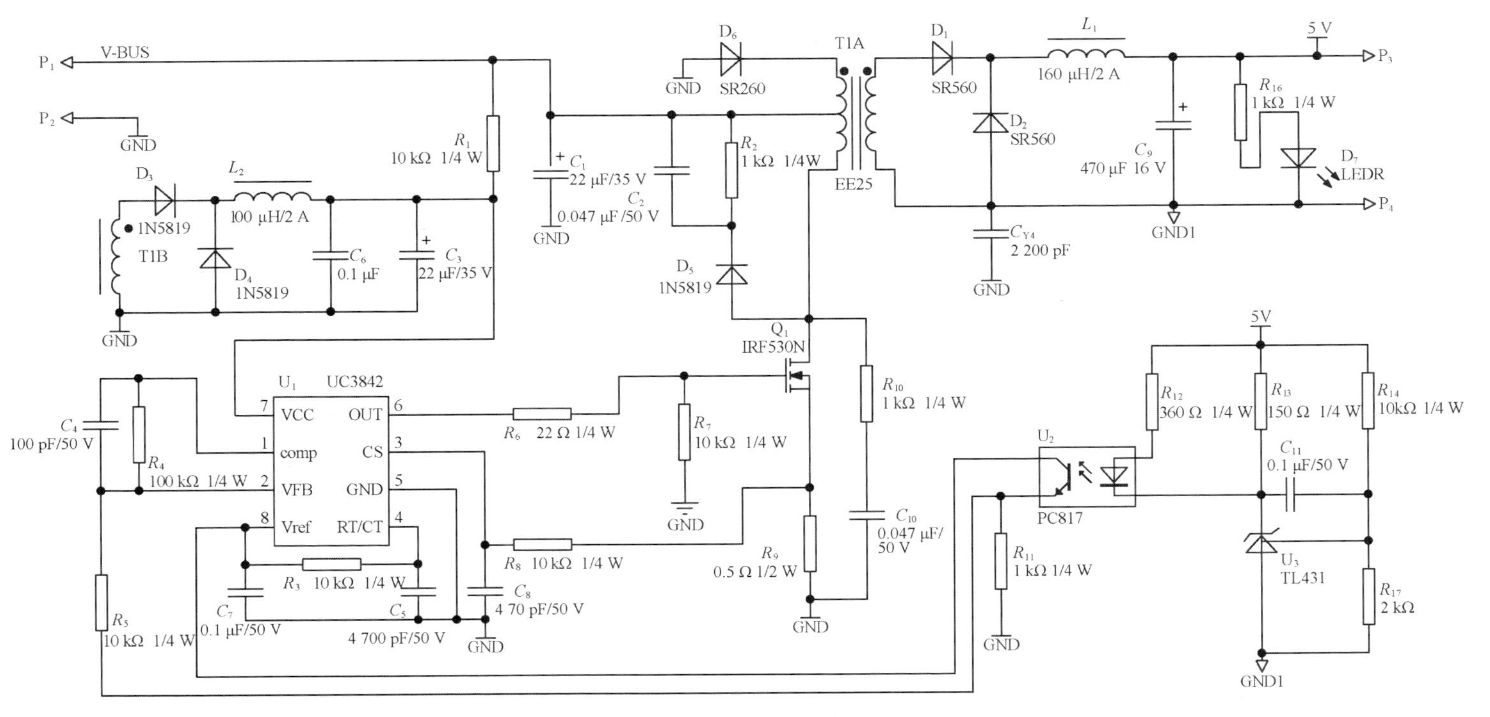

图 8-16 正激式开关电源电路原理图

实验内容

(1) 电路波形的测试。

(2) 开关电源稳压特性的测试。

实验步骤

1. 实验连线

(1) 将低压直流电源+24 V连接至“正激开关电源电路实验模块”输入uin+,低压直流电源GND连接至“正激开关电源电路实验模块”输入uin-。

(2) 将低压直流电源+15 V,GND分别与仪表模块的+15 V,GND连接。

(3) 将“正激开关电源电路实验模块”输出口+5 V接电阻R_1左侧端口,R_1右侧端口接直流电流表“+”,直流电流表“-”接“正激开关电源电路实验模块”的输出口0 V。

(4) 直流电压表“+”接电阻R_1左侧端口,直流电压表“-”接电阻R_1右侧端。

2. 开关电源稳压特性的测试

保持输入电压不变,改变负载(由一个负载R_1串联或并联一个R_2电阻),测定直流输出电压、电流的变化。

3. 开关信号波形测试

在实验步骤2测试的同时,测量开关管Q_1的栅极控制信号波形。

实验报告

(1) 讨论当5 V直流输出的负载改变时,输出5 V电压能否保持不变,并说明原因。

(2) 比较不同负载情况下,控制场效应管Q_1的栅极电压波形的变化情况。

参考文献

[1] 陈坚,康勇.电力电子学:电力电子变换和控制技术[M].3 版.北京:高等教育出版社,2011.

[2] 宏晶科技.STC12C5A60S2 系列单片机器件手册[Z].深圳:宏晶科技,2011.

[3] 惠晶.新能源转换与控制技术[M].2 版.北京:机械工业出版社,2012.

[4] 胡寿松.自动控制原理[M].6 版.北京:科学出版社,2013.

[5] 李天福,张慧国,钱斌,等.光伏电源设计与创新[M].北京:科学出版社,2019.

[6] 李天福,钱斌,张惠国,等.智能风光微网技术[M].北京:科学出版社,2019.

[7] 凌阳科技股份有限公司.PID 调节控制做电机速度控制 V1.1[Z].新竹:凌阳科技股份有限公司,2006.

[8] 阮新波,王学华,潘冬华,等.LCL 型并网逆变器的控制技术[M].北京:科学出版社,2015.

[9] 孙孝峰,顾和荣,王立乔,等.高频开关型逆变器及其并联并网技术[M].北京:机械工业出版社,2011.

[10] 刘进军,王兆安.电力电子技术[M].6 版.北京:机械工业出版社,2022.

[11] 蒋栋.电力电子变换器的先进脉宽调制技术[M].北京:机械工业出版社,2018.

[12] 曾允文.变频调速 SVPWM 技术的原理、算法与应用[M].北京:机械工业出版社,2011.

[13] 金学波.Kalman 滤波器理论与应用:基于 MATLAB 实现[M].北京:科学出版社,2016.

[14] 屹晶微电子(台州)有限公司.EG8010 SPWM 芯片数据手册 V2.2

[Z].台州:屹晶微电子(台州)有限公司,2010.

[15] 浙江力控科技有限公司.HKDD-3A 型电力电子技术实验箱实验指导书[Z].湖州:浙江力控科技有限公司,2022.

[16] TRINAMIC Motion Control GmbH & Co. KG. TMC4671 Datasheet[EB/OL].(2022-07-26)[2023-04-23].https://www.trinamic.com/products/integrated-circuits/details/tmc4671/.

[17] Zhang B,Qiu D Y.m-Mode SVPWM Technique for Power Converters[M].Singapore: Springer,2019.

[18] Holmes D G,Lipo T A.电力电子变换器的 PWM 技术原理与实践[M].周克亮,译.北京:人民邮电出版社,2010.

[19] Franklin G F,Powell J D,Emami-Nacini A.自动控制原理与设计[M].李中华,等译.6 版.北京:电子工业出版社,2014.

[20] Pan L W,Zhang C N. Phase-Locked Loop Based Second Order Generalized Integrator for Electric Vehicle Single-Phase Charger[J].Energy Procedia,2017,105:4021-4026.

[21] Microchip Technology Inc. AN1078:PMSM 电机的无传感器磁场定向控制[Z].Chandler:Microchip Technology Inc.,2007.

[22] Rozanov Y,Ryvkin S E,Chaplygin E,et al.Power Electronics Basics:Operating Principles,Design,Formulas, and Applications[M].Boca Raton:CRC Press,2015.